钢筋工入门与技巧

叶刚　主编

金盾出版社

内 容 提 要

本书根据《国家职业标准》编写，是一本简明、实用的钢筋工入门技能读物。书中根据钢筋工技能的需要，简明扼要地介绍了入门须知、钢筋工识图、钢筋的分类与材性、常用机具与设备、钢筋计算、钢筋加工、钢筋连接、钢筋绑扎与安装、常见质量通病防治等内容。

本书适合各级各类建筑职业培训机构技能短期培训或钢筋工自学用，通过培训，初学者或具有一定基础的人员可以达到上岗要求。

图书在版编目(CIP)数据

钢筋工入门与技巧/叶刚主编．—北京：金盾出版社，2008.3
(2014.9 重印)
ISBN 978-7-5082-4929-2

Ⅰ.①钢… Ⅱ.①叶… Ⅲ.①建筑工程—钢筋—工程施工
Ⅳ.①TU755.3

中国版本图书馆 CIP 数据核字(2008)第 008505 号

金盾出版社出版、总发行
北京太平路 5 号(地铁万寿路站往南)
邮政编码:100036 电话:68214039 83219215
传真:68276683 网址:www.jdcbs.cn
封面印刷:北京精美彩印有限公司
正文印刷:北京金盾印刷厂
装订:永胜装订厂
各地新华书店经销
开本:850×1168 1/32 印张:8 字数:232 千字
2014 年 9 月第 1 版第 4 次印刷
印数:23 001～26 000 册 定价:19.00 元

前　　言

建筑业是国民经济的支柱产业之一。随着我国经济的持续、快速发展，建筑业在国民经济中的地位和作用日益突出，为适应建筑业的高速、可持续发展，提高建筑成品质量，大力发展以职业技能培训为重点的建筑职业教育，培训大量技术熟练的技术工人是当务之急。

本书是根据中华人民共和国劳动和社会保障部、建设部2002年颁布的《国家职业标准》中对初级钢筋工的知识、技能要求，针对短期培训的实际情况和施工现场的实际需要，在吸收大量现场操作经验的基础上编写的，供钢筋工短期技能培训、技能鉴定和现场施工使用。

本书以技能操作和技能培养为主线，重点介绍了入门须知、钢筋工识图、钢筋的分类与材性、常用机具与设备、钢筋计算、钢筋加工、钢筋连接、钢筋绑扎与安装、常见质量通病防治等内容。

书中根据初学者的特点，以图文结合的方式，通过大量的实例，由浅入深地介绍各项操作技能，便于学习、理解和对照操作。并在介绍常规的操作方法的同时，介绍了较多实用的技巧、要诀，对操作的重点和难点作了必要的提示。通过学习，能使钢筋工快捷入门、较快掌握操作技巧。

本书由叶刚主编，参加编写工作的有：张颖、刘卫东、刘国民、叶昕、鲍凤英等同志。在编写的过程中，得到了北京城建集团有关施工单位的大力帮助与指导，并参考了同行专家、工程技术人员的有关文献，在此一并表示衷心感谢。

由于时间仓促，不足之处在所难免，欢迎读者提出宝贵意见和建议。

作　者

目　录

第一章　入门须知

第一节　建筑务工常识

一、劳动者的基本权利和义务

(一)劳动者的权利

(1)平等就业和选择职业的权利;

(2)取得劳动报酬的权利;

(3)休息休假的权利;

(4)获得职业安全卫生保护的权利;

(5)接受职业技能培训的权利;

(6)享有社会保险和福利的权利;

(7)提请劳动争议处理的权利。

(二)劳动者必须履行的义务

(1)完成劳动任务;

(2)提高职业技能;

(3)执行职业安全卫生规程;

(4)遵守劳动纪律和职业道德。

二、劳动合同的签订

(一)劳动合同的签订原则

钢筋工受聘于用人单位时一定要签订劳动合同。劳动合同是劳动者与用人单位确立劳动关系、明确双方权利和义务的协议。劳动合同的订立,是用人单位与劳动者之间为建立劳动关系,明确双方权利和义务,通过双方自愿协商,达成一致协议的法律行为。因此,订立劳动合同必须遵循以下三项原则:合法原则、平等自愿原则、协商一致原则。劳动合同以书面形式订立。

(二)劳动合同的内容

劳动合同内容主要有以下七个方面：

(1)合同期限；

(2)工作内容；

(3)劳动保护和劳动条件；

(4)劳动报酬；

(5)劳动纪律；

(6)合同终止的条件；

(7)违反劳动合同的责任。

(三)劳动合同的变更、终止与解除

劳动合同订立后，即具有法律效力，当事人双方必须认真地履行，任何一方不得擅自变更合同内容。但由于社会生活处于不断变化过程中，当劳动合同订立后，如果企业生产经营发生变化，或者劳动者本身情况发生变化，使劳动合同继续履行发生困难，就需要对劳动合同的部分内容进行修改。

劳动合同的终止是指合同期满或者其他特殊情况的出现，当事人结束劳动合同履行的法律行为。

劳动合同的解除是指劳动合同生效以后，当事人一方或者双方由于主客观情况变化，需要在合同期满以前，对已经存在的劳动合同关系提前终止的法律行为。

1. 用人单位单方解除劳动合同

(1)劳动合同当事人双方协商一致，同意解除劳动合同时，用人单位可以解除劳动合同。

(2)劳动者有下列四种情形之一的，用人单位可以解除劳动合同：

①在试用期间被证明不符合录用条件的；

②严重违反劳动纪律或者用人单位规章制度的；

③严重失职，徇私舞弊，对用人单位利益造成重大损害的；

④被依法追究刑事责任的。

(3)用人单位在有下列三种情形之一时，可以解除劳动合同，但要提前30日以书面形式通知劳动者本人：

①劳动者患病或非因工负伤，医疗期满后不能从事原工作，也不能从事由用人单位另行安排的工作的；

②劳动者不能胜任工作，经过培训、调整工作岗位，仍不能胜任工作的；

③劳动合同订立时所依据的客观情况发生重大变化，致使原劳动合同无法履行，经当事人协商不能就变更劳动合同达成协议的。

(4)用人单位在濒临破产法定整顿期间或者因为生产经营情况发生严重困难，确需裁减人员的，可以解除劳动合同。但应当提前30日向工会或者全体职工说明情况，并向劳动行政部门报告。

为了防止用人单位无故大量裁减人员，《劳动法》规定，用人单位在六个月内录用人员时，应当优先录用被裁减的人员。但是，为了保护职工的合法权益，对于处于特殊情况的职工(劳动者患职业病或者因工负伤并被确认丧失或者部分丧失劳动能力的；患病或负伤，在规定的医疗期内的；女职工在孕期、产期、哺乳期内的；法律、行政法规规定的其他情形)，用人单位不得擅自解除劳动合同。

2. 劳动者解除劳动合同

(1)劳动者可以解除劳动合同，但应当提前30日以书面形式通知用人单位；

(2)劳动者在有下列三种情形之一时，可以随时通知用人单位解除劳动合同，不需提前30日以书面形式通知用人单位：

①在试用期内的；

②用人单位以暴力、威胁、非法限制人身自由的手段强迫劳动的；

③用人单位未按劳动合同规定支付劳动报酬或者提供劳动条件的。

三、劳动工资和劳动安全卫生

(一)劳动工资

工资分配应当遵循按劳分配原则，实行同工同酬。国家实行最低工资保障制度，保障劳动者能够获得基本的生活需要的工资。

工资支付是工资分配制度的重要内容，是工资分配的最终环节，也是在工资分配上保护劳动者合法权益的措施。用人单位必须按时将工资支付给劳动者本人，不得非法延时，否则，须承担相应赔偿责任。劳动者在法定休假日和婚丧假期间以及依法参加社会活动期间，用人单位应当依法支付工资。

（二）劳动安全卫生

劳动安全是指在生产过程中，防止发生中毒、触电、机械外伤、车祸、坠落、塌陷、爆炸、火灾等危及劳动人身安全的事故，而采取的有效措施。

劳动卫生是指对劳动过程中不良劳动条件和各种有毒有害物质使劳动者身体健康受危害，或者引起职业病的防范。

劳动安全卫生工作的方针是：安全第一，预防为主。劳动者在生产劳动过程中既有获得劳动安全卫生保护的权利，又必须履行安全卫生保护的义务。劳动者对违章指挥，强令冒险作业，有权拒绝执行；对危害生命安全和身体健康的行为，有权提出批评、检举和控告；劳动者在生产过程中有义务严格遵守安全操作规程，并报告有关情况。

用人单位必须建立、健全职业安全卫生制度；用人单位必须执行国家职业安全卫生规程和标准；用人单位必须对劳动者进行职业安全卫生教育；用人单位必须为劳动者提供符合国家规定的职业安全卫生条件和必要的劳动防护用品。对从事有职业危害作业的劳动者应当定期进行健康检查。

职业安全卫生设施必须符合国家规定的标准。新建、改建、扩建工程的职业安全卫生设施必须与主体工程同时设计、同时施工、同时投入生产和使用。

四、社会保险、福利和劳动争议处理

（一）社会保险

劳动者在下列情形下，依法享受社会保险待遇：退休；患病，负伤；因工伤或者患职业病；失业；生育。相应的险种为养老保险、疾病医疗保险、伤残保险、失业保险和生育保险等。

（二）社会福利

社会福利是除工资和社会保险以外，国家为全体公民（劳动者）提供的各种福利性补贴和举办的各种福利事业的总称，是社会为职工提供的一种生活待遇。

（三）劳动争议处理

劳动争议也叫劳动纠纷，是指劳动关系双方当事人在执行劳动法律、法规，或者履行劳动法律、法规，或者履行劳动合同、集体合同的过程中，由于对相互间因权利和义务产生分歧而引起的争议。分为个人劳动争议、团体劳动争议和集体合同争议三种类型。

劳动争议处理，是指法律、法规授权的专门机构对劳动关系双方当事人之间发生的劳动争议进行调解、仲裁和审判的活动。劳动争议处理的基本形式是：依法向劳动争议调解委员会申请调解；向劳动争议仲裁委员会申请仲裁；向人民法院提起诉讼；当事人自行协商解决。

解决劳动争议，应当根据合法、公正、及时处理的原则，依法维护劳动争议双方当事人的合法权益。着重于调解，通过说服教育和劝说协商的方式促使劳动争议得到解决。

第二节　职业资格

为全面提高建筑业企业生产操作人员素质，确保建筑工程质量与施工安全，我国实行职业资格证书制度。

一、建筑业企业生产操作人员实行职业资格证书制度的工种（职业）范围与级别

建筑业企业生产操作人员实行职业资格证书制度的工种（职业）范围包括建筑业企业施工、生产、服务的技术工种。

建筑业企业生产操作人员职业资格分为初级（五级）、中级（四级）、高级（三级）、技师（二级）、高级技师（一级）五个等级。

申请取得《职业资格证书》人员，必须经过依法设立的职业技能鉴定机构鉴定。

鉴定机构按照统一标准、统一命题、统一考务管理、统一证书的原则及规定的程序开展鉴定工作。鉴定合格的，发给《职业资格证书》。

对持有建设部原《建设职业技能岗位证书》的，采取逐步过渡的办法换发《职业资格证书》，过渡期间《建设职业技能岗位证书》继续有效。

持证者进行资格升级或转岗时，应重新进行职业技能鉴定，鉴定合格后换发《职业资格证书》。

未取得上述证书的生产操作人员不得上岗作业。

建筑业企业生产操作人员必须按照其持有的《职业资格证书》规定的岗位和等级从事施工活动，不得跨岗或越级从事施工活动。

二、职业技能培训

为获取《职业资格证书》，劳动者要根据自己的需求参加各种不同层次的职业技能培训，此类培训是以国家职业标准为依据的，务工者经职业技能培训后，参加职业技能鉴定，鉴定合格后发给《职业资格证书》。

初级钢筋工国家职业标准包括基本要求和工作要求两部分内容。

（一）基本要求

1. 职业道德

（1）职业道德基本知识。

（2）职业守则。

①热爱本职工作，忠于职守；

②遵章守法、安全生产；

③尊师爱徒，团结互助；

④勤俭节约，关心企业；

⑤钻研技术、勇于创新。

2. 基础知识

（1）识图知识；

（2）钢筋常识；

（3）常用钢筋加工的机具使用和保养知识；

（4）建筑力学和钢筋混凝土结构常识；

（5）安全生产知识；

（6）相关法律、法规知识。

（二）初级钢筋工的工作要求

初级钢筋工的工作要求如表 1-1 所示。

表 1-1　初级钢筋工的工作要求

职业功能	工作内容	技能要求	相关知识
一、施工准备	（一）识图	1. 能识别图纸中各种符号、图例、线型 2. 能读懂矩形简支梁、单双向板、构造柱等结构构件的钢筋混凝土施工图 3. 能识别构件中各钢筋所起的作用	1. 制图基本知识 2. 建筑力学、钢筋混凝土结构的一般理论知识
	（二）钢筋准备	1. 能正确识别所用钢筋的种类规格，检查其是否与钢筋标牌一致 2. 能正确运输、装卸、堆放现场的钢筋	1. 常用量具工具的知识 2. 钢筋验收的方法、程序
	（三）准备机具和辅料	能正确选用钢筋加工机具和辅料	辅料的用途
二、加工	加工钢筋	1. 能看懂配料单 2. 能进行钢筋除锈、调直、下料、切断和弯曲的操作	1. 钢筋加工操作的一般程序 2. 钢筋的连接技术和冷加工的技术质量标准 3. 安全生产操作规程
三、安装	绑扎钢筋	1. 能按钢筋混凝土施工图绑扎钢筋骨架和钢筋网片 2. 能按规定设置垫块 3. 能修复钢筋在混凝土浇捣过程中的一般缺陷 4. 能正确搬运较大的钢筋骨架	1. 钢筋的绑扎方法 2. 矩形简支梁、单双向板、构造柱钢筋操作程序和要求 3. 混凝土浇捣过程中钢筋易出现的缺陷及处理方法 4. 大钢筋骨架搬运就位知识
四、检查整理	（一）质量自检	能根据施工图及规范要求，进行质量检查和整改	1. 建筑工程质量验收统一标准 2. 混凝土工程质量验收规范
	（二）现场整理	1. 能对材料和机具进行清理、归类、存放 2. 能将废弃物清扫处理	1. 文明施工常识 2. 环境保护常识

第三节 施工安全与劳动保护

一、一般施工危险常识预知训练

(1)进入施工区域的人员要戴好安全帽,并且要系好安全帽的带子。防止高处坠落物体砸在头部或其他物体碰触头部造成伤害。

(2)施工区域杂物多,光脚、穿拖鞋容易扎破脚,且行走不方便,容易摔倒,因此施工区禁止光脚、穿拖鞋、高跟鞋或带钉易滑鞋。

(3)施工现场一切安全设施不要擅自拆改。防止因没有安全设施而发生伤亡事故。

(4)非本工种职工禁止乱摸、乱动各类机械电气设备,不要在起重机械吊物下停留,以防止机械伤害、触电事故及物体打击事故。在楼层卸料平台上,禁止把头伸入井架内或在外用电梯楼层平台处张望,以防止吊笼切人事故。

(5)施工现场要注意车辆,不要钻到车辆下休息,以防止车辆轧人。

(6)注意楼内各种孔洞,上脚手架注意探头板、孔洞及周边防护,以防止高处坠落。

(7)高处作业时,严禁向下扔任何物体,以防止砸伤下方人员。

(8)进入现场禁止打闹;严禁酒后操作,以防止意外事故。

二、钢筋工工种危险预知训练

(1)拉直盘条钢筋应单根拉。几根一起拉时,容易产生一根已被拉断,而其他根尚未拉直的问题。盘条钢筋拉断将会产生很大的反弹力,容易伤人。拉钢筋时要用卡头把钢筋卡牢,地锚要牢固。否则在拉钢筋当中,钢筋从卡头脱出或地锚被拉出,也将产生很大的反弹力,容易发生事故。拉筋沿线应设禁区,防止意外伤人。

(2)人工绞磨拉直盘条,要用手推,动作要协调一致,注意脚下磕绊物。松解时要缓慢,不准撒手松开,防止推杆突然快速倒转打伤人。绞磨要设有防回转安全装置(安全棘轮)。否则,不准使用。

(3)切断圆盘钢筋时要先固定住钢筋,防止钢筋回弹伤人。

(4)绑扎钢筋不要站在钢筋柱下绑扎,应站在操作架上。在建筑物上运送钢筋时,防止钢筋碰触电线造成触电事故。同时,还要注意防止钢筋打伤人。

(5)用切断机断料时，手与刀口距离应不小于15cm。操作时要集中注意力，切断短钢筋长度不应小于40cm，不要用手直接送料，应用套管或钳子夹料，以防伤手。另外，要随时清除切掉的短小钢筋头，防止伤人。

三、劳动保护知识

(一)基本要求

(1)从事有毒、有害作业的工人要定期进行体检，并配备必要的劳动保护用品。

(2)对可能存在毒物危害的现场应按规定采取防护措施，防护设施要安全有效。

(3)患有皮肤病、眼结膜病、外伤及有过敏反应者，不得从事有毒物危害的作业。

(4)按规定使用防护用品，加强个人防护。

(5)不得在有毒物危害作业的场所内吸烟、吃食物，饭前班后必须洗手、漱口。

(6)应避免疲劳作业、带病作业以及其他与作业者的身体条件不适合的作业，注意劳逸结合。

(7)搞好工地卫生，加强工地食堂的卫生管理，严防食物中毒。

(8)作业场所应通风良好，可视情况和作业需要分别采用自然通风和局部机械通风。

(9)凡有职业性接触毒物的作业场所，必须采取措施限制毒物浓度符合国家规定标准。

(10)有害作业场所，每天应搞好场内清洁卫生。

(11)当作业场所有害毒物的浓度超过国家规定标准时，应立即停止工作并报告上级处理。

(二)施工现场粉尘防护措施

(1)混凝土搅拌站、木加工、金属切削加工、锅炉房等产生粉尘的场所，必须装置除尘器或吸尘罩，将尘粒捕捉后送到储仓内或经过净化后排放，以减少对大气的污染。

(2)施工和作业现场应经常洒水,工完场清,采取有效降尘措施,控制和减少灰尘飞扬。

(3)采取综合防尘措施或降尘的新技术、新工艺、新设备,使作业场所的粉尘浓度不超过国家的卫生标准。

(三)施工现场噪声防护措施

(1)施工现场的噪声应严格控制在国家规定的噪声标准之内。

(2)改革工艺和选用低噪声设备,控制和减弱噪声源。

(3)采取各种有效的消声、吸声措施,如装设消声器、采用吸声材料和结构等,努力降低施工噪声。

(4)采取隔声措施,把发声的物体和场所封闭起来,如采用隔声棚等降低诸如电锯作业等的噪声强度。

(5)采用隔振措施,装设减振器或设置减振垫层,减轻振源声及其传播;采用阻尼措施,用一些内耗损、内摩擦大的材料涂在金属薄板上,减少其辐射噪声的能量。

(6)作好个人防护,戴耳塞、耳罩、头盔等防噪声用品。

(7)定期进行体检,发现问题及时采取措施。

四、工伤保险及意外伤害保险

(一)工伤保险

国务院令第375号颁布的《工伤保险条例》规定:

(1)中华人民共和国境内的各类企业、有雇工的个体工商户(以下称用人单位)应当依照本条例规定参加工伤保险,为本单位全部职工或者雇工(以下称职工)缴纳工伤保险费。

(2)中华人民共和国境内的各类企业的职工和个体工商户的雇工,均有依照本条例的规定享受工伤保险待遇的权利。

(3)用人单位应当按时缴纳工伤保险费。职工个人不缴纳工伤保险费。

用人单位缴纳工伤保险费的数额为本单位职工工资总额乘以单位缴费费率之积。

(二)意外伤害保险

根据《中华人民共和国建筑法》第四十八条、《建设工程安全生产管理条例》第三十八条规定，建筑施工单位应当为施工现场从事危险作业的人员办理意外伤害保险。建筑职工意外伤害保险是法定的强制性保险，也是保护建筑业从业人员合法权益，转移企业事故风险，增强企业预防和控制事故能力，促进企业安全生产的重要手段。

《北京市实施建设工程施工人员意外伤害保险办法（试行）》（下称《办法》）的主要规定有：

1. 项目开工前必须先给施工作业人员和工程管理人员办理施工人员意外伤害保险

《办法》自 2004 年 8 月 1 日起施行，凡在本市行政区域内从事建设工程新建、改建、扩建活动的建筑施工（含拆除）企业，都要为施工现场的施工作业人员和工程管理人员办理施工人员意外伤害保险。

建设单位必须在施工承包合同签订后七日内，将施工人员意外伤害保险费全额交付建筑施工企业。建筑施工企业必须及时办理施工人员意外伤害保险。

2. 投保期限与范围

（1）建设工程施工人员意外伤害保险以工程项目或单项工程为单位进行投保。投保人为工程项目或单项工程的建筑施工总承包企业。

（2）施工人员意外伤害保险期限自建设工程开工之日起至竣工验收合格之日止。

（3）施工人员意外伤害保险范围是建筑施工企业在施工现场的施工作业人员和工程管理人员受到的意外伤害，以及由于施工现场施工直接给其他人员造成的意外伤害。

3. 保险费用

（1）施工人员意外伤害保险费用列入工程造价。

（2）施工人员意外伤害保险费实行差别费率：施工承包合同价在三千万元以下（含三千万元）的，千分之一点二；施工承包合同价在三千万元以上一亿元以下（含一亿元）的，千分之零点八；施工承包合同价在一亿元以上的，千分之零点六。

按上述费率计算施工人员意外伤害保险费低于三百元的，应当按照三百元计算。

（3）建设工程实行总分包的，分包单位施工人员意外伤害保险费包括在施工总承包合同中，不再另行计提。分包单位施工人员意外伤害保险投保理赔事项，统一由施工总承包单位办理。

4. 保险索赔

(1)发生意外伤害事项，建筑施工企业应当立即通知保险公司，积极办理相关索赔事宜。

(2)因意外伤害死亡的，每人赔付不得低于十五万元。

(3)因意外伤害致残的，按照不低于下列标准赔付：

一级十万元，二级九万元，三级八万元，四级七万元，五级六万元，六级五万元，七级四万元，八级三万元，九级二万元，十级一万元。

伤残等级标准划分按照《职工工伤与职业病致残程度鉴定》(中华人民共和国国家标准 GB/T 16180－1996)的规定执行。

意外伤害理赔事项确认后，保险公司应当直接向保险受益人及时赔付。

第二章　力学与结构简介

第一节　力与平衡的基本概念

钢筋是根据钢筋混凝土房屋中各构件所处的位置和受力情况配置的，所以钢筋工应对力学与结构的基本知识有一个大致的了解，为看懂钢筋图和正确绑扎安装钢筋打下基础。

一、力的基本概念

力是物体对物体的作用。力对物体作用的结果，一是使物体产生变形。例如，力作用在绑扎铁丝上，能使铁丝变直、变弯、伸长或缩短等。二是使物体的运动状态发生改变。例如，人在工地上推小车，可以使小车由静止到运动，并使小车速度加快、变慢或转弯等。

由实践可知，力对物体的作用效果取决于力的大小、方向和作用点，通称力的三要素。

表示力大小的单位有国际单位制和工程单位制两种，国际单位制用牛顿（牛或 N）或千牛顿（千牛或 kN）表示，工程单位制用公斤力（kgf）。两种单位的换算关系为：1kgf＝9.81N，粗略计算 1kgf≈10N。

二、力矩的概念

从工程实践中知道，力除了能使物体移动之外，还能使物体转动。例如，用扳手拧紧螺母时，加力可使扳手绕螺母中心转动；力使物体产生转动的效应，用力矩表示。

如图 2-1 所示，力 F 使扳手绕螺母中心 O 转动的效应不仅与力的大小有关，而且与螺母中心 O 到该力作用线的垂直距离 d 成正比。其计算公式为

$$m_o(F) = \pm Fd$$

$m_o(F)$表示力 F 对 O 点的矩，简称力矩。O 点称为矩心，矩心 O 到力 F 作用线的垂直距离 d 称为力臂。

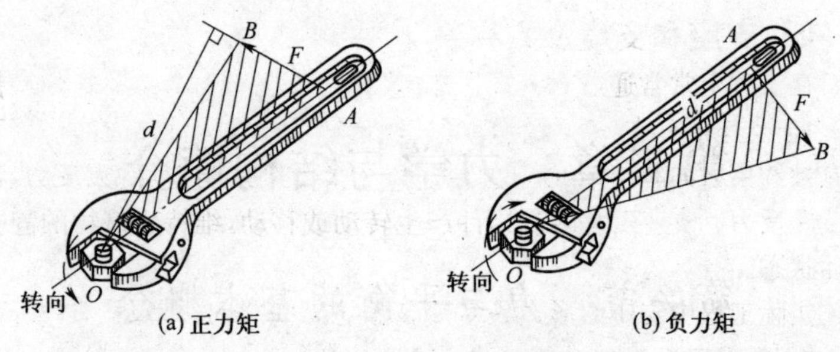

(a) 正力矩 (b) 负力矩

图 2-1 力矩示意图

三、力偶的概念

在生产和生活中，有时会遇到两个等值、反向、不共线的平行力作用在同一物体上的情况，如图 2-2a 所示司机加在转向盘上的力和图 2-2b 所示工人加在螺纹扳手上的力。这一对力称为力偶，力偶和力是组成力系的两个基本元素，相互不能互相代替对物体的作用效应。

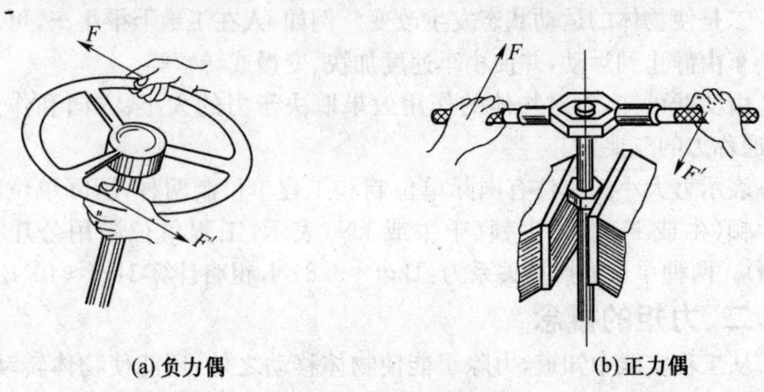

(a) 负力偶 (b) 正力偶

图 2-2 力偶示意图

力偶能使物体发生转动，其转动效应的大小用力偶矩(M)来表示。即

$$M=\pm Fd$$

式中 d 称为力偶臂，是两平行力之间的垂直距离。力偶矩单位为 N · m 或 kN · m。

四、支座和支座反力

在工程上常常通过支座将一个构件支承于基础或另一静止的构件上，由于支座的存在约束了构件的移动或转动。当构件在力的作用下沿着被约束方向有转动或移动趋势时，支座则对构件产生约束反力，称为支座反力。支座反力限制构件产生转动或移动，维持建筑物的静止不动状态。

实际工程中支座的形式是多种多样的，但按其受力情况来分析归纳，常用的有以下三种。

(一)可动铰支座(滚轴支座)

可动铰支座及表示方法如图 2-3 所示。工程上常将一根横梁通过混凝土梁垫支承在砖柱上的形式简化为可动铰支座(图 2-4)，所以它的支座反力通过销钉中心，垂直于支承面，指向未定。

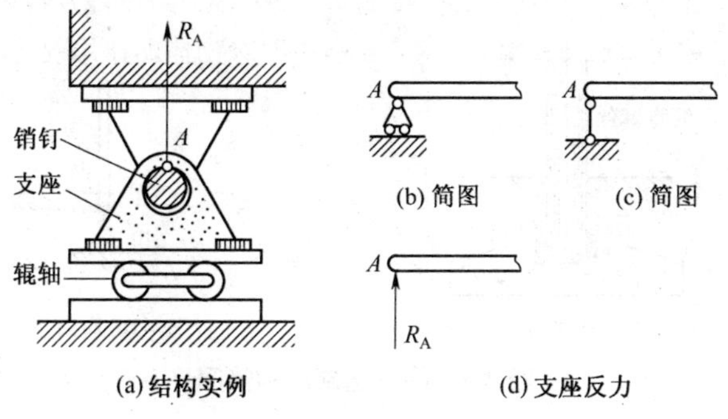

(a) 结构实例　(b) 简图　(c) 简图　(d) 支座反力

图 2-3　可动铰支座及表示方法

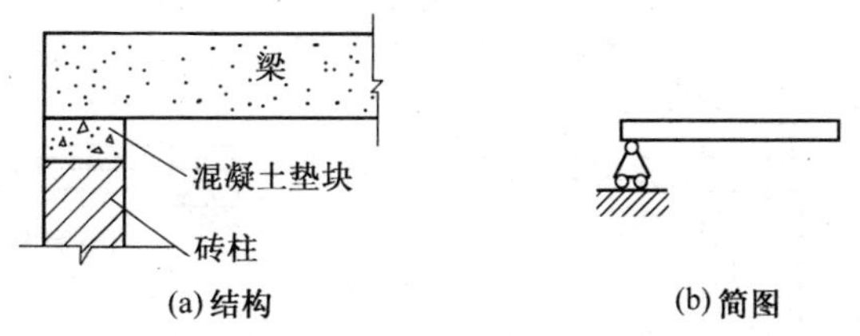

(a) 结构　(b) 简图

图 2-4　横梁支承结构简图

(二)固定铰支座(铰链支座)

固定铰支座简图及表示方法如图 2-5 所示。工程中常将用沥青麻丝固定柱子的杯形基础,屋架与柱子通过预埋垫板焊接的形式简化为固定铰支座。如图 2-6 和图 2-7 所示,其支座反力一般可沿直角坐标系分解为两个分力计算。

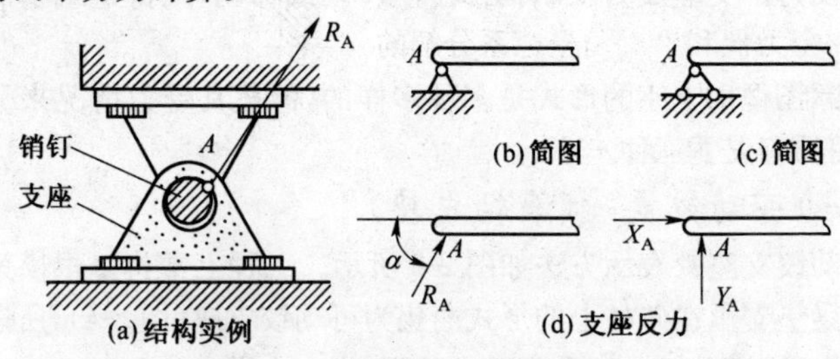

图 2-5 固定铰支座简图及受力

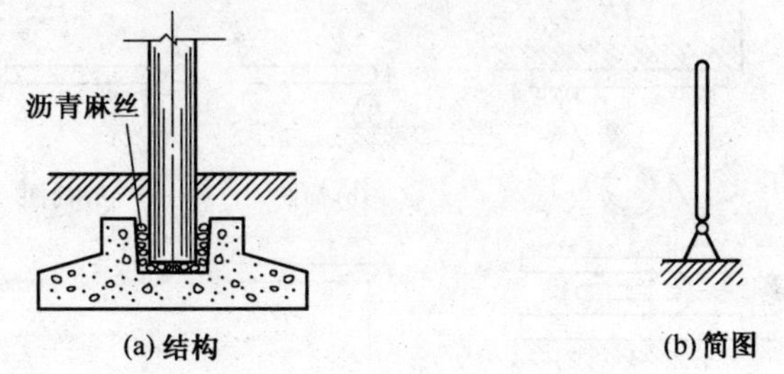

图 2-6 杯形基础结构简图

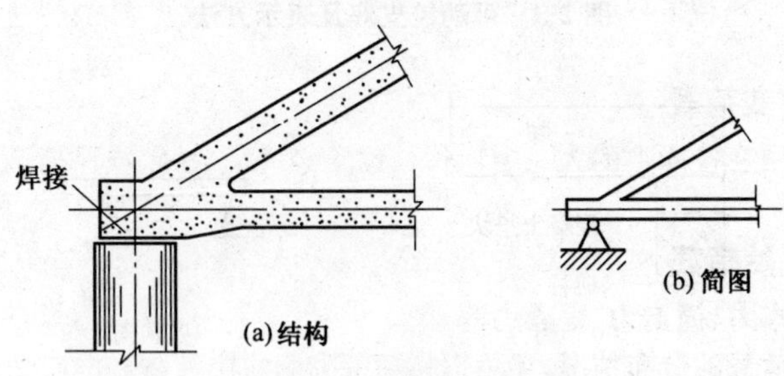

图 2-7 固定铰支座实例

(三)固定支座

工程中的悬挑板和用细石混凝土浇筑于杯形基础内的钢筋混凝土柱子均为固定支座的实例(图 2-8)。固定支座约束物体的转动和移动,所以支座反力可简化为一个力偶和沿直角坐标系分解的两个分力(图 2-9)。

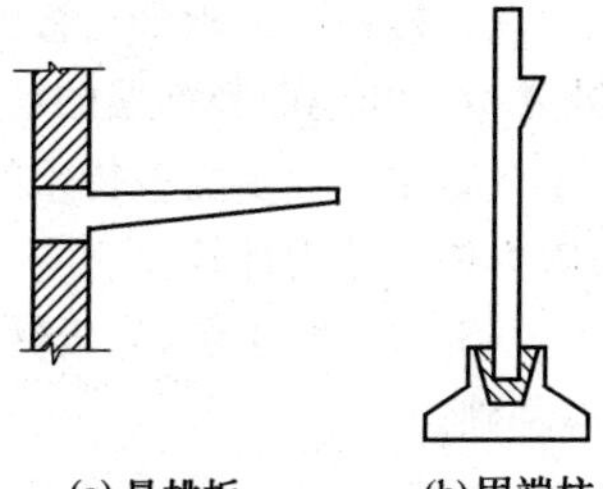

(a)悬挑板　(b)固端柱

图 2-8　固定端支座实例

支座反力是由荷载作用引起的,往往是未知的,力学计算的任务之一就是要正确地分析支座反力,并利用平衡条件求出其大小和作用方向。

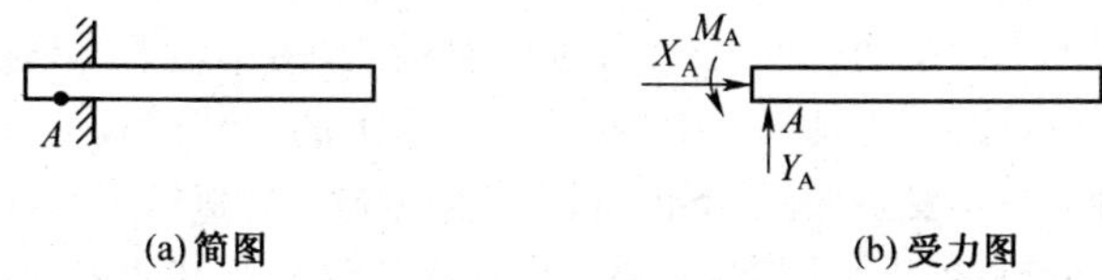

(a)简图　(b)受力图

图 2-9　固定端支座受力简图

五、建筑结构荷载

(一)建筑结构荷载的类型

主动作用在建筑结构上的力称为荷载。荷载分为下列三类:

1. 永久荷载

永久荷载是指长期作用在结构上的不变荷载。例如结构自重、土压力等。

2. 可变荷载

如作用在楼面上的人、家具、机械设备等活荷载,以及风荷载、雪荷载等。

3. 偶然荷载

如爆炸力、撞击力、地震力等。

根据荷载的分布情况,还可以将荷载分为集中荷载和分布荷载。

(二)房屋结构荷载的承传

房屋一般都是由楼板、梁、墙、柱和基础等组成的。它们各自承受并传递荷载的方式为：

(1)楼板——承受与板面垂直的荷载，如楼板上的人群、家具、设备及楼板层和地面装饰层的重量等，并将荷载传给梁。

(2)梁——承受板传来的压力及梁自身的重量，并将荷载传给墙或柱。

(3)墙——承受梁、板传来的压力及墙本身的重量，并将荷载传给墙基础。

(4)柱——承受梁传来的压力及柱身的自重，并将荷载传给柱基础。

(5)基础——把墙、柱传来的压力传到地基上去。

六、工程结构平衡的概念

一般的工程结构在外力(主要是各种荷载)的作用下，相对于地球都是静态的，称为“平衡”。作用在建筑结构上的各种荷载由墙、柱、梁与楼板等构件承受，并逐层下传，最后传给基础。在进行平衡计算时要进行受力分析，列出平衡方程，最终求出支座反力及其他未知力，作为工程设计或施工的依据。

一般工程结构在各种荷载以及支座反力的共同作用下，其平衡条件可用下面一组平衡方程表示：

$$\sum F_X = 0$$

$$\sum F_Y = 0$$

$$\sum m = 0$$

该组平衡方程的含义可以简单地理解为：工程结构在各种荷载和支座反力的共同作用下不产生任何方向的移动和转动，即结构处于平衡状态。

七、杆件的强度计算

房屋中的梁、柱、墙、楼板等在外力的作用下会产生内力，这种内力不能超过其本身的承受能力，即强度。

(一)简单梁的典型形式

梁是在荷载作用下产生弯曲变形的构件，例如房屋建筑中的楼板梁、阳台挑梁等，常见的简单梁，按支座情况的不同分为下列三种典型形式：

（1）简支梁　一端为固定铰支座，另一端为可动铰支座的梁，如图2-10a 所示。

（2）外伸梁　梁身一端或两端外伸出支座的简支梁，如图 2-10b 所示。

（3）悬臂梁　一端为固定端支座，另一端为无约束的自由端的梁，如图 2-10c 所示。

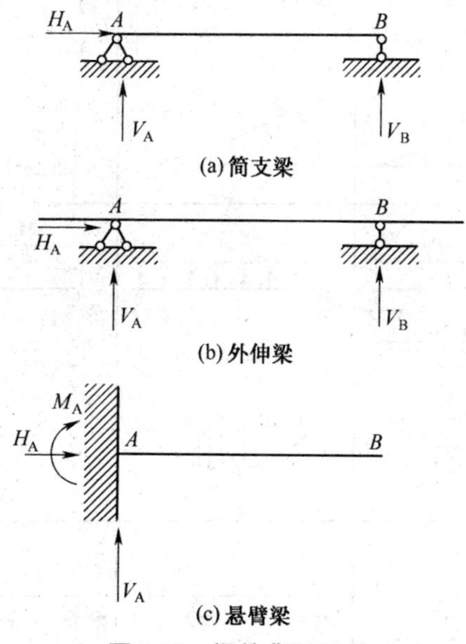

图 2-10　梁的典型形式

（二）根据梁的弯矩图判断受力钢筋的位置

梁在外力作用下发生弯曲变形时，梁的内部会产生抵抗变形的内力。一般情况下梁的内力以弯矩（M）和剪力（Q）为主，梁横截面上的弯矩和剪力可以用截面法求出。

设计梁的截面大小时，需找出梁在荷载和支座反力的共同作用下，沿梁的长度各横截面上的弯矩和剪力的变化规律，表示这种变化规律的图称为内力图，表示剪力的叫剪力图，表示弯矩的叫弯矩图，从中找出其中的最大值作为设计依据。

实际工作中，梁在各种荷作用下的内力图可以查《建筑结构静力计算手册》。图 2-11 列出了常见梁在单种荷载作用下的 M 图，M 图按规定画在梁截面的受拉区，明白这点对钢筋工十分重要，因为掌握了 M 图的形状，就可以间接知道受力钢筋的配置位置。

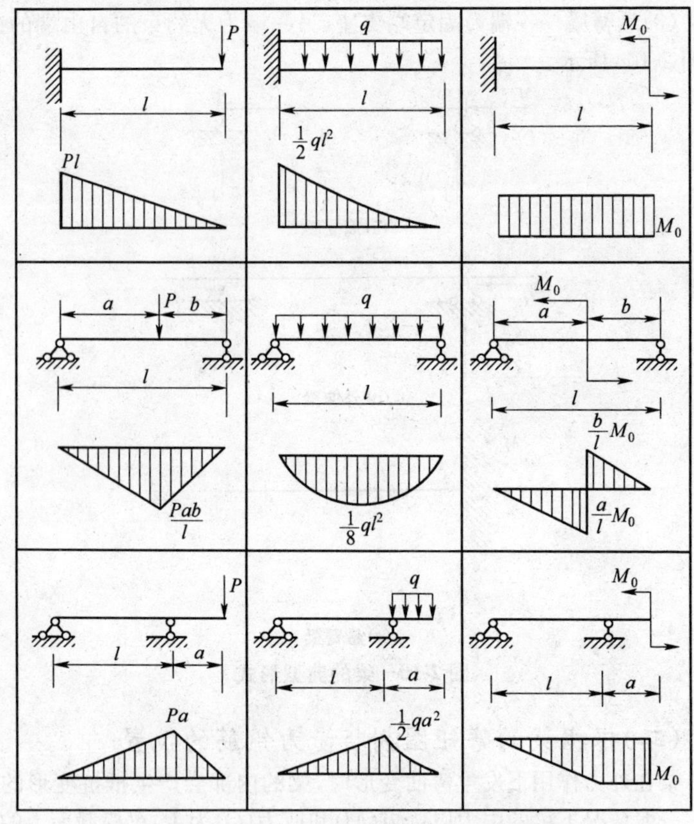

图 2-11 常见梁在单种荷载作用下的 M 图

M 图的形状与梁的变形形状是类似的，所以可以根据梁在外力作用下的变形间接地推知受力钢筋的配置位置。根据配筋原则，梁内受力钢筋要配置在受拉区，据此可知图 2-12 所示的梁在荷载的作用下往下弯曲，梁截面的下部受拉，所以受力钢筋应配置在梁截面的下边缘；图 2-13 所示的悬臂梁在荷载的作用下，发生图 2-13a 所示的变形，所以其主筋应配置在梁截面的上部。在建筑施工中，雨篷塌落事故屡见不鲜，究其原因就是施工人员不懂悬臂构件的受力特点，将本应配置在梁的上部受拉区的主筋（图 2-13c），想当然地将受力钢筋直接布置在梁下部的模板上（因施工方便），或者虽然受力钢筋绑扎位置正确，但在施工的过程中，不采取保护措施，随意将钢筋踩倒、踩歪，使受力钢筋起不到应有的作用，极易造成惨痛的塌落事故。

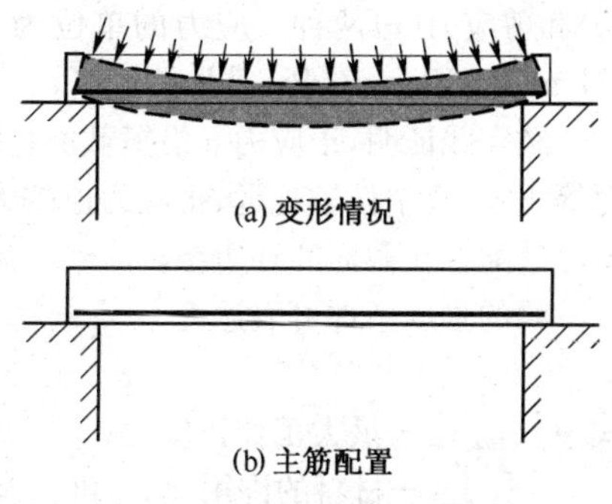

图 2-12　简支梁的变形及主筋配置

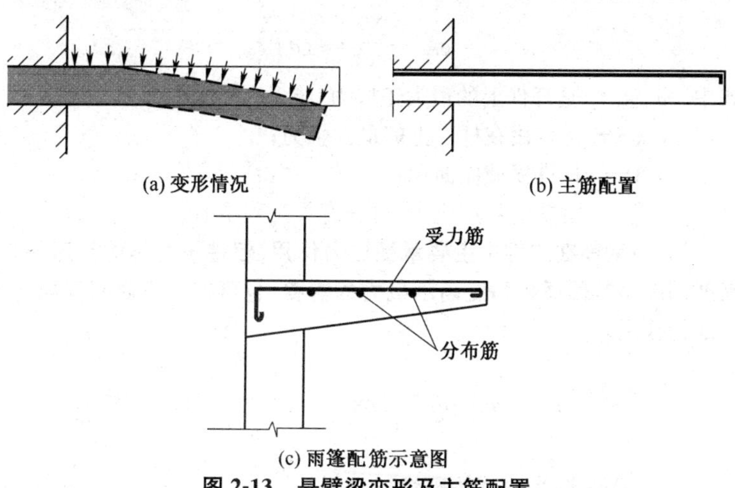

图 2-13　悬臂梁变形及主筋配置

（三）杆件应力和强度条件的概念

1. 梁内应力及强度条件

单位面积上的内力称为应力。梁的横截面上的应力一般有正应力

(σ)和剪应力(τ)两种。应力的单位为"Pa"或"kPa"或"MPa"。1Pa=1N/m^2,1MPa=10^{6}Pa,1kPa=10^{3}Pa。

经实践证明,正应力σ沿横截面呈线性分布,中性轴上各点的正应力等于零,离中性轴越远,正应力值越大,因此,各种构件中所配的钢筋应尽量配置在截面的外边缘。

梁的强度条件可表达为

$$\sigma_{max} \leqslant [\sigma]$$

式中 σ_{max}——最大工作正应力;

$[\sigma]$——材料的许用应力,可查有关工程手册。

工程设计常利用以上公式计算并配置梁内的钢筋。

要诀:梁内受力钢筋配置在受拉区的外边缘。

2. 轴向拉伸或压缩杆的强度计算

轴向拉压杆的截面内力称为轴力,用符号N表示。轴向拉压杆的截面应力也称为正应力,用σ表示。对于等截面杆,其强度条件为:

$$\sigma_{max} = \frac{N_{max}}{A} \leqslant [\sigma]$$

式中 σ_{max}——是杆件上的最大正应力;

N_{max}——是作用在杆件上的最大轴力;

A——杆件横截面面积;

$[\sigma]$——材料的许用应力,可查有关工程手册。

提示:钢筋在构件中主要承受拉力作用,但柱子之类的受压杆件,有时因减小截面面积和提高承载力的需要,也可在柱子内配置钢筋承受压力作用。

第二节 钢筋混凝土结构中的钢筋

一、钢筋混凝土的概念

众所周知,混凝土的抗压强度较高,而抗拉强度很低,当采用素混凝土制作梁之类的受弯构件时,在外力作用下,混凝土受拉区稍受力就会导致开裂,甚至发生脆断。为了提高混凝土梁等受拉构件的承载能力,可以在混凝土的受拉区配置适量的钢筋(图 2-14),由钢筋来承担梁内所受的拉力。这种由钢筋和混凝土两种材料复合而成的结构称为钢筋混凝土结构。

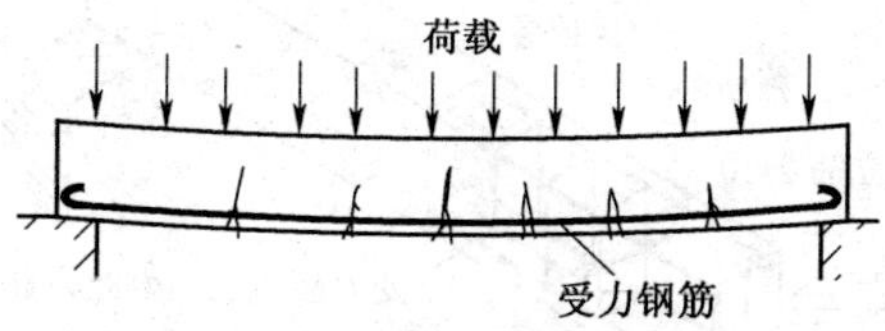

图 2-14　钢筋混凝土受弯构件

二、钢筋混凝土结构中的钢筋及其作用

(一)混凝土结构简述

混凝土结构有框架结构、框架剪力墙结构等不同的结构形式,这些结构都是由不同形状、不同受力状态的板、梁、柱、墙、基础、屋架等构件组成的。这些构件内配置的钢筋根据所处的部位、受力的不同分为受拉钢筋、受压钢筋、弯起钢筋、分布钢筋、架立钢筋、箍筋等 6 种,前 3 种需经结构设计确定,称为受力钢筋(也称主筋);后 3 种是按构造的需要配置的,统称构造钢筋。

(二)受拉钢筋

受拉钢筋配置在构件的受拉区,如简支梁的下部、悬臂梁的上部,图 2-15 钢筋混凝土梁中下部的 2ϕ16 即为受拉钢筋。较复杂的结构可根据变形情况,推知其配置位置。如图 2-16,因梁的两端是固定的,从受垂直荷载作用后的变形情况可知梁中下部和两端的上部受拉,故受力钢筋配置在梁的下部和两端的上部。图 2-17 和图 2-18 所示的连续梁,在垂直荷载作用后跨中梁的下部受拉,上部受压,在固定端和中间支座处,则变成上部受拉,下部受压,所以连续梁支座处主筋上下都有,跨中主筋在下;图 2-17 所示的连续梁的右端是自由端,下部受拉,所以上部不配主筋;图 2-18 的右端是悬臂的,相当于悬臂梁,所以受力钢筋配置在上部。

(三)弯起钢筋

在梁的两端靠近支座处,由弯矩和剪力产生的斜向应力较大,所以往往将一部分受力钢筋在一定的位置向上弯起,伸入支座上部,用以承

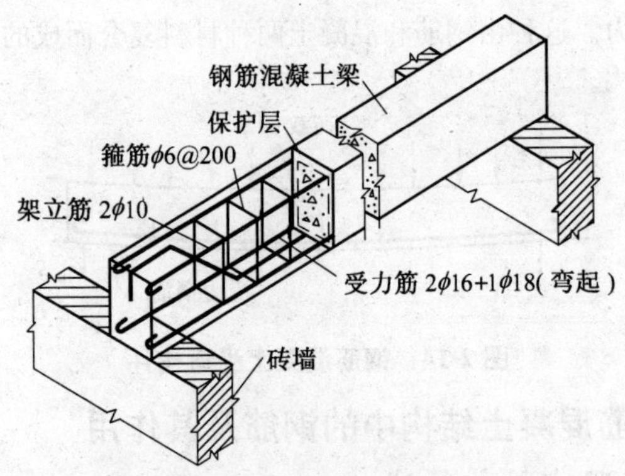

图 2-15　钢筋混凝土梁的配筋

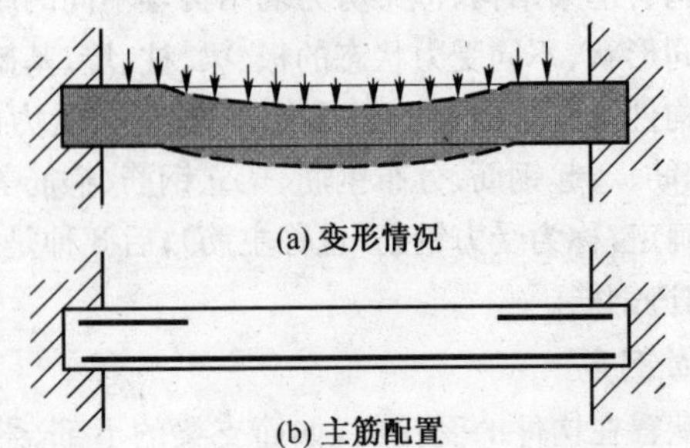

图 2-16　两端固定梁的变形及主筋配置

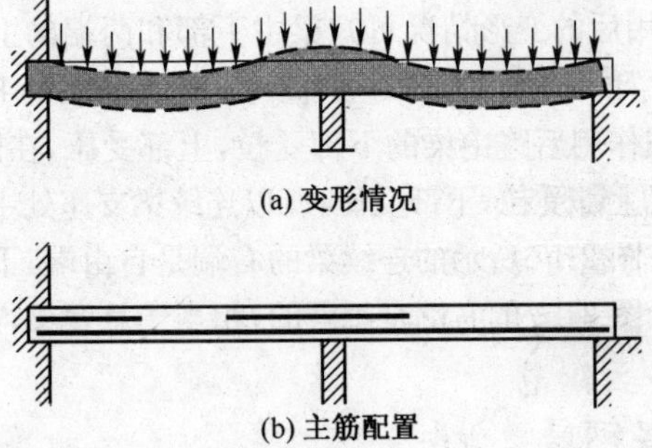

图 2-17　连续梁的变形及主筋配置(一)

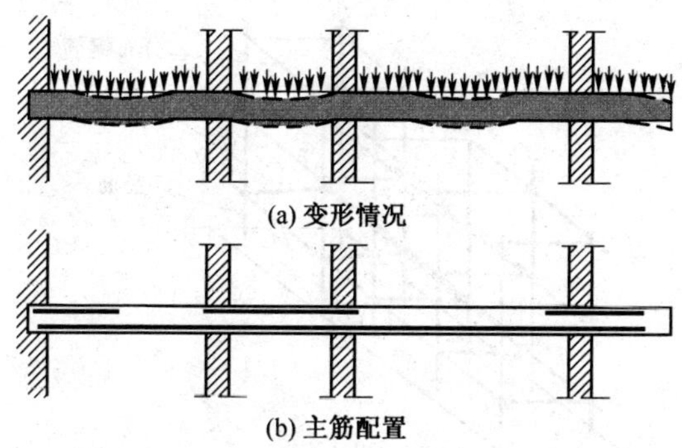

图 2-18 连续梁的变形及主筋配置(二)

受此处的斜向应力,如图 2-15 中的 1ϕ18。

(四)受压钢筋

一般钢筋在构件中主要承受拉力作用,但为了减轻构件的自重,缩小构件的截面面积,往往配置一些与混凝土共同承受压力的钢筋,如图 2-19 混凝土轴心受压柱中纵向受力钢筋和图 2-20墙内配置的竖筋,为了保证竖筋的位置,常配置相应的撑铁。

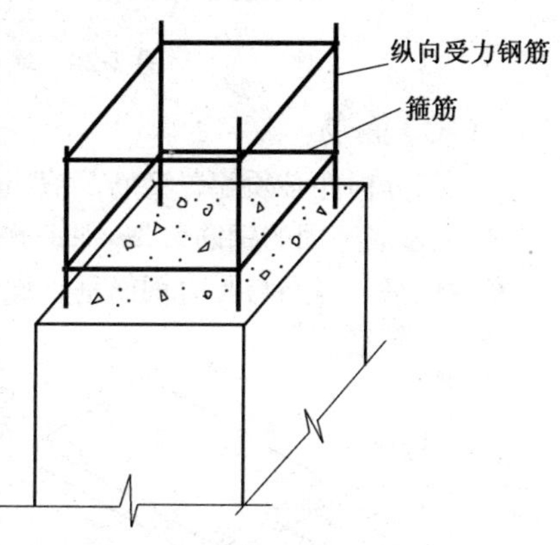

图 2-19 柱内配筋

(五)分布钢筋

分布钢筋一般配在墙、板构件中,主要作用是固定受力钢筋的位置,并将荷载均匀地传递给受力钢筋,同时还能抵抗混凝土凝固时收缩及温度变化时产生的拉力作用,如图 2-20 中的水平分布钢筋。

(六)架立钢筋

架立钢筋主要起架立作用,如图 2-15 中的 2ϕ10,图 2-21 槽形板中的上部架立钢筋,它可以使受力钢筋和构造钢筋形成有一定刚度的钢筋骨架。

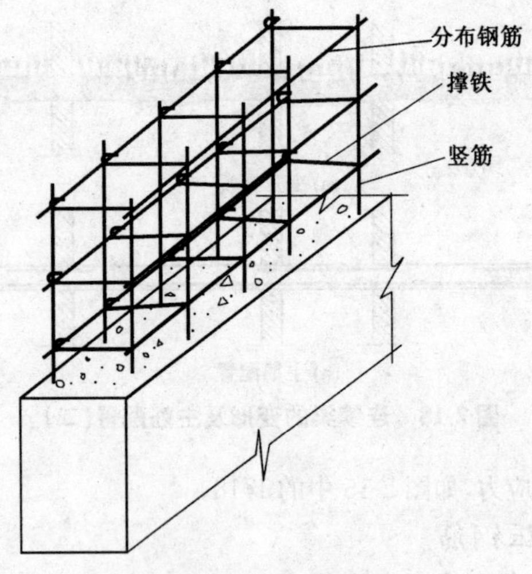

图 2-20　墙内配筋

(七)箍筋

大部分构件必须配置箍筋。箍筋的作用主要是固定受力钢筋的位置,使之形成坚固的钢筋骨架,保证在混凝土浇筑的过程中,受力钢筋不发生位移。箍筋与受力钢筋垂直配置,如图 2-15 中的 ϕ6@200 和图 2-19 中的箍筋。

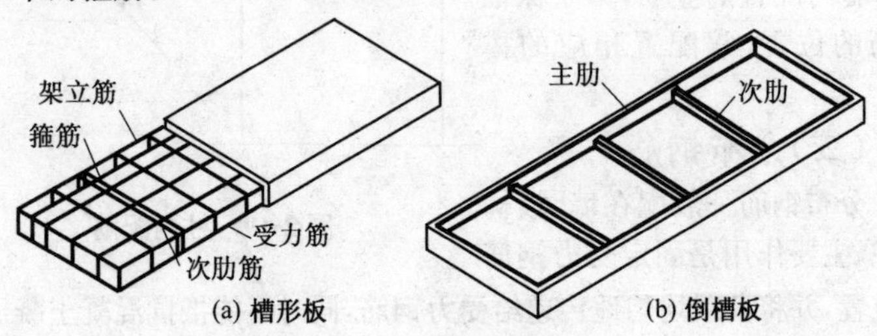

图 2-21　槽形板的配筋

第三章　钢筋工识图

第一节　识图的基本知识

钢筋的加工、绑扎和安装离不开图纸，一个合格的钢筋工应能看懂简单的钢筋图，要想成长为一个熟练的钢筋技工，就要在工程实践中不断提高自己的识图能力，只有熟悉工程图纸，才能了解设计意图，掌握工程的重点和难点，合理安排施工顺序，保证按时、按质、高效、有序地完成施工任务。

一、施工图的形式

（一）图幅与图框

1. 图幅

为了使图纸管理规范，所有设计图纸的幅面均应符合国际标准，见表 3-1。

表 3-1　幅面及图框尺寸

尺寸代号	幅面代号				
	A0	A1	A2	A3	A4
$b\times l$	841×1189	594×841	420×594	297×420	210×297
c	10			5	
a	25				

2. 图框

图框即图纸的边框，用粗实线绘制。图纸幅面可以横式使用，也可以立式使用。一般 A0～A3 幅面的图纸宜横式使用，如图 3-1 所示；必要时也可采用图 3-2 所示的立式；A4 图纸一般宜用立式使用，如图3-3所示。

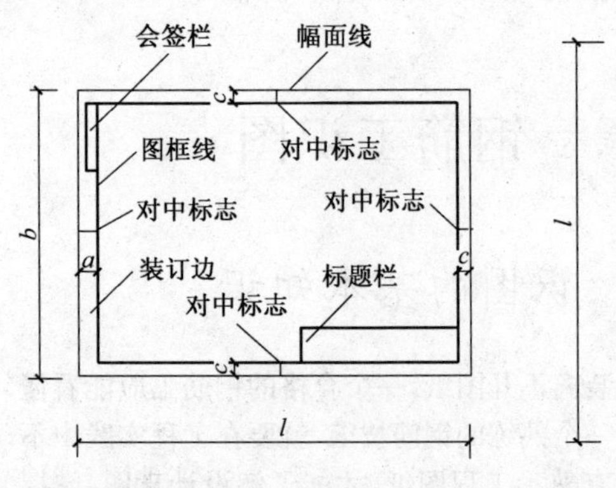

图 3-1　A0～A3 横式幅面　　图 3-2　A0～A3 立式幅面

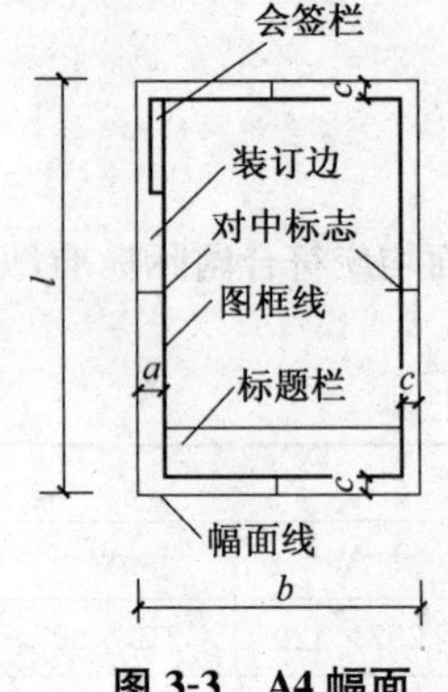

图 3-3　A4 幅面

3. 图标、图签

图标是说明设计单位、工程名称、图名、图号等的标志。它画在图框线内图幅的右下角，图标的形式及规格如图 3-4 所示。

图签是供需要会签的图纸使用，其尺寸为 75mm×20mm，栏内应填写会签人员所代表的专业、姓名、日期。其形式见图 3-5。

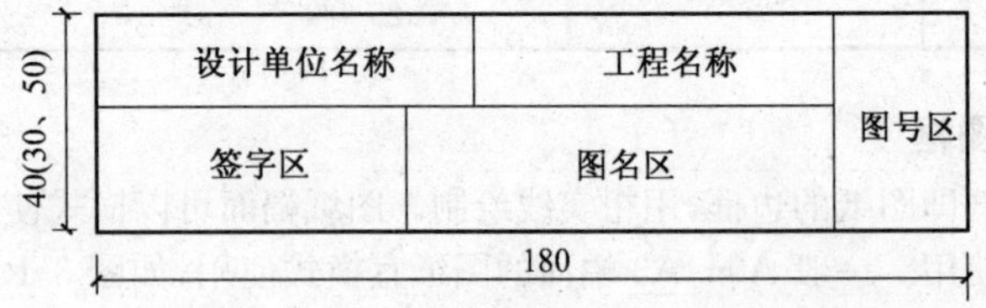

图 3-4　图标的形式及规格

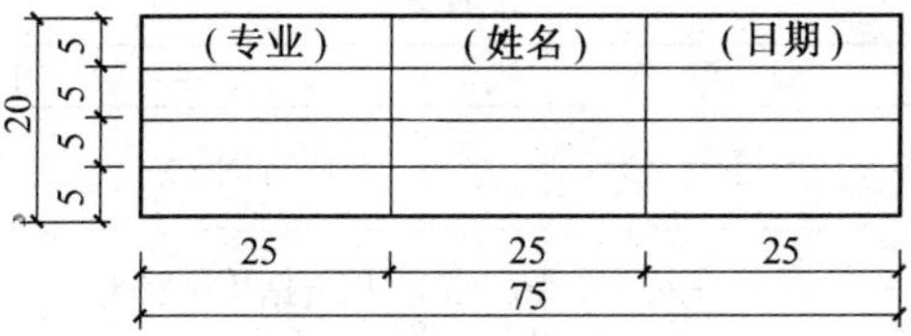

(专业)	(姓名)	(日期)

图 3-5　图签

(二)图线与字体

1. 图线

在建筑工程图中为了分清主次，绘图时必须采用不同线型和不同线宽的图线。表 3-2 是建筑结构工程图中常用的图线。

表 3-2　图线

名称		线型	线宽	一般用途
实线	粗	————	b	螺栓、主钢筋线、结构平面图中的单线结构构件线、钢木支撑及系杆线，图名下横线、剖切线
	中	————	0.5b	结构平面图及详图中剖到或可见的墙身轮廓线、基础轮廓线、钢及木结构轮廓线、箍筋线、板钢筋线
	细	————	0.25b	可见的钢筋混凝土构件的轮廓线、尺寸线、标注引出线，标高符号，索引符号
虚线	粗	— — — —	b	不可见的钢筋、螺栓线，结构平面图中不可见的单线结构构件线及钢、木支撑线
	中	— — — —	0.5b	结构平面图中的不可见构件、墙身轮廓线及钢、木构件轮廓线
	细	— — — —	0.25b	基础平面图中的管沟轮廓线、不可见的钢筋混凝土构件轮廓线
单点长画线	粗	—·—·—	b	柱间支撑、垂直支撑、设备基础轴线图中的中心线
	细	—·—·—	0.25b	定位轴线、对称线、中心线

续表 3-2

名称		线型	线宽	一般用途
双点长画线	粗	—··——··—	b	预应力钢筋线
	细	—··——··—	0.25b	原有结构轮廓线
折断线		——∧∨——	0.25b	断开界线
波浪线		～～～	0.25b	断开界线

2. 字体

工程图中的汉字应采用长仿宋字。字母和数字的书写应符合表3-3的规定。

表 3-3　拉丁字母、阿拉伯数字、罗马数字书写规则

		一般字体	窄体字
字母高	大写字母	h	h
	小写字母(上下均无延伸)	(7/10)h	(10/14)h
小写字母向上或向下延伸部分		(3/10)h	(4/14)h
笔画宽度		(1/10)h	(1/14)h
间隔	字母间	(2/10)h	(2/14)h
	上下行底线间最小间隔	(14/10)h	(20/14)h
	文字间最小间隔	(6/10)h	(6/14)h

(三)比例、符号、尺寸标注、标高

1. 比例

一般看到的施工图都是经过缩小(或放大)后绘成的建筑物或零部件图,所绘制的图样的大小与实物的大小之比称为比例。比例应用阿拉伯数字表示,如 1∶5、1∶20 等分别表示图上 1mm 代表实物的 5mm 和 20mm。一张工程图可以只用一个比例时,应将比例书写在图标内。一张图内有多个比例时,则每个图样下均应标注比例。

2. 符号

图样内的符号包括索引符号和详图符号。

(1)索引符号。施工图某一局部或构件如需另画详图,应以索引符号索引,如图 3-6 和图 3-7 所示。

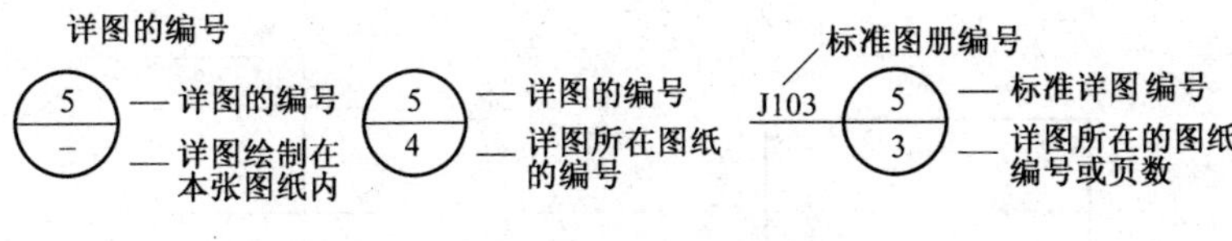

图 3-6　索引符号

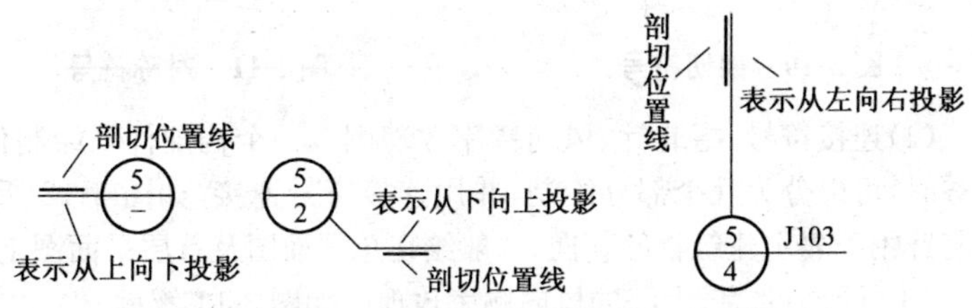

图 3-7　索引剖面详图的索引符号

(2)详图符号。详图符号如图 3-8 所示。图中左图表示该详图与被索引图样在同一张图纸;右图表示详图与被索引图样不在同一张图纸。

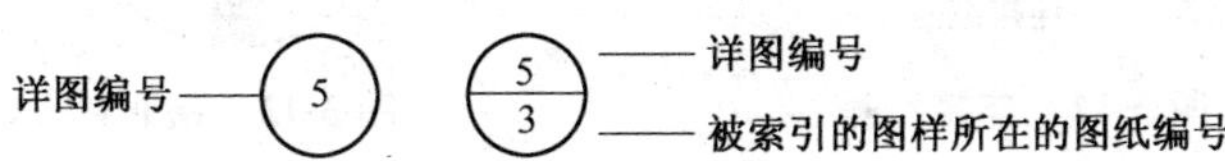

图 3-8　详图符号

(3)引出线、剖切符号、对称符号。引出线如图 3-9 所示,用于建筑物的某些部位需要用文字或详图加以说明时,用引出线从该部位引出并加说明。为了了解物体内部的组成情况,可以用一个假想的平面将物体切开,在切开处用剖切符号表示,如图 3-10 所示。对称符号表示构配件是对称图形,绘图时可仅画出对称图形的一半,如图 3-11 所示。

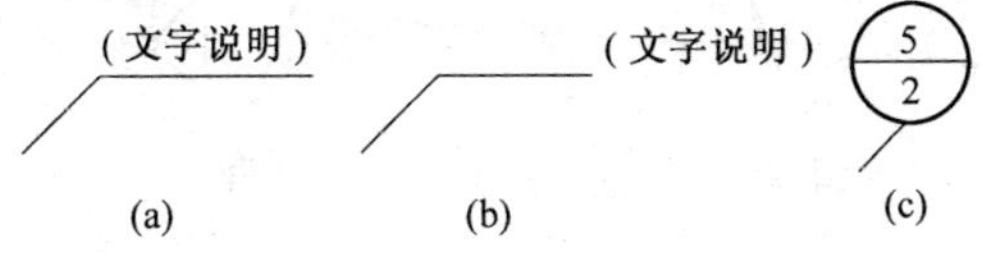

图 3-9　引出线

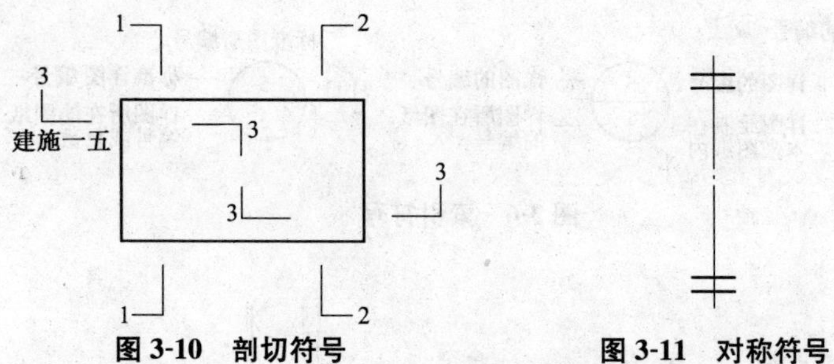

图 3-10　剖切符号　　图 3-11　对称符号

(4)连接符号、指北针、风向频率玫瑰图。一个构配件当绘制位置不够时，可以分为几个部分绘制，并用连接符号连接，如图 3-12 所示；指北针用于表示建筑物的朝向，一般绘在总平面图及首层平面图上，如图 3-13 所示。北京、上海的风向频率玫瑰图如图 3-14 所示。

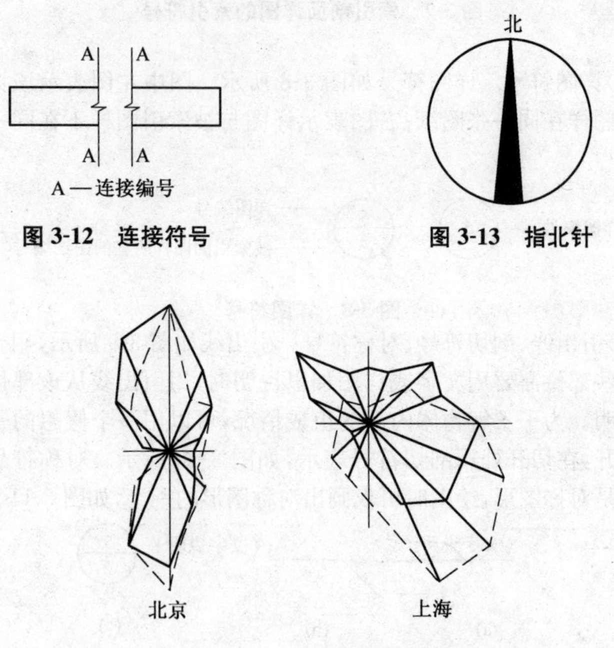

图 3-12　连接符号　　图 3-13　指北针

图 3-14　风向频率玫瑰图

3. 尺寸标注

尺寸标注包括尺寸界线、尺寸线、尺寸起止符号和尺寸数字。尺寸起止符号用45°短斜线标志，尺寸数字写在尺寸起止符号之间，用来表示这一段尺寸的大小。施工图上的尺寸数字，除了标高以m为单位标注外，其余一律以mm为单位标注。图3-15为尺寸组成图。

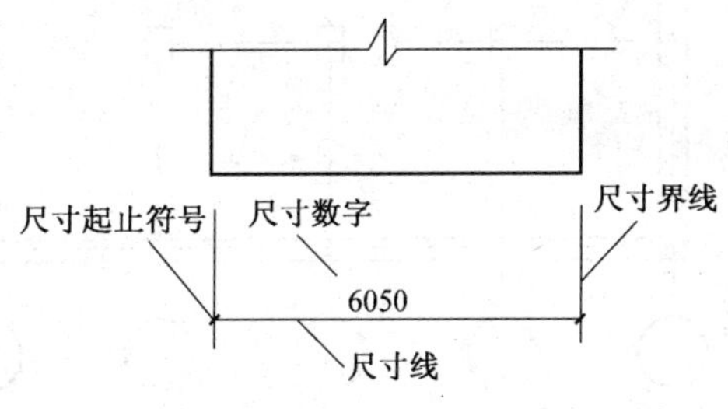

图3-15 尺寸组成

4. 标高

在施工图上还要标明某一部分的高度，称为标高。标高分为：

(1)绝对标高。是以平均海平面作为大地水准面，将其高程作为零点(我国以青岛黄海平面为基准)，计算地面地物高度的基准点。地面地物与基准点的高度差称为绝对标高。总平面图上的室外绝对标高用黑色三角形表示，如▼ 35.30表示该处的绝对标高为35.30m。

(2)相对标高。相对标高亦称建筑标高，是以所建房屋的首层室内地面的高度作为零点(写作±0.000)，来计算该房屋与它的相对高差。高差的多少称为标高。比零点高的部位称为正标高，比零点低的部位称为负标高。正标高不必在数字前加"＋"号；负标高要在数字前加"－"号。标高符号见图3-16。

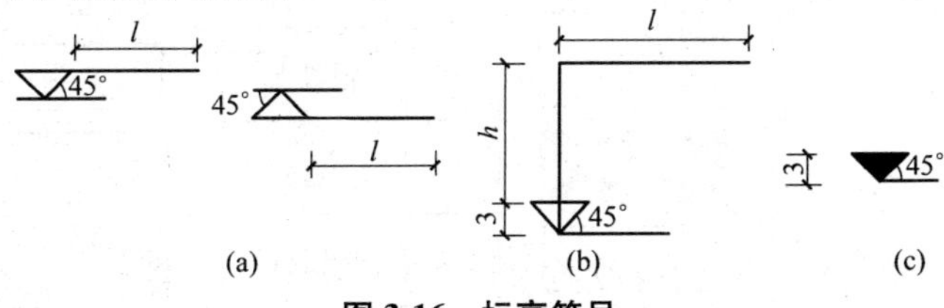

图3-16 标高符号

（四）定位轴线

定位轴线是用来确定房屋主要结构或构件的位置及其尺寸的。平面图上定位轴线的编号横向应用阿拉伯数字从左至右顺序编写，纵向轴线编号用大写英文字母，从下而上顺序编写，如图 3-17 所示。

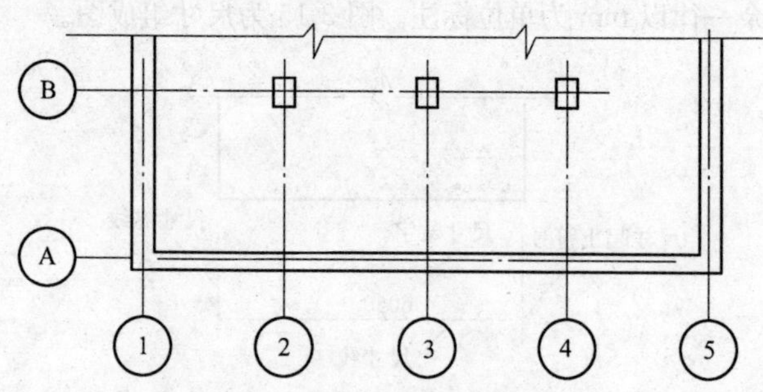

图 3-17 定位轴线的编号顺序

（五）图例

图例是建筑施工图纸上用图形来表示一定含意的符号。常用建筑材料图例见表 3-4、部分构造及配件图例见表 3-5。

表 3-4 常用建筑材料图例

序号	名 称	图 例	序号	名 称	图 例
1	自然土壤		8	耐火砖	
2	夯实土壤		9	空心砖	
3	砂、灰土	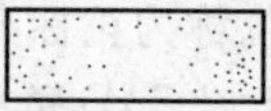	10	饰面砖	
4	砂砾石、碎砖三合土	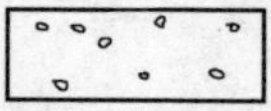	11	焦砟、矿渣	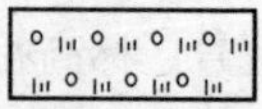
5	石材	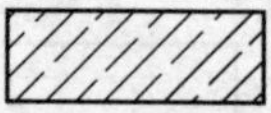	12	混凝土	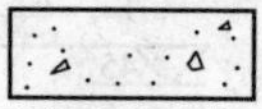
6	毛石		13	钢筋混凝土	
7	普通砖	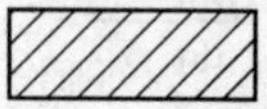	14	多孔材料	

续表 3-4

序号	名　称	图　例	序号	名　称	图　例
15	纤维材料	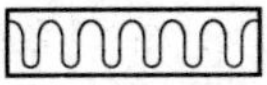	20	网状材料	
16	泡沫塑料材料	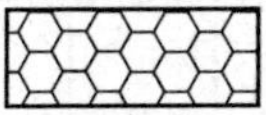	21	液体	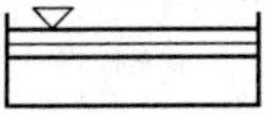
17	木材	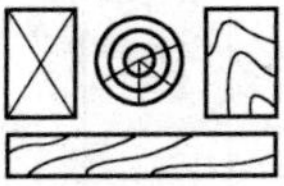	22	玻璃	
			23	橡胶	
18	石膏板	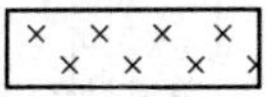	24	塑料	
19	金属	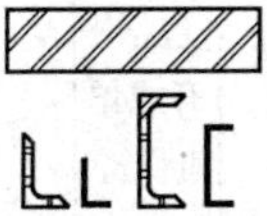	25	防水材料	
			26	粉刷	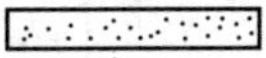

表 3-5　部分构造及配件图例

序号	名称	图　例	序号	名称	图　例
1	墙体		5	坡道	 下
2	隔断				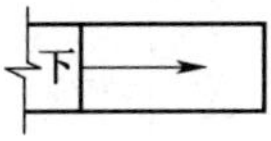 下
3	栏杆				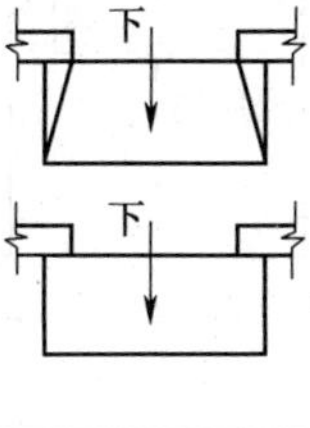 下
4	楼梯	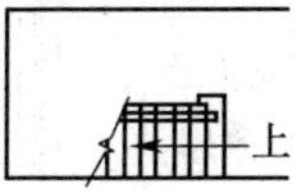 上	6	平面高差	××
		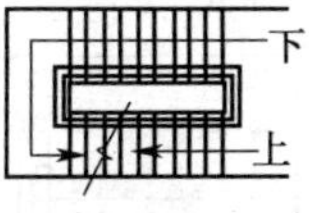 下 上			
		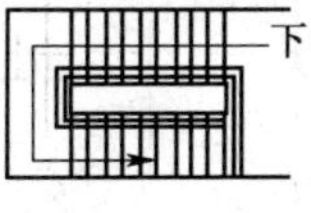 下			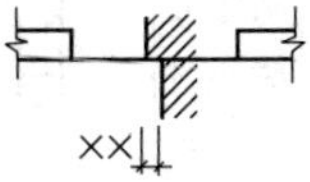

续表 3-5

序号	名称	图例	序号	名称	图例
7	检查孔		14	改建时保留的原有墙和窗	
8	孔洞				
9	墙预留洞	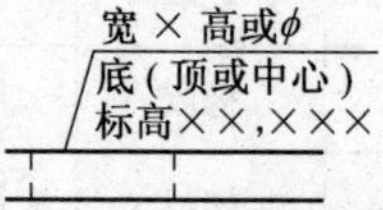 宽 × 高或ϕ 底(顶或中心) 标高××,×××	15	单扇门(包括平开或单面弹簧)	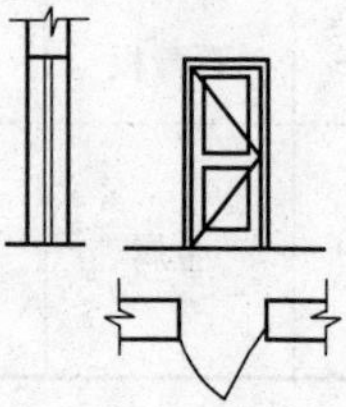
10	墙预留槽	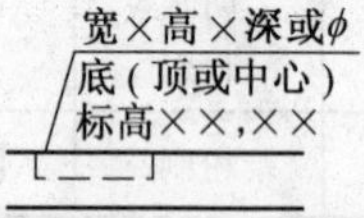 宽×高×深或ϕ 底(顶或中心) 标高××,××			
11	烟道		16	双扇门(包括平开或单面弹簧)	
12	通风道		17	对开折叠门	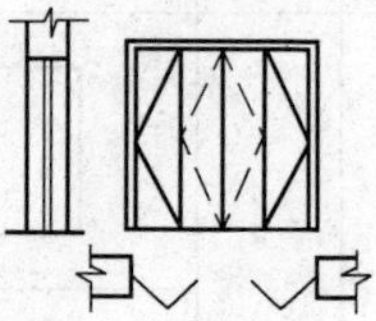
13	新建的墙和窗		18	推拉门	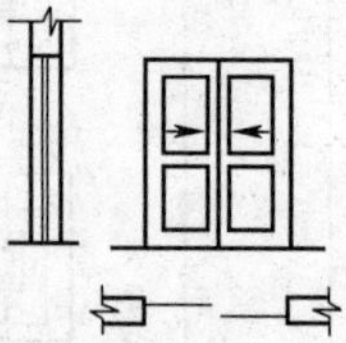

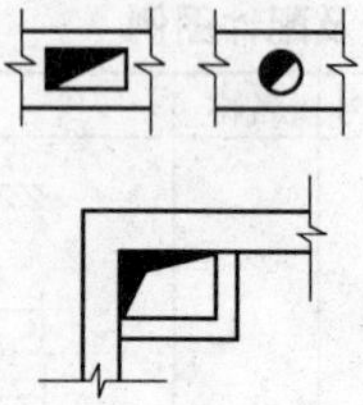

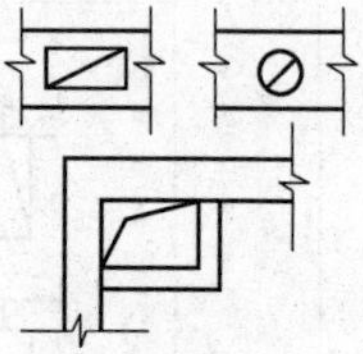

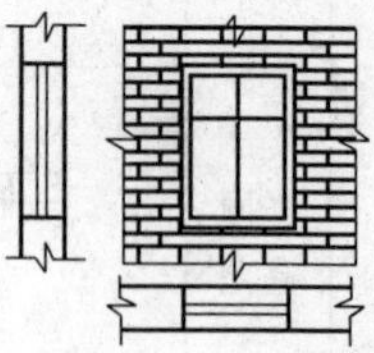

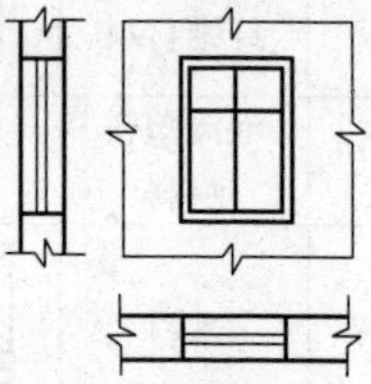

续表 3-5

序号	名称	图　例	序号	名称	图　例
19	单扇双面弹簧门	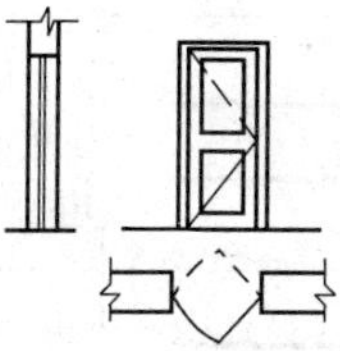	23	折叠上翻门	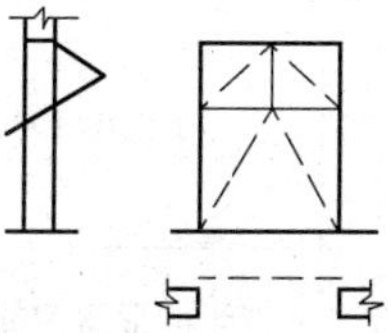
20	双扇双面弹簧门	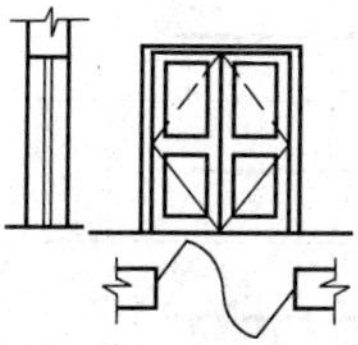	24	单层外开平开窗	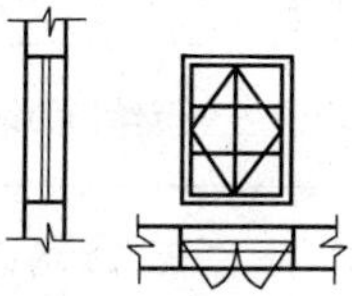
21	转门	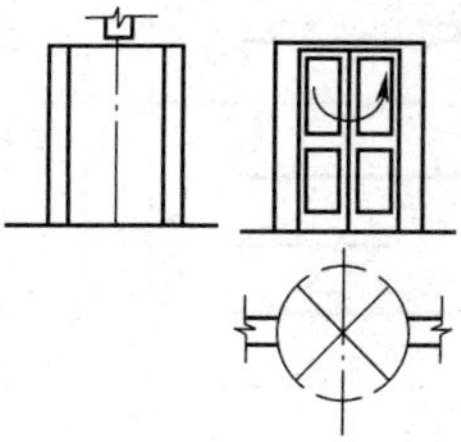	25	单层内开平开窗	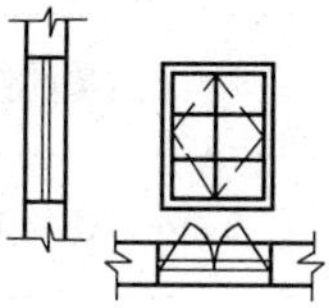
22	自动门	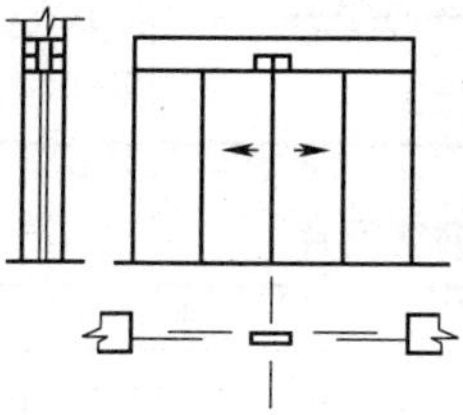	26	双层内外开平开窗	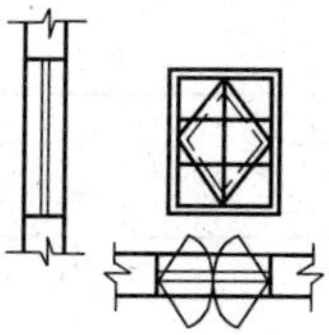

二、钢筋的表示方法

(一)钢筋的一般表示方法

钢筋的一般表示方法应符合表 3-6 的规定,钢筋网片和钢筋焊接接头的表示方法应分别符合表 3-7 和表 3-8 的规定。

表 3-6 钢筋的一般表示方法

序号	名　　称	图　　例	说　　明
1	钢筋横断面		
2	无弯钩的钢筋端部		下图表示长、短钢筋投影重叠时，短钢筋的端部用45°斜画线表示
3	带半圆形弯钩的钢筋端部		
4	带直钩的钢筋端部		
5	带丝扣的钢筋端部		
6	无弯钩的钢筋搭接		
7	带半圆弯钩的钢筋搭接		
8	带直钩的钢筋搭接		
9	花篮螺栓钢筋接头		
10	机械连接的钢筋接头		用文字说明机械连接的方式（或冷挤压，或锥螺纹等）

表 3-7 钢筋网片

序号	名　　称	图　　例
1	一片钢筋网平面图	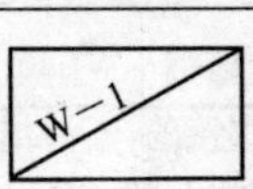 W—1
2	一行相同的钢筋网平面图	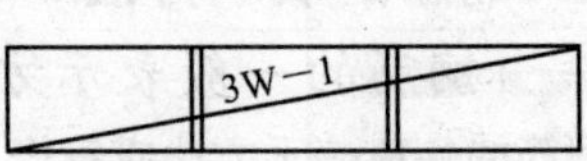 3W—1

注：用文字注明焊接网或绑扎网。

表 3-8　钢筋焊接接头

序号	名　　称	接 头 形 式	标 注 方 法
1	单面焊接的钢筋接头	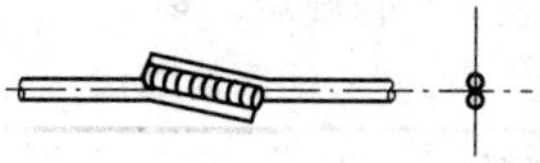	
2	双面焊接的钢筋接头	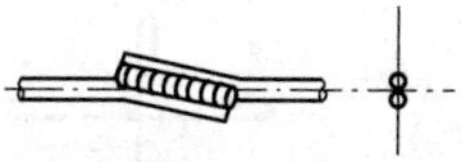	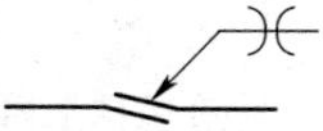
3	用帮条单面焊接的钢筋接头	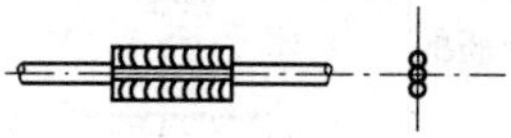	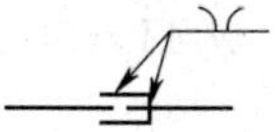
4	用帮条双面焊接的钢筋接头	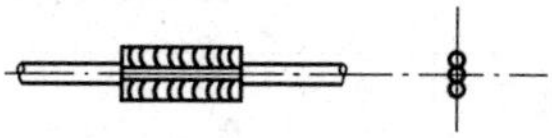	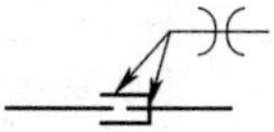
5	接触对焊的钢筋接头（闪光焊、压力焊）		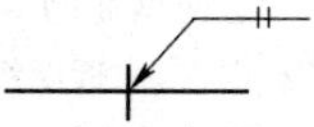
6	坡口平焊的钢筋接头	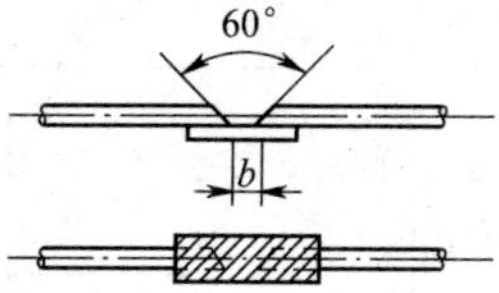 60° b	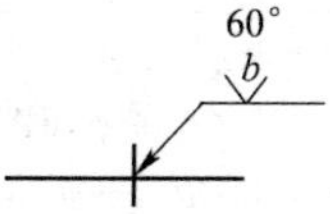 60° b
7	坡口立焊的钢筋接头	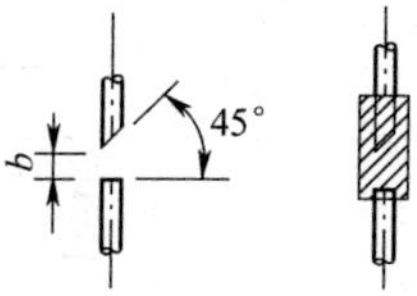 b 45°	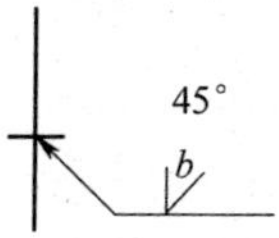 45° b
8	用角钢或扁钢做连接板焊接的钢筋接头	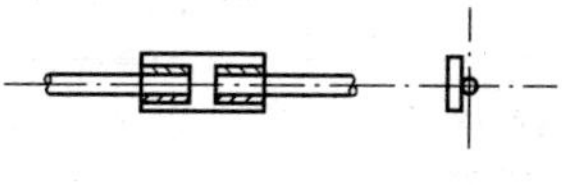	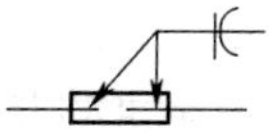
9	钢筋或螺（锚）栓与钢板穿孔塞焊的接头	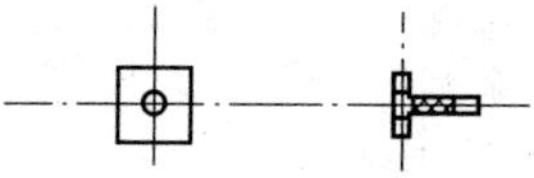	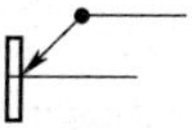

(二)钢筋的画法

钢筋的画法应符合表 3-9 的规定。

表 3-9 钢筋的画法

序号	说 明	图 例
1	在结构平面图中配置双层钢筋时,底层钢筋的弯钩应向上或向左,顶层钢筋的弯钩则向下或向右	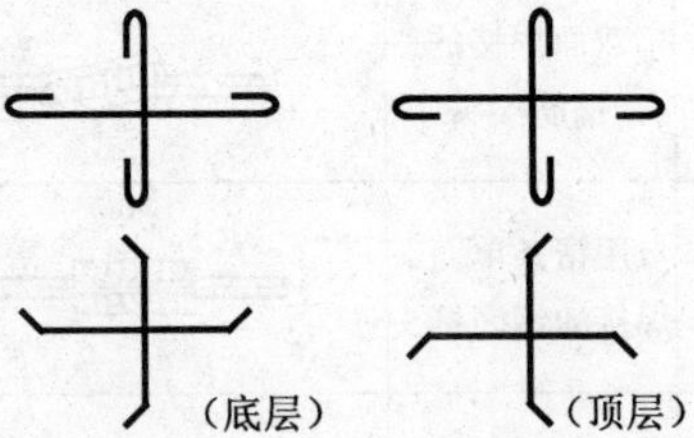 (底层) (顶层)
2	钢筋混凝土墙体配双层钢筋时,在配筋立面图中,远面钢筋的弯钩应向上或向左,而近面钢筋的弯钩向下或向右(JM 近面;YM 远面)	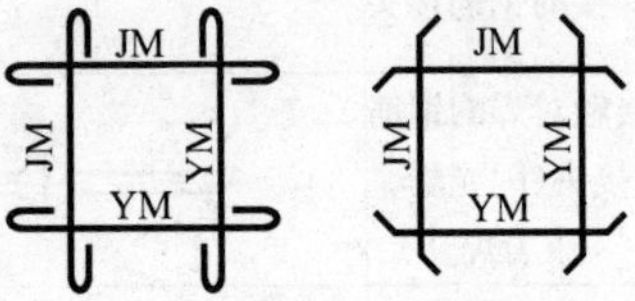 JM JM YM YM　JM JM YM YM
3	若在断面图中不能表达清楚的钢筋布置,应在断面图外增加钢筋大样图(如:钢筋混凝土墙、楼梯等)	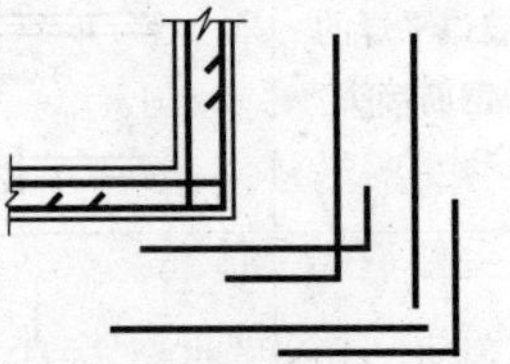
4	图中所表示的箍筋、环筋等若布置复杂时,可加画钢筋大样及说明	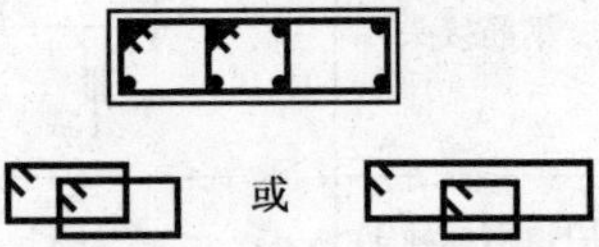 或
5	每组相同的钢筋、箍筋或环筋,可用一根粗实线表示,同时用一两端带斜短画线的横穿细线表示其余钢筋及起止范围	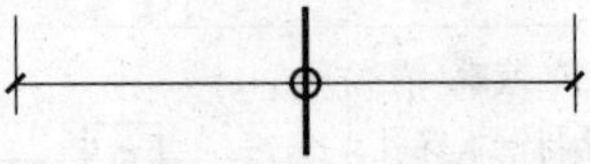

(三)钢筋在平面、立面、剖(断)面中的表示方法

1. 钢筋在平面图中的配置

钢筋在平面图中的配置应按图 3-18 所示的方法表示。当钢筋标注的位置不够时,可采用引出线标注。

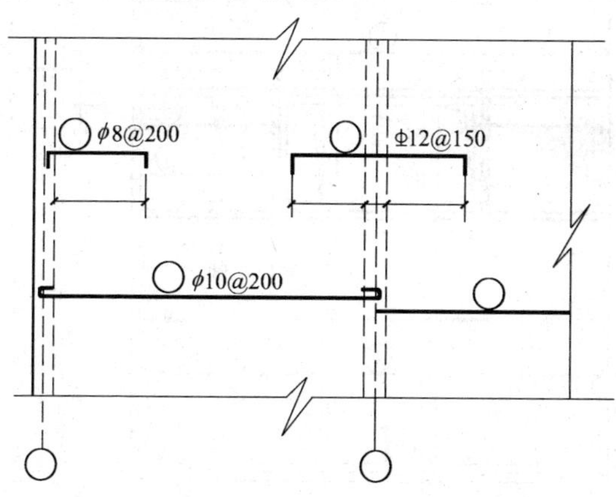

图 3-18　钢筋在平面图中配置的表示方法

当构件比较简单时,结构平面布置图可与板配筋平面图合并绘制,平面图中的配筋较复杂时,可按图 3-19 的方法绘制。

2. 钢筋在立面、断面图中的配置

钢筋在立面、断面图中的配置,应按图 3-20 所示的方法表示。构件在配筋图中箍筋的长度尺寸,应指箍筋的里皮尺寸,弯起钢筋的高度尺寸应指钢筋的外皮尺寸。箍筋尺寸标注法见图 3-21。

(四)钢筋的简化表示方法

(1)当构件对称时,钢筋网片可用一半或 1/4 表示(图 3-22)。

(2)构件配筋比较简单时,独立基础配筋图可在平面模板图的左下角,绘出波浪线,绘出钢筋并标注钢筋的直径、间距等(图 3-23)。其他构件可在某一部位绘出波浪线并标注钢筋的直径、间距等(图 3-24)。对称的钢筋混凝土构件,可在同一图样中一半表示模板,另一半表示配筋(图 3-25)。

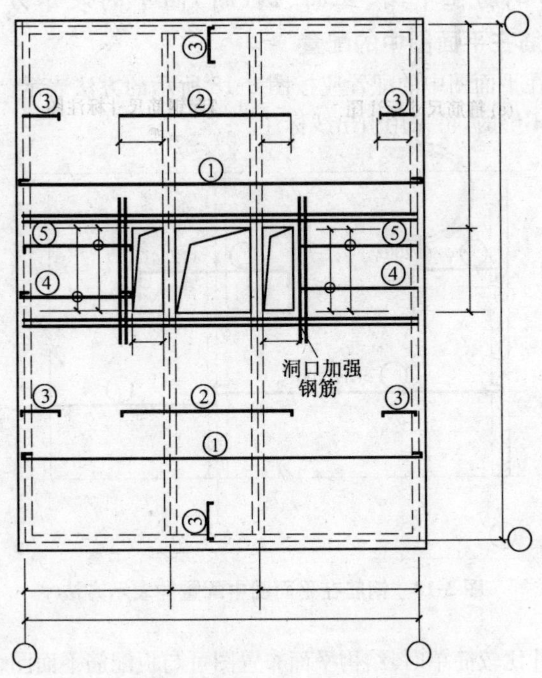

图 3-19 钢筋配置较复杂的平面表示方法

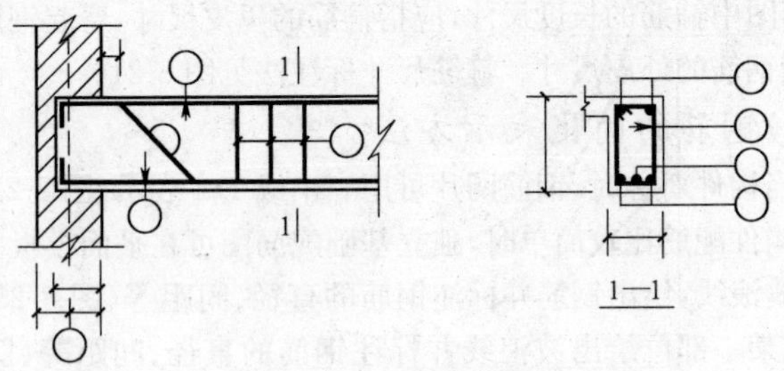

图 3-20 梁的配筋图

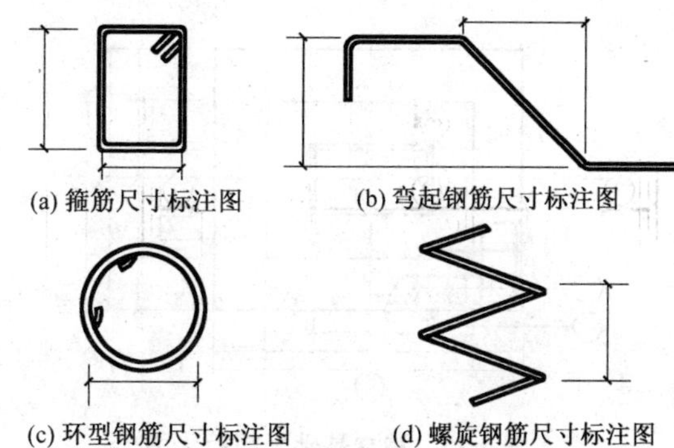

(a) 箍筋尺寸标注图　(b) 弯起钢筋尺寸标注图

(c) 环型钢筋尺寸标注图　(d) 螺旋钢筋尺寸标注图

图 3-21　箍筋尺寸标注法

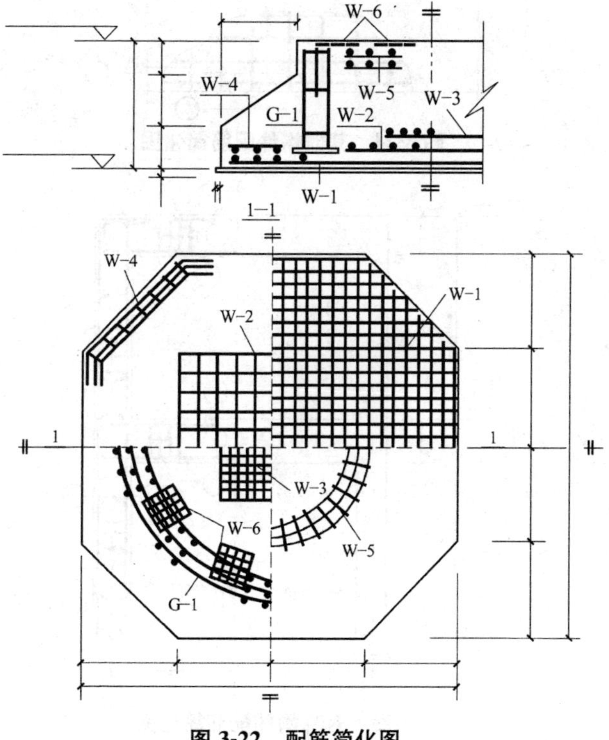

图 3-22　配筋简化图

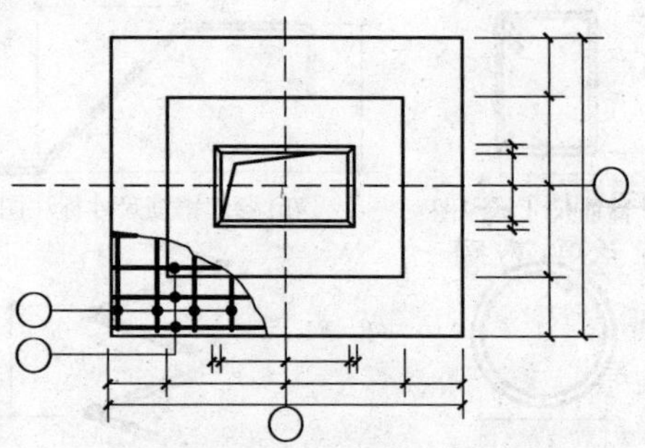

图 3-23 独立基础配筋简化图

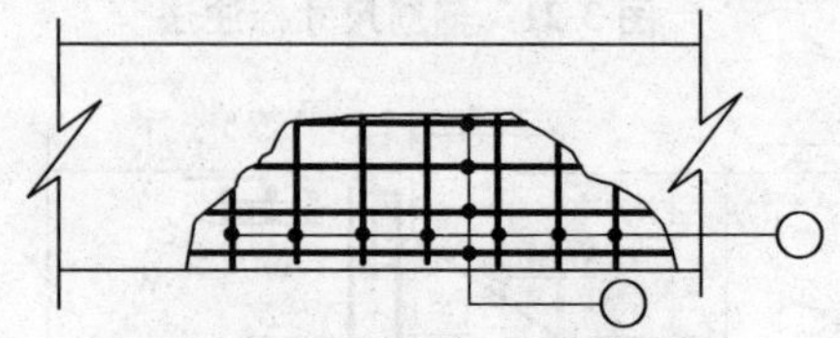

图 3-24 其他构件配筋简化图

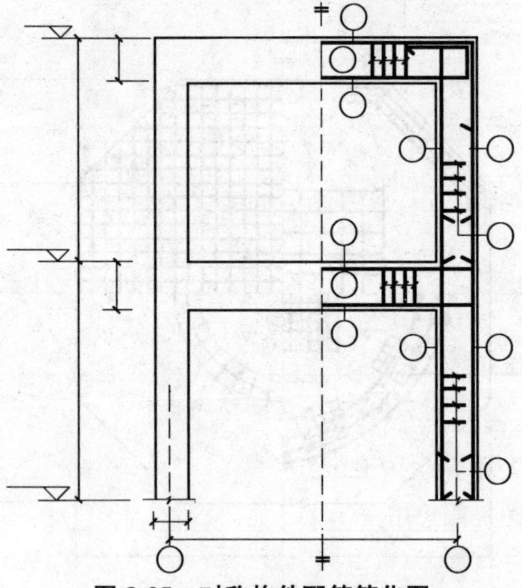

图 3-25 对称构件配筋简化图

第二节　施工图的识读

一、施工图的种类

（一）建筑总平面图

建筑总平面图是对新建筑物所在地区作水平正投影而形成的，即在地形图上把原有的建筑物、新建的建筑物以及原有及拟建的道路、地上和地下管线、绿化等内容，按与地形图相同的比例画出来的平面图，如图 3-26 所示。

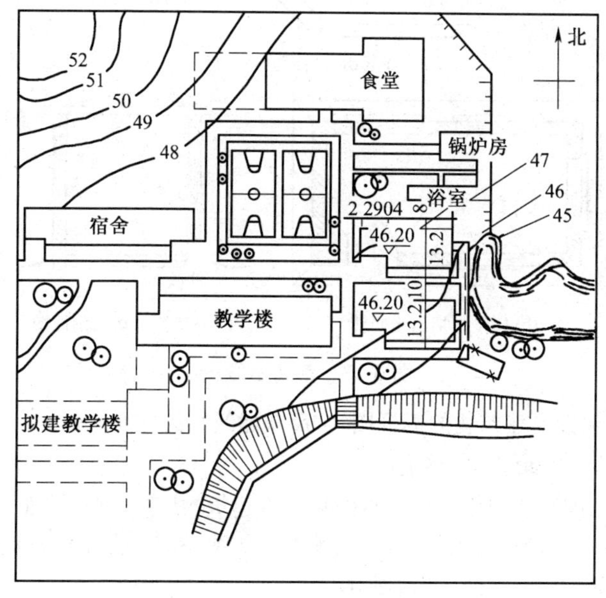

图 3-26　总平面图示意

（二）建筑平面图、立面图

建筑平面图是假想用一个水平面，沿略高于窗台的位置剖切建筑物后将上面的部分移去，由上向下俯视所见到的剖切位置在水平面的投影图，如图 3-27 中用水平面 H 剖切面得到的平面图为图 3-27b。

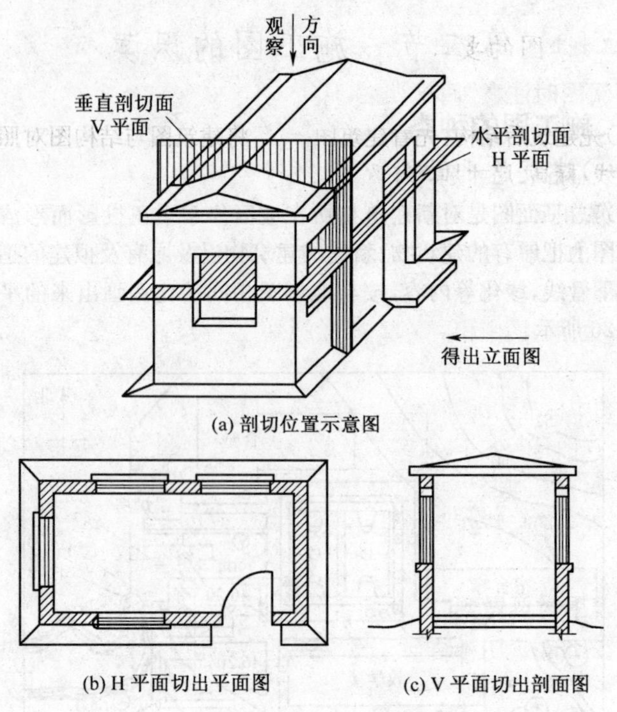

(a) 剖切位置示意图

(b) H平面切出平面图

(c) V平面切出剖面图

图 3-27 剖切示意图

立面图是建筑物的侧视图,它反映建筑物的立面外貌。

(三)剖面图和详图

剖面图是假想用一个垂直的平面将建筑物切开,移去前面一部分,对后面一部分作正投影而得到的视图。如图 3-27 中,用 V 平面切割后所得到的剖面图如图 3-27c 所示。

二、读图的顺序和要领

(一)读图的顺序

读图的顺序一般是:由外向里看,由大到小看,由粗到细看,图样与说明对照看,建筑施工图与结构施工图对照看。

阅图一般按目录顺序,由总平面图→建筑平面图→建筑立面图及剖面图→结构施工图，依次看下去。

（二）读图的要领

1. 阅图时注意“四先四后”

（1）先建筑后结构：先看建筑图，然后将建筑图与结构图对照看，以核对轴线、标高、尺寸是否一致。

（2）先粗后细：先看平面图、立面图和剖面图，对整个工程的概况有一个大体的了解，对工程的总长度、轴线尺寸、标高有一个总体的印象；后看细部做法，核对总尺寸与细部尺寸、位置、标高是否相符；各种表中的规格、数据与图中相应的规格、数据是否一致。

（3）先小后大：看细部做法时，先看小样后看大样。核对平面、立面和剖面图中标准的细部做法与大样图中的编号、尺寸、做法、形式是否相符，大样图是否齐全，所采用的标准构配件图集编号、类型与本设计是否相符，有无遗漏之处。

（4）先一般后特殊：先看一般的部位和要求，后看特殊的部位和要求。

2. 读图时要做到“三个结合”

（1）图纸与说明相结合：读图时，要把设计总说明与图中细部说明结合起来看，注意图纸和说明有无矛盾，内容是否齐全，规定是否明确，要求是否具体。

（2）土建与安装相结合：在熟悉土建施工图以后，也要结合看设备安装图，了解各种预埋件、预留孔洞的位置、尺寸是否相符，施工中如何配合等。

（3）图纸要求与实际情况相结合：在看图时，要注意图纸与现场的实际情况是否相符，例如，相对位置、场地标高、地质情况、地下水位及地下管线的情况。

三、施工图的识读

（一）设计总说明及总平面图的识读

设计总说明是建筑施工图首页的主要内容，它主要包括工程概况与设计标准、结构特征、结构做法等。

图 3-26 为某学校新建学生宿舍工程的总平面图的示例。从图中

可以看出，新建宿舍位于已建浴室以南、教学楼以东。西有篮球场，东有一池塘。由等高线可以看出该地势西北高，东南低。图中还反映出其他诸如拟拆迁房屋、围墙、水沟、护坡、挡土墙、道路、绿化区等情况。

（二）建筑平面图的识读

建筑平面图是基本的建筑施工图，它反映出：房屋的平面形状、大小和布置；墙、柱的位置、尺寸和材料；门窗的类型及位置等。

（三）钢筋结构图的识读

结构施工图中构件详图的配筋图是钢筋工识图的重点，是必须全面看清弄懂的。看配筋图时，要先将结构分解为构件，然后一个一个构件将配筋的立面图、剖面图及钢筋明细表对照看，搞清楚每个构件中每个编号的钢筋直径、种类、形状、数量、配置的位置等。在整体结构中，要把各个钢筋骨架间、各个网片间、骨架与网片间的相互关系、交叉节点处的立体穿插关系搞清楚，为钢筋的下料、加工成型、绑扎安装工艺顺序的编制打下基础。同时，要注意与其他工种的配合。

1. 配筋图中钢筋的标注方法

一般配筋图由立面图与剖（断）面图组成，在立面图中，构件的轮廓线规定用中粗实线画出，钢筋则用粗实线（单线）画出。在断面图中，剖切到的钢筋圆截面画成黑圆点，其他未被剖切到的钢筋仍画成粗实线。图中钢筋的标注方法有以下两种：

（1）梁内受力钢筋、架立钢筋应标注钢筋的根数、直径，如：

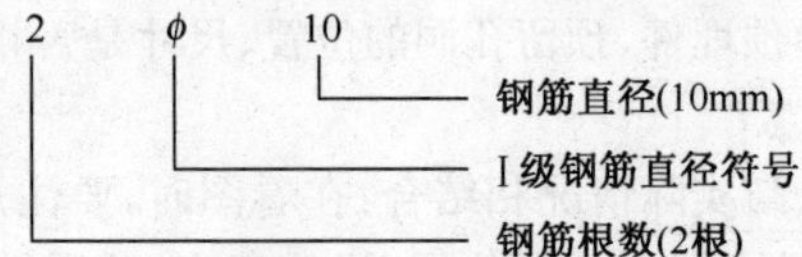

（2）梁内箍筋及板内钢筋应标注钢筋的直径及相邻中心距，如：

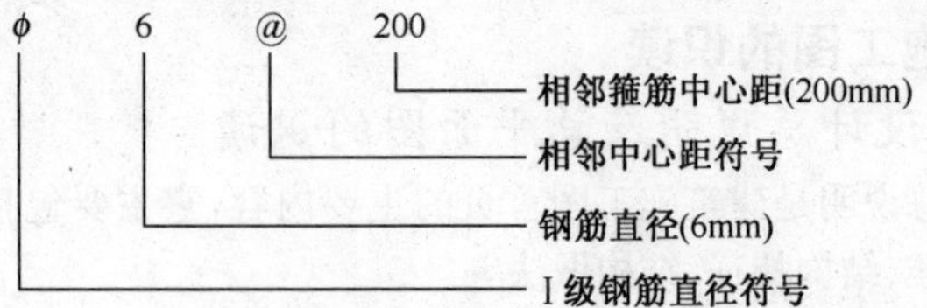

2. 基础配筋图的识读

钢筋混凝土结构的基础有杯形基础、现浇独立柱基础和有梁条形基础等，图 3-28a 是一般杯形基础的配筋图，由两个方向都是 φ 10@200 的钢筋组成钢筋网片。图 3-28b 是现浇独立柱基础的配筋图，从图中可以看出，底层的钢筋网片（由 φ 12@ 150 的①号钢筋和 φ 12@150 的②号钢筋组成）与杯形基础配筋类似，不同的是，为了与柱中钢筋连接，基础内设有⑨号插筋（为Ⅱ级钢筋，长 1360mm），插筋下端用 90°弯

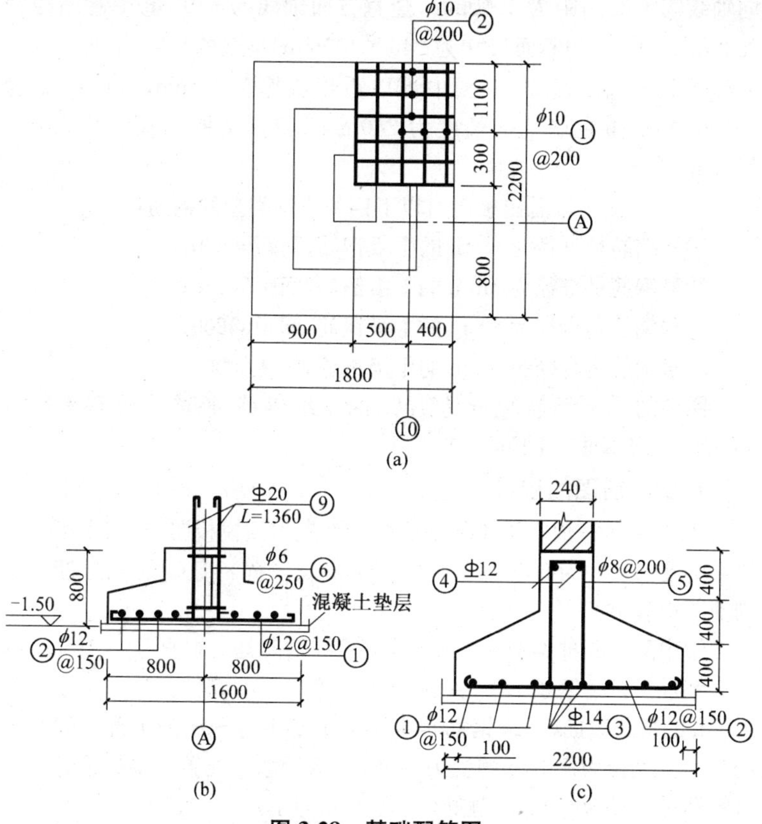

图 3-28　基础配筋图

(a)杯形基础　(b)现浇独立柱基础　(c)有梁条形基础

钩与基础钢筋进行绑扎固定，基础内插筋用ϕ 6@ 250 的箍筋（⑥号筋）固定。图 3-28c 是有梁条形基础的一般配筋图，从图中可以看出，配筋由底板钢筋网和地梁骨架组成，钢筋网由两个方向都是ϕ 12@ 150 的钢筋组成，地梁的主筋下部为 3 根Φ 14 的Ⅱ级钢筋（③号筋），上部是 2 根Φ 12 的Ⅱ级钢筋（④号筋），用ϕ 8 箍筋（⑤号筋）固定，间距 200mm。

3. 现浇楼盖和预制板配筋图的识读

图 3-29 为现浇楼盖模板及配筋图。从平面图中可以看出水平方向轴线⑤～⑥间距为 4000mm，竖直方向轴线Ⓐ～Ⓑ、Ⓑ～Ⓒ间距为 2500mm。L_1 梁的断面尺寸为 240×400mm，梁垫的尺寸为 500×240×400mm。从剖面 1—1 图中可以看出板厚为 80mm，板的标高为 3.50m，板支承在墙上的长度为 240mm。圈梁的断面尺寸为 240×240mm。

从配筋图可以看出板内有以下四种不同类型的钢筋：

①号钢筋是直径为 6mm 的Ⅰ级钢筋，间距@200；

②号钢筋是直径为 6mm 的Ⅰ级钢筋，间距@150；

③号钢筋是直径为 8mm 的Ⅰ级钢筋，间距@200；

④号钢筋是直径为 8mm 的Ⅰ级钢筋，间距@200。

圈梁的受力钢筋⑩号是 4ϕ12 的Ⅰ级钢筋，箍筋⑪号是直径为 6mm 的Ⅰ级钢筋，间距@250。

4. 梁配筋图的识读

图 3-30 是一般常见梁的配筋图。首先识读模板图，从图中可以看出梁的几何尺寸为 6500×200×550mm（长×宽×高）。再从配筋图和剖面图中看出：

梁中配有四种类型的钢筋，其中①号钢筋是 2 根直径为 10mm 的架立钢筋（Ⅰ级钢筋），配置在梁的上部。②号钢筋是 2 根直径为 16mm 的弯起钢筋（Ⅰ级钢筋），由梁的下部上弯至梁的上部。③号钢筋是 2 根直径为 18mm 的受力钢筋（Ⅰ级钢筋），配置在梁的下部。④号钢筋是直径为 6mm 的箍筋（Ⅰ级钢筋），间距@250。

5. 梁、柱节点配筋图的识读

图 3-31 是一框架梁柱节点的配筋图。从图中可以看出：

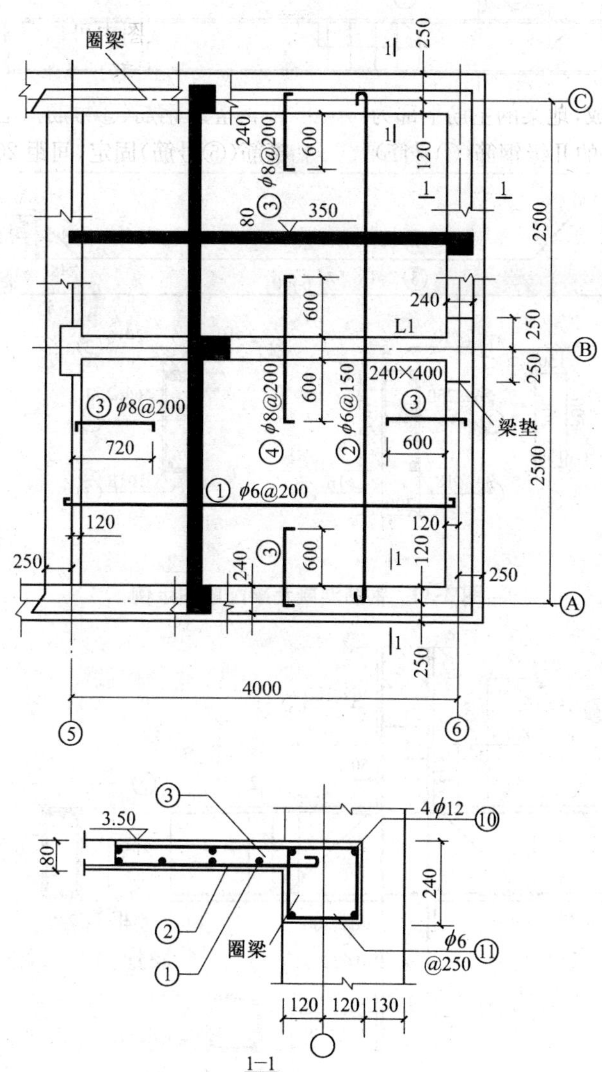

图 3-29　现浇楼盖模板及配筋图

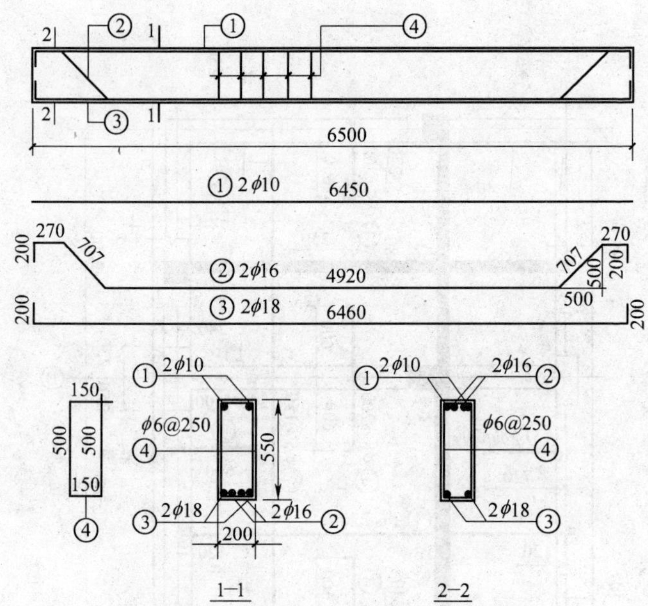

图 3-30 钢筋混凝土梁配筋图示例

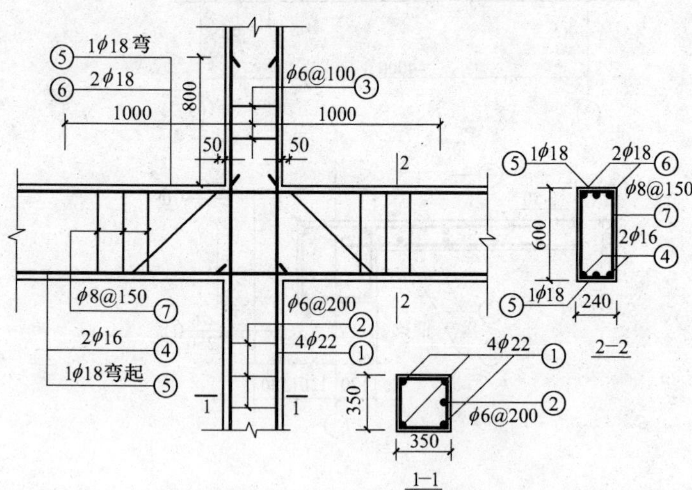

图 3-31 梁柱节点配筋图

柱的配筋有:①号钢筋是竖向受力钢筋,是 4 根直径为 22mm 的Ⅰ级钢筋,配在柱子的四个角上,从楼面开始往上通长设置。②号钢筋是箍筋,为直径 6mm 的Ⅰ级钢筋,间距@200,配置在梁下的柱内,与①号钢筋垂直。③号钢筋是直径 6mm 的Ⅰ级箍筋,间距@100,配置在梁上的柱内,与①号钢筋垂直。

框架梁的配筋有:受力钢筋④号和⑤号钢筋。④号钢筋是 2 根直径为 16mm 的Ⅰ级受拉钢筋,配置在梁的下部两侧,⑤号钢筋是 1 根连续多跨的弯起钢筋,用直径 18mm 的Ⅰ级钢筋制成,在梁的跨中设定位置弯起至梁端上部并通过柱子。⑥号钢筋是 2 根直径 18mm 通长的Ⅰ级钢筋,位于梁的上部。⑦号钢筋是箍筋,用直径 8mm 的Ⅰ级钢筋制成,间距为 150mm。

看钢筋图要诀:先将结构分解为构件,然后一个一个构件看,每个构件中先看受力钢筋,后看构造钢筋,并注意节点处不同构件钢筋间的空间穿插关系。

第四章　钢筋的分类与材性

第一节　钢筋的分类

一、钢筋的分类

钢筋的分类如表 4-1 所示。

表 4-1　钢筋的分类

项　目	内　容
按轧制的外形分	(1)光面钢筋。HPB235 级钢筋(Q235 级钢筋)均轧制为光面圆形截面，供应形式有盘圆，直径不大于 $\phi10$，直条长为 6～12m (2)带肋钢筋。有螺旋形、人字形和月牙形三种。一般 HRB335、HRB400 级钢筋轧制成人字形，RRB400 级钢筋轧制成螺旋形及月牙形纹 (3)钢丝及钢绞线。钢丝有低碳钢丝和碳素钢丝两种。此外还有经冷轧并冷扭成型的冷轧扭钢筋
按直径大小分	(1)钢丝(直径 3～5mm) (2)细钢筋(直径 6～10mm) (3)中钢筋(直径 12～20mm) (4)粗钢筋(直径大于 22mm)
按生产工艺分	(1)热轧钢筋、冷拉钢筋、热处理钢筋、冷轧带肋钢筋 (2)预应力混凝土结构用碳素钢丝：采用优质碳素结构钢圆盘条冷拔而成，可制作钢绳、钢丝束、钢丝网等 (3)预应力混凝土结构用刻痕钢丝：采用钢丝经刻痕而成 (4)预应力混凝土结构用钢绞线：采用碳素钢丝绞捻而成 (5)冷拔低碳钢丝：采用普通低碳钢的热轧盘圆冷拔而成
按化学成分分	(1)碳素钢钢筋。低碳钢，含碳量少于 0.25%，如 HPB235 级钢筋。中碳钢，含碳量为 0.25%～0.7%。高碳钢，含碳量为 0.7%～1.4%，如碳素钢丝 (2)普通低合金钢钢筋。在碳素钢中加入少量合金元素，如 HRB335、HRB400、RRB400 级钢筋

续表 4-1

项　目	内　　容
按强度分	分 HPB235 级、HRB335 级、HRB400 级、RRB400 级，为热轧、冷轧、冷拉钢筋；还有以 RRB400 级钢筋经热处理而成的热处理钢筋，强度比前者更高
按在结构中的作用分	受拉钢筋、受压钢筋、弯起钢筋、架立钢筋、分布钢筋、箍筋等

二、混凝土结构用钢筋的品种、规格、标准及应用

(一)混凝土结构用钢筋的品种

混凝土结构用的钢筋可分为两大类：热轧钢筋和冷加工钢筋。热轧钢筋分为热轧光圆钢筋和热轧带肋钢筋两种，冷加工钢筋包括：冷轧带肋钢筋、冷轧扭钢筋、冷拔螺旋钢筋(冷拉钢筋与冷拔低碳钢丝已逐渐淘汰)。

(二)热轧钢筋

1. 应符合的国家标准

热轧钢筋是经热轧成型并自然冷却的成品钢筋。应分别符合国家标准《钢筋混凝土用热轧光圆钢筋》(GB 13013—1991)和《钢筋混凝土用热轧带肋钢筋》(GB 1499—1998)的规定。

2. 化学成分

钢筋的化学成分包括碳、磷、硫、氧、氮、硅、锰、合金元素等。各种化学成分对钢筋性能的影响见表 4-2。热轧光圆钢筋的牌号和化学成分应符合表 4-3 的规定。

表 4-2　各种化学成分对钢筋性能的影响

元素名称	对钢筋性能的影响
碳	碳是决定钢材性能的主要元素。随着含碳量的增加，钢材的强度和硬度均相应提高，而塑性和韧性相应降低

续表 4-2

元素名称	对钢筋性能的影响
磷、硫	磷与碳相似,能使钢材的强度提高,而塑性和韧性降低,显著增加钢的冷脆性,是降低钢材焊接性能的元素之一。因此在碳钢中,磷的含量应有严格的限制,但在合金钢中,磷可以改善钢材的耐大气腐蚀性。硫的存在会使钢材在高温下产生裂纹(称为热脆性),大大降低钢材的热加工性和焊接性。因此应严格控制其含量
硅、锰	硅和锰是炼钢时为了脱氧去硫而有意加入的元素。当钢材中硅、锰的含量较低时可提高钢材的强度,对塑性、韧性影响不大
氧、氮	氧、氮能在铁素体中形成化合物,这些夹杂物降低了钢材的力学性能,严重降低钢材的韧性和焊接性,所以这两种元素均应严格限制
合金元素	钢材除存在上述元素外,还根据需要特意加入一些其他元素(如铬、钼、钒、钨、钛、铝、硅、锰、镍、硼等)的钢材称为合金钢。合金元素在钢材中都起一定的作用

表 4-3 光圆钢筋的牌号及化学成分

表面形状	钢筋级别	强度代号	牌号	化学成分(%)				
				C	Si	Mn	P	S
							不大于	
光圆	I	HPB235	Q235	0.14～0.22	0.12～0.30	0.30～0.65	0.045	0.050

3. 钢筋的尺寸、外形、重量

热轧光圆钢筋的公称直径、公称截面面积和理论重量,如表 4-4 所示。热轧带肋钢筋的外形如图 4-1 所示。热轧带肋钢筋的牌号和化学成分应符合表 4-5 的规定,其公称直径、公称截面面积和公称重量如表 4-6 所示。

表 4-4 光圆钢筋的公称直径、公称截面面积和理论重量

公称直径(mm)	不同根数钢筋的计算截面面积(mm^2)									单根钢筋理论重量(kg/m)
	1	2	3	4	5	6	7	8	9	
6	28.3	57	85	113	142	170	198	226	255	0.222
6.5	33.2	66	100	133	166	199	232	265	299	0.260
8	50.3	101	151	201	252	302	352	402	453	0.395
8.2	52.8	106	158	211	264	317	370	423	475	0.432

续表 4-4

公称直径(mm)	不同根数钢筋的计算截面面积(mm^2)									单根钢筋理论重量(kg/m)
	1	2	3	4	5	6	7	8	9	
10	78.5	157	236	314	393	471	550	628	707	0.617
12	113.1	226	339	452	565	678	791	904	1017	0.888
14	153.9	308	461	615	769	923	1077	1231	1385	1.21
16	201.1	402	603	804	1005	1206	1407	1608	1809	1.58
18	254.5	509	763	1017	1272	1527	1781	2036	2290	2.00
20	314.2	628	942	1256	1570	1884	2199	2513	2827	2.47
22	380.1	760	1140	1520	1900	2281	2661	3041	3421	2.98
25	490.9	982	1473	1964	2454	2945	3436	3927	4418	3.85
28	615.8	1232	1847	2463	3079	3695	4310	4926	5542	4.83
32	804.2	1609	2413	3217	4021	4826	5630	6434	7238	6.31
36	1017.9	2036	3054	4072	5089	6107	7125	8143	9161	7.99
40	1256.6	2513	3770	5027	6283	7540	8796	10053	11310	9.87
50	1964	3928	5892	7856	9820	11784	13748	15712	17676	15.42

注：表中直径 d=8.2mm 的计算截面面积及理论重量仅适用于有纵肋的热处理钢筋。

表 4-5　热轧带肋钢筋的牌号及化学成分

牌　号	化学成分(%)					
	C	Si	Mn	P	S	C_{eq}
HRB 335	0.25	0.80	1.60	0.045	0.045	0.52
HRB 400	0.25	0.80	1.60	0.045	0.045	0.54
HRB 500	0.25	0.80	1.60	0.045	0.045	0.55

注：C_{eq}(%)为碳当量值，按下式计算：$C_{eq}=C+Mn/6+(Cr+V+Mo)/5+(Cu+Ni)/5$。

表 4-6　热轧带肋钢筋的公称直径、公称截面面积和公称重量

公称直径(mm)	公称横截面面积(mm^2)	公称重量(kg/m)
6	28.27	0.222
8	50.27	0.395
10	78.54	0.617
12	113.1	0.888
14	153.9	1.21
16	201.1	1.58
18	254.5	2.00
20	314.2	2.47
22	380.1	2.98

续表 4-6

公称直径(mm)	公称横截面面积(mm²)	公称重量(kg/m)
25	490.9	3.85
28	615.8	4.83
32	804.2	6.31
36	1018	7.99
40	1257	9.87
50	1964	15.42

注:表中公称重量按密度 7.85g/cm³ 计算。

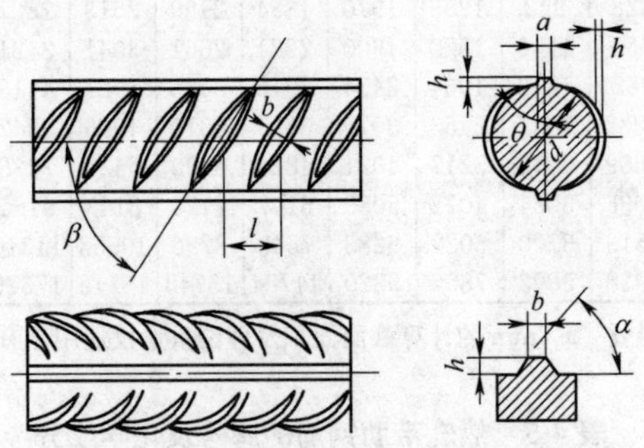

图 4-1　月牙形肋钢筋表面及截面形状

d. 钢筋内径　α. 横肋斜角　h. 横肋高度

β. 横肋与轴线夹角　h_1. 纵肋高度　θ. 纵肋斜角

a. 纵肋顶宽　l. 横肋间距　b. 横肋顶宽

4. 应用

热轧钢筋广泛用于混凝土结构中作受力钢筋和构造钢筋。

(三)余热处理钢筋

1. 应符合的国家标准

余热处理钢筋是经热轧后立即穿水,进行表面控制冷却,然后利用芯部余热自身完成回火处理所得的成品钢筋。其应符合国家标准《钢筋混凝土用余热处理钢筋》(GB 13014—1991)的规定。

2. 化学成分及其他

余热处理钢筋的表面形状同热轧带肋钢筋,其牌号和化学成分应符合表 4-7 的规定。其公称直径、公称截面面积和公称重量如表 4-8 所示。化学成分与 20MnSi 钢筋相同，用法与热轧钢筋相同。

表 4-7　钢筋混凝土用余热处理钢筋的牌号及化学性能

表面形状	钢筋级别	强度代号	牌号	化学成分(%)				
				C	Si	Mn	P	S
							不大于	
月牙肋	Ⅲ	KL 400	20MnSi	0.17～0.25	0.40～0.80	1.20～1.60	0.045	0.045

表 4-8　钢筋混凝土用余热处理钢筋的公称直径、公称截面面积和公称重量

公称直径(mm)	公称横截面面积(mm^2)	公称重量(kg/m)
8	50.27	0.395
10	78.54	0.617
12	113.1	0.888
14	153.9	1.21
16	201.1	1.58
18	254.5	2.00
20	314.2	2.47
22	380.1	2.98
25	490.9	3.85
28	615.8	4.83
32	804.2	6.31
36	1018	7.99
40	1257	9.87

(四)冷轧带肋钢筋

1. 应符合的国家标准

冷轧带肋钢筋是热轧圆盘条经冷轧或冷拔减径后在其表面冷轧成三面或二面带有肋的钢筋。其应符合国家标准《冷轧带肋钢筋》(GB 13788—1992)的规定。

2. 钢筋的尺寸、外形、重量

冷轧带肋钢筋的外形如图 4-2 所示。其尺寸、理论重量及允许偏差见表 4-9。

3. 化学成分

冷轧带肋钢筋的牌号和化学成分应符合表 4-10 的规定。

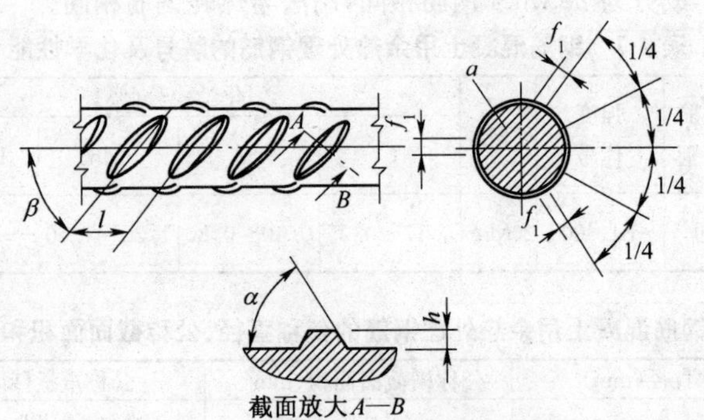

图 4-2 冷轧带肋钢筋表面及截面形状

表 4-9 冷轧带肋钢筋的尺寸、理论重量及允许偏差

公称直径 d(mm)	公称横截面面积(mm^2)	重量		横肋中点高		横肋 1/4 处高 $h_{1/4}$(mm)	横肋顶宽 b(mm)	横肋间距		相对肋面积 f_i 不小于
		理论重量(kg/m)	允许偏差(%)	h(mm)	允许偏差(%)			l(mm)	允许偏差(%)	
4	12.6	0.090	±4	0.30	+0.10 −0.05	0.24	0.2d	4.0	±15	0.036
4.5	15.9	0.125		0.32		0.26		4.0		0.039
5	19.6	0.154		0.32		0.26		4.0		0.039
5.5	23.7	0.156		0.40		0.32		5.0		0.039
6	28.3	0.232		0.40		0.32		5.0		0.039
6.5	33.2	0.261		0.46		0.37		5.0		0.045
7	38.5	0.302		0.46		0.37		5.0		0.045
7.5	44.2	0.347		0.55		0.44		6.0		0.045
8	50.3	0.395		0.55		0.44		6.0		0.045
8.5	56.7	0.445		0.55	±0.10	0.44		7.0		0.045
9	63.6	0.499		0.75		0.60		7.0		0.052
9.5	70.8	0.556		0.75		0.60		7.0		0.052
10	78.5	0.617		0.75		0.60		7.0		0.052
10.5	86.5	0.679		0.75		0.60		7.4		0.052
11	95.0	0.746		0.85		0.68		7.4		0.056
11.5	103.8	0.815		0.95		0.76		8.4		0.056
12	113.1	0.888		0.95		0.76		8.4		0.056

注：1. 横肋 1/4 处高、横肋顶宽供孔型设计用；
2. 二面肋钢筋允许有高度不大于 $0.5h$ 的纵筋。

表 4-10　冷轧带肋钢筋的牌号和化学成分

钢筋牌号	盘条牌号	化学成分的质量分数(%)					
		C	Si	Mn	V、Ti	S	P
CRB550	Q215	0.09～0.15	≤0.03	0.25～0.55	—	≤0.050	≤0.045
CRB650	Q235	0.14～0.22	≤0.30	0.30～0.65	—	≤0.050	≤0.045
CRB800	24MnTi	0.19～0.27	0.17～0.37	1.20～1.60	Ti:0.01～0.05	≤0.045	≤0.045
	20MnSi	0.17～0.25	0.40～0.80	1.20～1.60	—	≤0.045	≤0.045
CRB970	41MnSiV	0.37～0.45	0.60～1.10	1.00～1.40	V:0.05～0.12	≤0.045	≤0.045
	60	0.57～0.65	0.17～0.37	0.50～0.80	—	≤0.035	≤0.035
CRB1170	70Ti	0.66～0.70	0.17～0.37	0.60～1.00	Ti:0.01～0.05	≤0.045	≤0.045
	70	0.67～0.75	0.17～0.37	0.50～0.80	—	≤0.035	≤0.035

4. 应用

冷轧带肋钢筋分为 550 级、650 级及 800 级三级。其中，550 级宜用于混凝土结构中的受力钢筋、架立钢筋、箍筋及其他构造钢筋；650 级及 800 级宜用于中小型预应力混凝土构件中的受力钢筋。

（五）冷轧扭钢筋

1. 应符合的国家标准

冷轧扭钢筋是用低碳钢钢筋经冷轧扭工艺制成。其表面如图 4-3 所示，呈连续螺纹形。它应符合行业标准《冷轧扭钢筋》(JG 3046—1998)的规定。

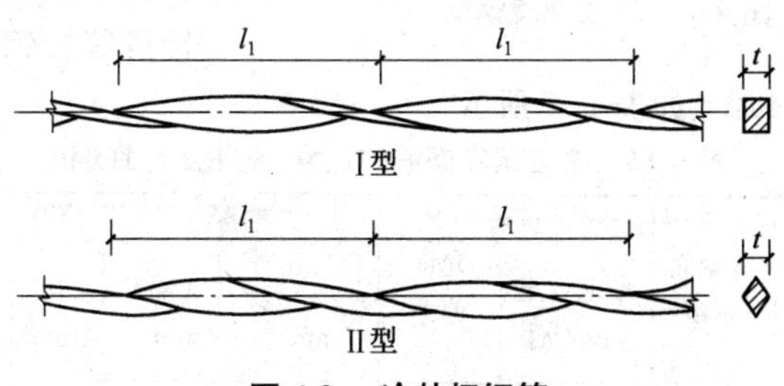

图 4-3　冷轧扭钢筋

l_1. 节距　t. 轧扁厚度

2. 钢筋规格

冷轧扭钢筋的轧扁厚度、节距、公称截面面积及公称重量如表 4-11 所示。

表 4-11　冷轧扭钢筋轧扁厚度、节距、公称截面面积及公称重量

类型	标志直径 d (mm)	轧扁厚度 t 不小于 (mm)	节距 l_1 不大于 (mm)	类型	标志直径 d (mm)	公称横截面面积 A_s (mm^2)	公称重量 G (kg/m)
Ⅰ型	6.5	3.7	75	Ⅰ型	6.5	29.5	0.232
	8	4.2	95		8	45.3	0.356
	10	5.3	110		10	68.3	0.536
	12	6.2	150		12	93.3	0.733
	14	8.0	170		14	132.7	1.042
Ⅱ型	12	8.0	145	Ⅱ型	12	97.8	0.768

3. 应用

一般用于预制钢筋混凝土圆孔板、叠合板中的预制薄板，以及现浇钢筋混凝土楼板等。

（六）冷拔螺旋钢筋

冷拔螺旋钢筋是热轧圆盘条经冷拔后在表面形成连续螺旋槽的钢筋。冷拔螺旋钢筋的外形如图 4-4 所示。

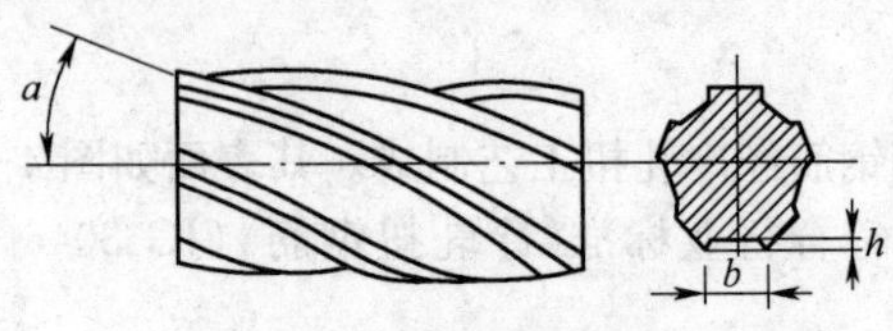

图 4-4　冷拔螺旋钢筋

1. 钢筋规格

冷拔螺旋钢筋的尺寸、重量及允许偏差如表 4-12 所示。

表 4-12　冷拔螺旋钢筋的尺寸、重量及允许偏差

序号	公称直径 D(mm)	公称横截面面积 (mm^2)	重量：理论重量 (kg/m)	重量：允许偏差 (%)	槽深：h (mm)	槽深：允许偏差 (mm)	槽宽：b (mm)	螺旋角：α	螺旋角：允许偏差
1	4	12.56	0.0986	±4	0.12	−0.050～+0.10	$0.2D$～$0.3D$	72°	±5°
2	5	19.63	0.1541		0.15				

续表 4-12

序号	公称直径 D(mm)	公称横截面面积 (mm^2)	重量		槽深		槽宽	螺旋角	
			理论重量 (kg/m)	允许偏差 (%)	h (mm)	允许偏差 (mm)	b (mm)	α	允许偏差
3	6	28.27	0.2219	±4	0.18	−0.050～+0.10	0.2D～0.3D	72°	±5°
4	7	38.48	0.3021		0.21				
5	8	50.27	0.3946		0.24				
6	9	63.62	0.4994		0.27				
7	10	78.54	0.6165		0.30				

2. 应用

用于钢筋混凝土构件中的受力钢筋，以节约钢材；用于预应力空心板可提高延性，改善构件的使用性能。

三、钢筋的进场验收

（一）钢筋的鉴别

1. 涂色鉴别

为了使品种繁多的钢筋，在运输保管的过程中不产生混淆，除根据外形鉴别之外，外形相似的钢筋可以在端部涂色标记。具体鉴别如下：

Ⅰ级钢筋：涂红色，外形为圆形；

Ⅱ级钢筋：不涂色，外形为月牙纹；

Ⅲ级钢筋：涂白色，外形为月牙纹；

Ⅳ级钢筋，涂黄色，外形为等高肋。

2. 火花试验鉴别

如钢筋经过多次运输或其他原因，造成标记涂色不清，难以分辨时，可以用火花试验加以区别。方法是：将被试验的钢筋放在砂轮上，在一定的压力下打出火花，通过火花的形状、流线、颜色等的不同，来鉴别钢筋的品种。

（二）钢筋的进场验收

1. 钢筋出厂质量标准合格证的验收

钢筋质量合格证是由钢筋生产厂质量检验部门提供给用户单位，用以证明其产品质量的证件。其内容包括：钢种、规格、数量、机械性能、化学成分的数据及结论，出厂日期、检验部门的印章、合格证的编号等，其样式如表 4-13 所示。

表 4-13 钢筋质量合格证

钢种	钢号	规格	数量	化学成分(%)						机械性能			
				碳	硅	锰	磷	硫		屈服点(MPa)	抗拉强度(MPa)	伸长率(%)	冷弯

供应单位： 备注： 厂检验部门： 签章

日期： 年 月 日

钢筋的质量关系到建筑物的安全使用，所以合格证必须填写齐全，不得漏填或错填。钢筋进场，经外观检查合格后，由技术员、材料员分别在合格证上签字，注明使用部位后交资料员保管。

2. 进场钢筋的外观质量检查

钢筋的外观质量每批抽取 5%的钢筋进行检查，检查结果应符合相关标准的要求。

3. 钢筋试验

钢筋的试验项目包括物理试验(拉力试验和冷弯试验)和化学试验(主要分析碳、硫、磷、锰、硅的含量)。

(三)钢筋的运输与存放

(1)每捆(盘)钢筋均应有标牌，标明钢筋级别、直径、炉罐批号及钢筋垛码号等。在运输和储存时，必须保留标牌。

(2)钢筋存放场地应排水良好，下垫垫木支承，离地距离不少于 200mm，以利通风，不得直接堆在地面上，防止钢筋锈蚀和污染。

(3)钢筋应按构件、规格、型号分别挂牌堆放，不能将几项工程的钢筋混放在一起，以免引起混乱，造成工程质量事故或影响工程进度。

(4)钢筋堆垛之间应留出通道，以利于查找、取运和存放。

(5)预应力钢筋在运输的过程中必须用油布遮盖，存放时应架空堆积在有遮盖的仓库或料棚内，其周围环境不得有腐蚀介质。

第二节　钢筋的性能与配筋一般构造

一、钢筋的性能

钢筋的性能包括力学性能、冷弯性能、锚固性能和焊接性能。

(一)钢筋力学性能

钢筋的力学性能主要是指抗拉性能和延性,抗拉性能表示钢筋的强度,延性是衡量钢筋变形能力的指标。钢筋的抗拉性能可用其屈服点 σ_s 和抗拉强度(强度极限)σ_b 表示。钢筋的延性用其延伸率表示。

(二)钢筋锚固性能

钢筋混凝土结构中,钢筋和混凝土两种不同材料能够粘结在一起共同受力,是由于它们之间存在着粘结锚固作用,这种作用主要表现为混凝土的粘结力、钢筋表面与混凝土的摩擦阻力、带肋钢筋与混凝土之间的咬合力,以及钢筋弯折、弯钩及附加锚固措施提供的锚固作用。钢筋机械锚固的形式及构造要求见图 4-5,纵向受拉钢筋的最小锚固长度应符合表 4-14 的规定。

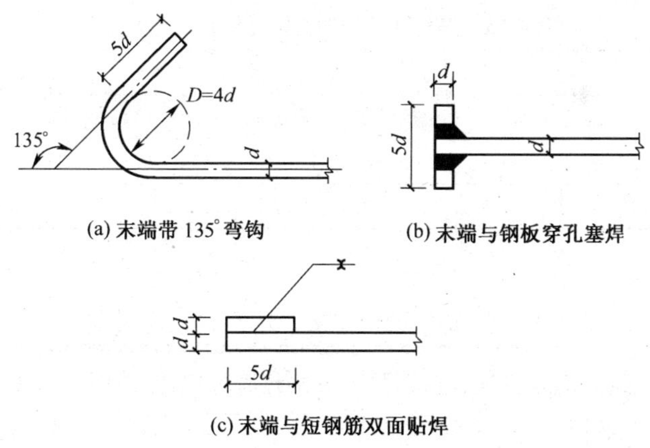

图 4-5　钢筋机械锚固的形式及构造要求

表 4-14　纵向受拉钢筋的最小锚固长度 l_a

钢筋类型	混凝土强度等级			
	C15	C20～C25	C30～C35	≥C40
HPB235 级	40d	30d	25d	20d
HRB335 级	50d	40d	30d	25d
HRB400 与 RRB400 级	—	45d	35d	30d

注：1. 圆钢末端应做 180°弯钩，弯后平直段长度应不小于 3d；

2. 在任何情况下，纵向受拉钢筋的锚固长度应不小于 250mm；

3. d 为钢筋的公称直径。

(三)钢筋冷弯性能

钢筋冷弯是衡量其塑性的指标，也是钢筋加工(钢筋弯折、做弯钩)所必需的。热轧钢筋的冷弯性能较好，高强度钢筋和经冷加工后的钢筋的冷弯性能最差。供建筑使用的热轧圆盘条的力学性能和工艺性能应符合表 4-15 的规定，热轧直条光圆钢筋的力学性能和工艺性能应符合表4-16的规定。热轧带肋钢筋的力学性能和工艺性能应符合表 4-17 的规定。余热处理钢筋、冷轧带肋钢筋、冷轧扭钢筋的力学性能和工艺性能分别见表 4-18、表 4-19、表 4-20。

表 4-15　热轧圆盘条的力学性能和工艺性能

牌号	力学性能			冷弯试验 180° d—弯心直径 a—试验直径
	屈服点 σ_s(MPa)	抗拉强度 σ_s(MPa)	伸长率 σ_s(%)	
	不小于			
Q215	215	375	27	d=0
Q235	235	410	23	d=0.5a

表 4-16　热轧直条光圆钢筋的力学性能和工艺性能

表面形状	钢筋级别	强度等级代号	公称直径(mm)	屈服点 σ_s(MPa)	抗拉强度 σ_b(MPa)	伸长率 σ(%)	冷弯试验 180° d—弯心直径 a—钢筋公称直径
				不小于			
光圆	Ⅰ	R235	8～20	235	370	25	d= a

表 4-17　热轧带肋钢筋的力学性能和工艺性能

品种		强度等级代号	公称直径（mm）	屈服点 σ_s(MPa)	抗拉强度 σ_b(MPa)	伸长率 δ(%)	冷弯试验	
表面形状	钢筋级别						弯曲角度	弯心直径
光圆钢筋	Ⅰ	HPB235	8～20	235	370	25	180	d
月牙肋	Ⅱ	HRB335	6～25 28～50	335	490	16	180 180	$3d$ $4d$
	Ⅲ	HRB400	6～25 28～50	400	570	14	180 180	$4d$ $5d$
等高肋	Ⅳ	HRB500	6～25 28～50	500	630	12	180 180	$6d$ $7d$

表 4-18　钢筋混凝土用余热处理钢筋的力学性能和工艺性能

表面形状	钢筋级别	强度等级代号	公称直径（mm）	屈服点 σ_s(MPa)	抗拉强度 σ_b(MPa)	伸长率 δ_5(%)	冷弯试验 90° d—弯心直径 a—钢筋公称直径
				不小于			
月牙肋	Ⅲ	KL 400	8～25 28～40	440	600	14	$d=3a$ $d=4a$

表 4-19　冷轧带肋钢筋的力学性能和工艺性能

牌号	抗拉强度 σ_b(MPa) 不小于	伸长率(%) 不小于		弯曲试验 180°	反复弯曲次数	松弛率(%)（初始应力 $\sigma_{con}=0.7\sigma_b$）	
		δ_{10}	δ_{100}			1000h 不大于	10h 不大于
CRB550	550	8.0	—	$D=3d$	—	—	—
CRB650	650	—	4.0	—	3	8	5
CRB800	800	—	4.0	—	3	8	5
CRB970	970	—	4.0	—	3	8	5
CRB1170	1170	—	4.0	—	3	8	5

注：1. 钢筋的屈强比 $\sigma_b/\sigma_{0.2}$应不小于 1.05；

2. 生产厂在保证 1000h 应力松弛率合格的基础上，可经常进行 10h 应力松弛实验；

3. 表中 D 为弯芯直径，d 为钢筋公称直径，反复弯曲实验的弯曲半径当钢筋公称直径为 4、5、6mm 时分别为 10、15、15mm。

表 4-20 冷轧扭钢筋的力学性能和工艺性能

抗拉强度 σ_b(N/mm^2)	伸长率 δ_{10}(%)	冷弯 180°(弯芯直径=3d)
≥580	≥4.5	受弯曲部位表面不得产生裂纹

注:d 为冷轧扭钢筋的标志直径;δ_{10} 为以标距为 10 倍标志直径的试样拉断伸长率。

(四)钢筋焊接性能

钢筋的焊接性能包括工艺焊接性和使用焊接性,应该使用焊接性能好的钢筋。

二、钢筋配筋的一般构造

(一)混凝土保护层

混凝土保护层是受力钢筋外缘至构件外表面之间的距离。它是防止钢筋锈蚀,保证钢筋与混凝土之间有足够的粘结力的构造措施。纵向受力钢筋的混凝土保护层最小厚度应不小于钢筋的公称直径,且应符合表 4-21 的规定。板、墙、壳中分布钢筋的保护层厚度应不小于表 4-21中相应数值减 10mm,且应不小于 10mm。梁、柱中箍筋和构造钢筋的保护层厚度应不小于 15mm。

表 4-21 纵向受力钢筋的混凝土保护层最小厚度 (mm)

环境类别		板、墙、壳			梁			柱		
		≤C20	C25~C45	≥C50	≤C20	C25~C45	≥C50	≤C20	C25~C45	≥C50
一		20	15	15	30	25	25	30	30	30
二	a	—	20	20	—	30	30	—	30	30
	b	—	25	20	—	35	30	—	35	30
三		—	30	25	—	40	35	—	40	35

注:基础中纵向受力钢筋的混凝土保护层厚度不应小于 40mm;当无垫层时不应小于 70mm。

(二)混凝土结构的环境类别

混凝土结构应根据表 4-22 的环境类别和设计使用年限进行设计。

表 4-22 混凝土结构的环境类别

条件序号		环境类别
一		室内正常环境
二	a	室内潮湿环境;非严寒和非寒冷地区的露天环境;与无侵蚀性水或土壤直接接触的环境

续表 4-22

条件序号		环境类别
二	b	严寒和寒冷地区的露天环境；与无侵蚀性水或土壤直接接触的环境
三		使用除冰盐的环境；严寒和寒冷地区冬季水位变动的环境；滨海室外环境
四		海水环境
五		受人为或自然的侵蚀性物质影响的环境

（三）钢筋锚固

纵向受拉钢筋的最小锚固长度应符合表 4-14 的规定。当符合下列条件时，表 4-14 的锚固长度应进行修正：

（1）当 HRB335、HRB400 和 RRB400 级钢筋的直径大于 25mm 时，其锚固长度应乘以修正系数 1.1。

（2）HRB335、HRB400 和 RRB400 级环氧树脂涂层钢筋的锚固长度，应乘以修正系数 1.25。

（3）当钢筋在施工的过程中易受扰动（如滑模施工）时，其锚固长度应乘以修正系数 1.1。

（4）当 HRB335、HRB400 和 RRB400 级钢筋在锚固区的混凝土保护层厚度大于钢筋直径的 3 倍且配有箍筋时，其锚固长度应乘以修正系数 0.8。

（5）当 HRB335、HRB400 和 RRB400 级纵向受拉钢筋末端采用机械锚固措施时，包括附加锚固端头在内的锚固长度应取表中数值的 0.7 倍。

（四）钢筋连接

钢筋需要接长时，可以采用绑扎连接、焊接和机械连接。钢筋接头宜设在受力较小处，同一根钢筋上宜少设接头，同一构件中的纵向受力钢筋接头宜相互错开。采用绑扎连接时，当纵向受拉钢筋的绑扎搭接接头面积百分率不大于 25％时，其最小搭接长度应符合表 4-23 的规定。其他情况下纵向受拉钢筋的最小搭接长度应按《混凝土结构工程施工质量验收规范》（GB 50204—2002）附录 B 的规定执行。

表 4-23　纵向受拉钢筋的最小搭接长度

钢筋类型		混凝土强度等级			
		C15	C20～C25	C30～C35	≥C40
光圆钢筋	HPB235 级	45*d*	35*d*	30*d*	25*d*
带肋钢筋	HRB335 级	55*d*	45*d*	35*d*	30*d*
	HRB400 级、RRB400 级	—	55*d*	40*d*	35*d*

注：两根直径不同钢筋的搭接长度，以较细钢筋的直径计算。

第五章　常用机具与设备

第一节　钢筋绑扎工具

一、绑扎钢筋的工具

绑扎钢筋的工具主要有:铁丝钩、带扳口的小撬杠和绑扎架等。

(一)铁丝钩

铁丝钩是钢筋工用得最多的手工工具,其基本形式如图 5-1 所示。常用直径为 12～16mm,长度为 160～200mm 的圆钢加工而成,制作的关键是使铁丝钩的弯钩与手柄成 90°,这样操作起来省力。根据使用要求还可以在其尾部加上套筒或小扳口等,这样,转动起来灵活不磨手,小扳口便于弯曲小钢筋。

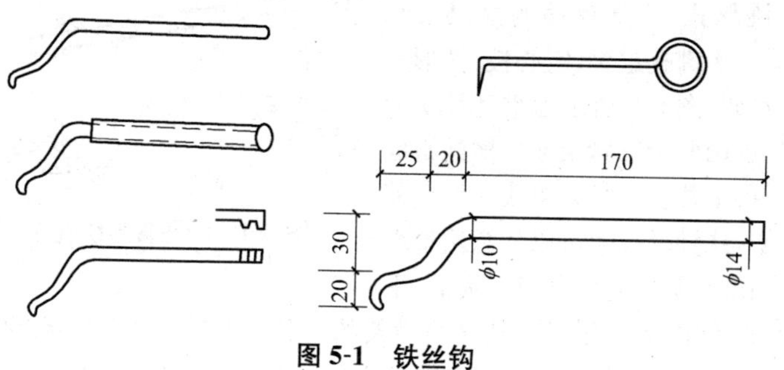

图 5-1　铁丝钩

(二)小撬杠

小撬杠是绑扎、安装钢筋网、架时,用以调整钢筋的间距,矫直钢筋的局部弯曲,垫混凝土保护层垫块等,其形状见图 5-2 所示。

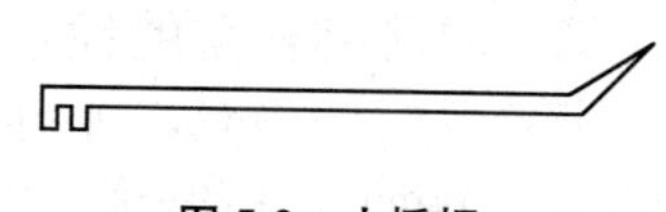

图 5-2　小撬棍

(三)起拱扳子

起拱扳子是弯制现浇楼板内弯起钢筋的专用工具。绑扎现浇楼板钢筋时，楼板的弯起钢筋往往不是事先弯曲成型的，而是待弯起钢筋与分布钢筋绑扎成钢筋网片之后，经检查正确无误，再用起拱扳子的一端将弯起钢筋的下部压住，另一端将弯起钢筋勾住上弯，钢筋的平直部分则由操作人员用脚踩住。起拱扳子的形状和操作方法见图 5-3 所示。

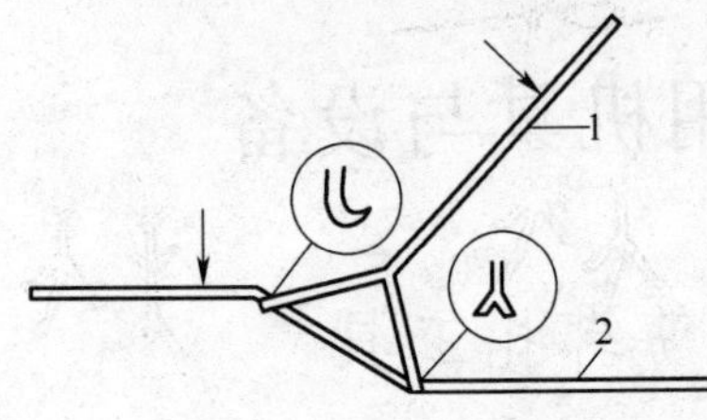

图 5-3　起拱扳子及操作

1. 起拱扳子 ϕ6mm　2. 楼板弯起钢筋

(四)绑扎架

为了确保绑扎质量，提高绑扎工效，绑扎钢筋骨架必须使用绑扎架。根据绑扎钢筋骨架的轻重、形状，可视情况选用图 5-4～图 5-6 所示的相应形式的绑扎架。其中，图 5-4为轻型骨架绑扎架，有单面或双面悬挑形式，方便钢筋的穿、放、绑扎，适用于绑扎过梁、空心板、槽形板钢筋骨架；图 5-5 所示为重型骨架绑扎架，可用两个三脚架穿一横杠组成一对，再由几对三脚架组成一组钢筋绑扎架，这种绑扎架可以随意调整绑扎的高度和宽度，使用轻巧、灵活、平稳，多用于中、大型梁、柱、桩钢筋骨架的绑扎；图 5-6 所示为坡式骨架绑扎架，具有重量轻、用钢量省、施工方便(绑扎好的钢筋骨架可以沿绑扎架的斜坡下滑)等优点，适用于绑扎各种钢筋骨架。

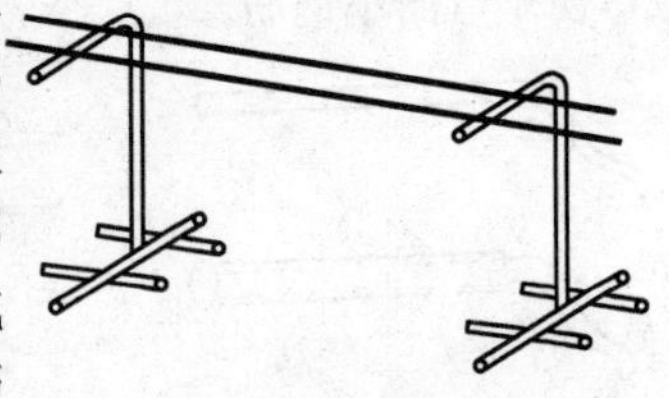

图 5-4　轻型骨架绑扎架

二、钢筋绑扎用的铁丝

钢筋绑扎用的铁丝，可采用 20～22 号铁丝，其中 22 号铁丝只用于绑扎直径 12mm 以下的钢筋。铁丝长度可参考表 5-1 的数值采用；因铁丝是成盘供应的，故习惯上是按每盘铁丝周长的几分之一米切断。

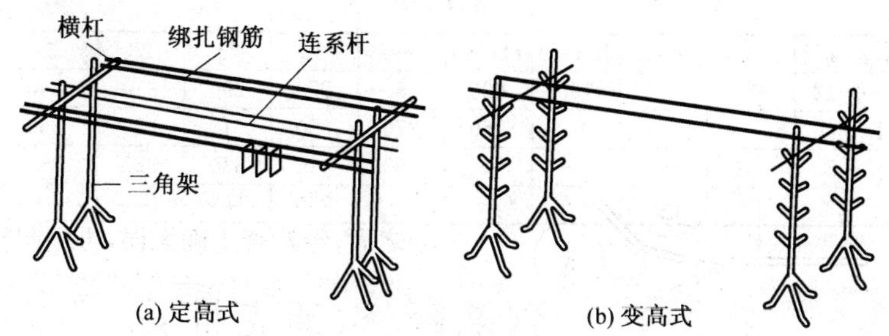

图 5-5 重型骨架绑扎架

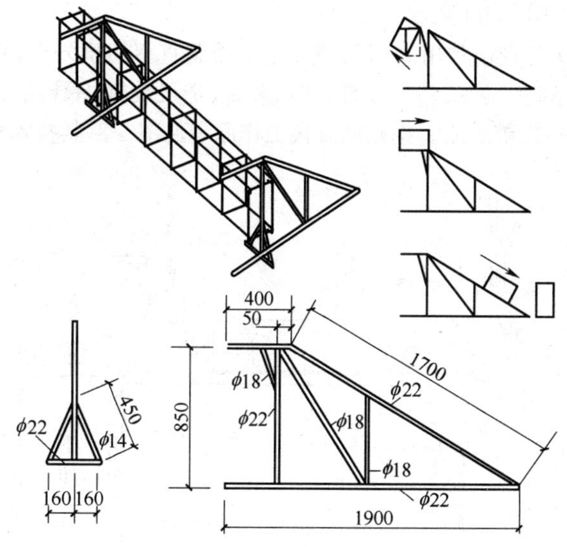

图 5-6 坡式骨架绑扎架

表 5-1 钢筋绑扎铁丝长度参考表 (mm)

钢筋直径	3～5	6～8	10～12	14～16	18～20	22	25	28	32
3～5	120	130	150	170	190	—	—	—	—
6～8	—	150	170	190	220	250	270	290	320

续表 5-1

钢筋直径	3～5	6～8	10～12	14～16	18～20	22	25	28	32
10～12	—	—	190	220	250	270	290	310	340
14～16	—	—	—	250	270	290	310	330	360
18～20	—	—	—	—	290	310	330	350	380
22	—	—	—	—	—	330	350	370	400

第二节 钢筋除锈、调直机具

一、钢筋调直机具

(一)钢筋调直机

图 5-7 为现场常用的 GB3/8A 型钢筋调直剪切机外形，它主要由导向装置、牵引装置、调直装置、切断装置、定尺装置、承料架、电动机、变速箱和机架等组成。钢筋调直机工作原理见图 5-8，其技术性能见表 5-2 所示。

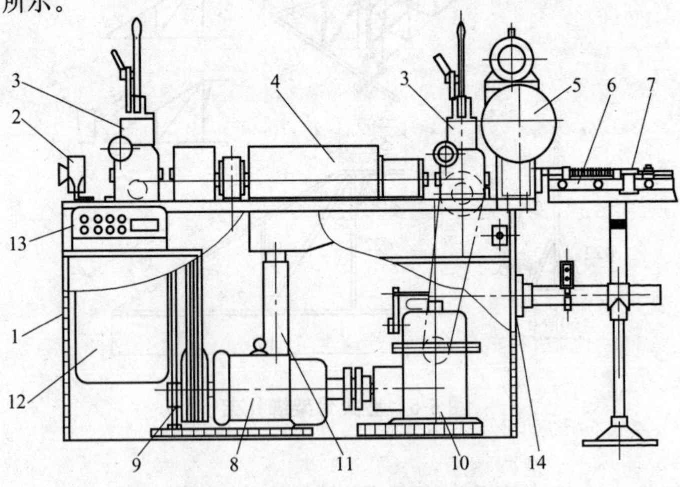

图 5-7 GB3/8A 型钢筋调直剪切机

1. 机架 2. 导向装置 3. 牵引装置 4. 调直装置 5. 切断装置 6. 承料架 7. 定尺装置 8. 电动机 9. 制动装置 10. 变速箱 11. 集尘漏斗 12. 电控箱 13. 控制盒 14. 急停按钮

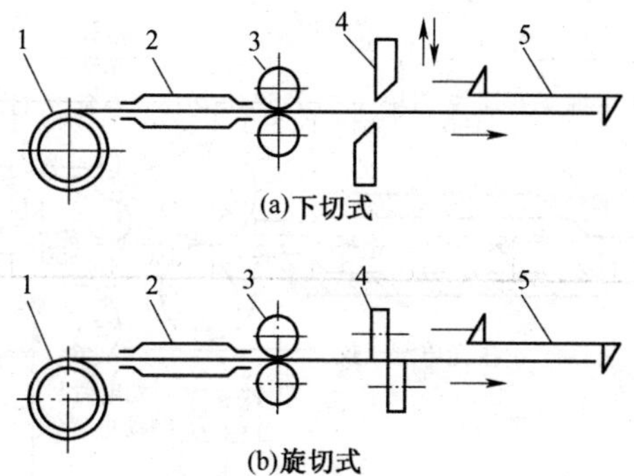

图 5-8　钢筋调直机工作原理

1. 盘料架　2. 调直筒　3. 牵引辊　4. 剪刀　5. 定尺装置

表 5-2　钢筋调直机技术性能

机械型号	钢筋直径（mm）	调直速度（m/min）	断料长度（m）	电机功率（kW）	外形尺寸 长×宽×高（mm）	机重（kg）
GT3/8	3～8	40.65	300～6500	9.25	1854×741×1400	1280
GT6/12	6～12	36、54、72	300～6500	12.6	1770×535×1457	1230

（二）数控钢筋调直切断机

数控钢筋调直切断机已在有些构件厂使用，它可以实现钢丝的调直切断自动化，断料精度高（偏差仅为 1～2mm），其工作原理如图 5-9 所示。

（三）卷扬机拉直设备

现场 ϕ6mm 盘圆钢筋可用图 5-10 所示的手绞车调直装置调直；ϕ8～ϕ110mm 盘圆钢筋用卷扬机冷拉设备（图 5-11），在冷拉的同时，对钢筋有调直作用，其两端用地锚承力，钢筋的夹具常用的有月牙形夹具、偏心块夹具等，如图 5-12 所示。

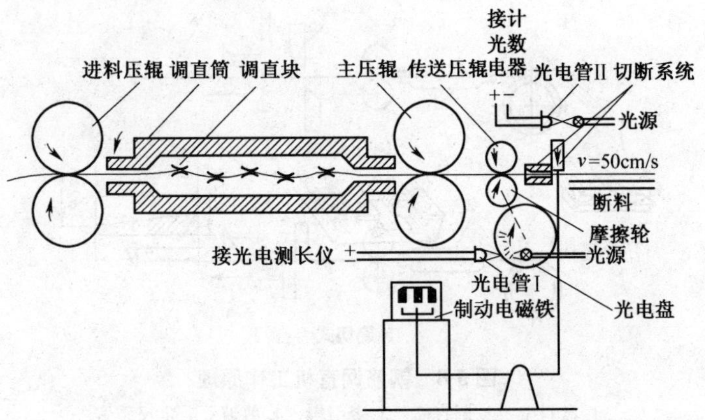

图 5-9 数控钢筋调直切断机工作原理

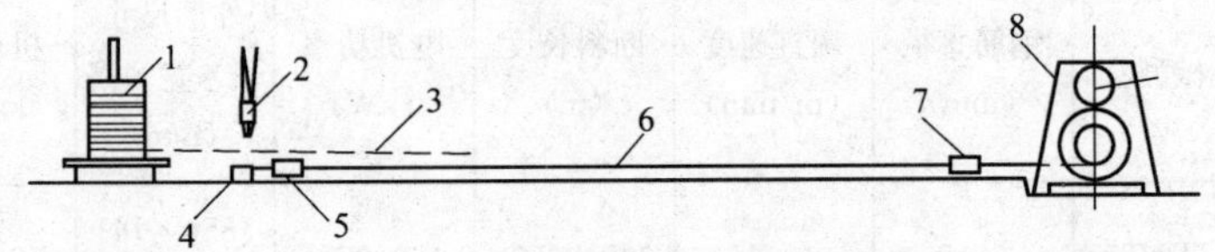

图 5-10 手绞车调直装置示意图

1. 盘条架 2. 断线钳 3. 开盘钢筋 4. 地锚 5. 钢筋夹 6. 调直钢筋 7. 钢筋夹 8. 手绞车

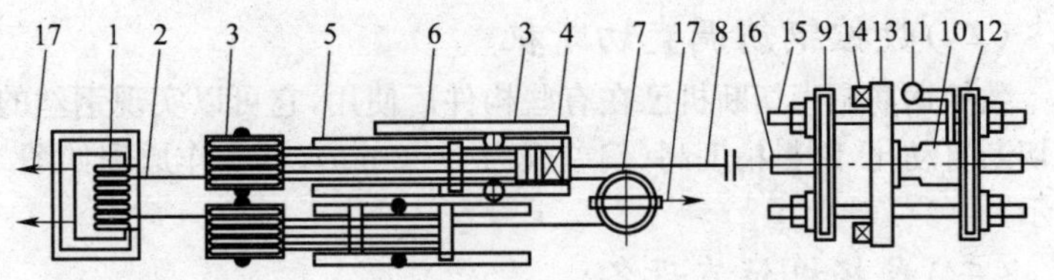

图 5-11 卷扬机式冷拉机

1. 卷扬机 2. 传动钢丝绳 3. 五联滑轮组 4. 前夹具 5. 轻型轨道 6. 冷拉率标尺 7. 转向滑轮 8. 钢筋 9. 前横梁 10. 千斤顶 11. 油压表 12. 后横梁 13. 固定横梁 14. 台座墩 15. 传力杆 16. 圆夹具 17. 地锚

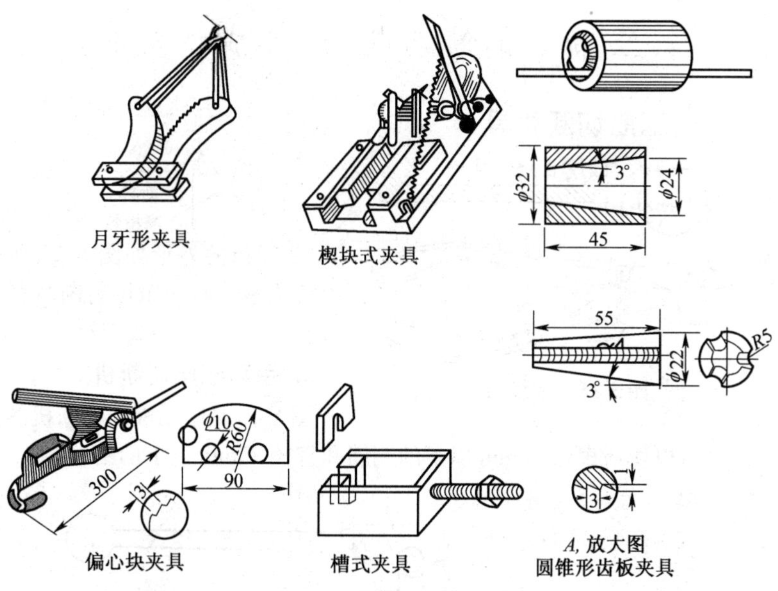

图 5-12　冷拉夹具

二、钢筋除锈

钢筋除锈机具根据除锈方法的不同，可分别使用钢丝刷、砂盘（图 5-13）、电动除锈机（图 5-14）。调直和拉直机具一般都有除锈作用。

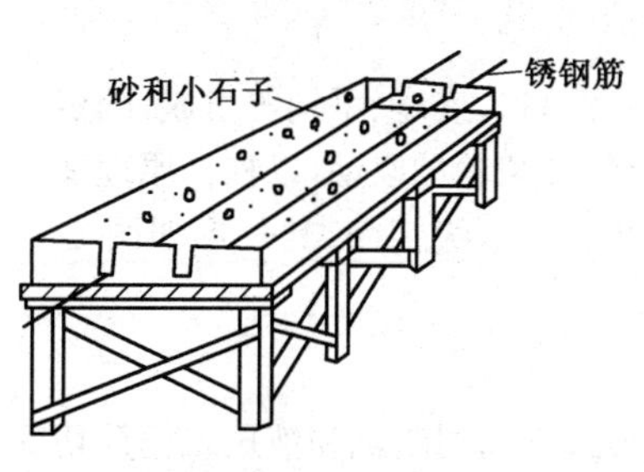

图 5-13　砂盘除锈

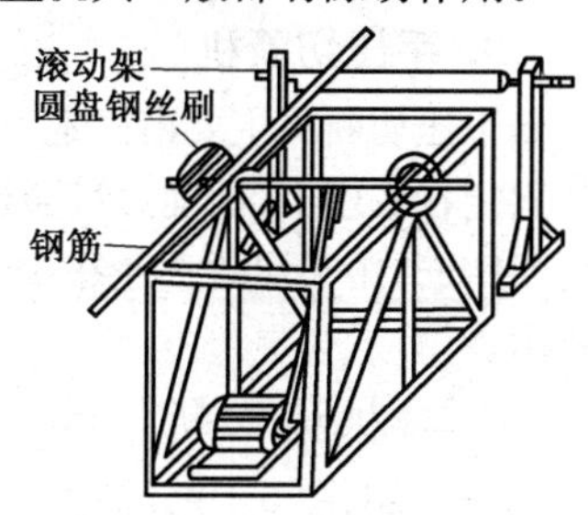

图 5-14　固定式电动除锈机

第三节 钢筋切断、弯曲成型机具

一、钢筋切断机具

（一）人工切断机具

1. 断线钳

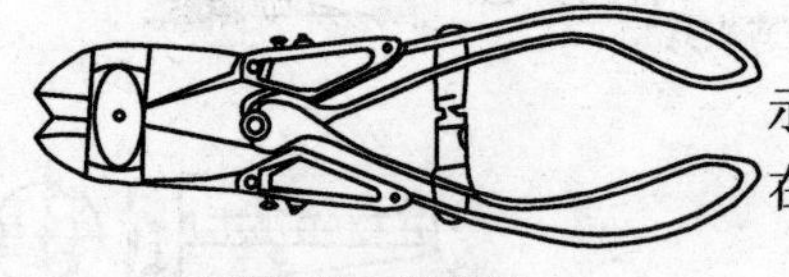

图 5-15 断线钳

断线钳的外形如图 5-15 所示。工人手持断线钳可剪断直径在 6mm 以下的钢筋或钢丝。

2. 手动液压切断机

图 5-16 是手动液压切断机的外形，可以切断直径 16mm 以下的钢筋和直径 25mm 以下的钢绞线。

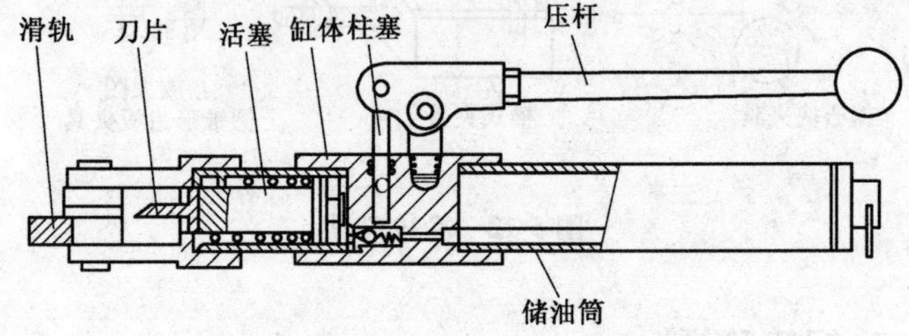

图 5-16 GJ5Y-16 型手动液压切断机

3. 手压切断机

手压切断机主要由固定刀口、活动刀口、底座、手柄等组成，固定刀口固定在底座上，活动刀口通过几个轴或齿轮的联动，以杠杆原理加力切断钢筋，用于切断直径在 16mm 以下的Ⅰ级钢筋，其外形如图 5-17 所示。

（二）机械切断机具

图 5-18、图 5-19 分别为曲柄连杆式钢筋切断机和液压式钢筋切断机的外形和构造。前者有 GQ40、GQ50 等型号，型号的数字表示加工钢筋的直径范围，例如 GQ40 钢筋切断机可以切断直径 6～40mm 以内

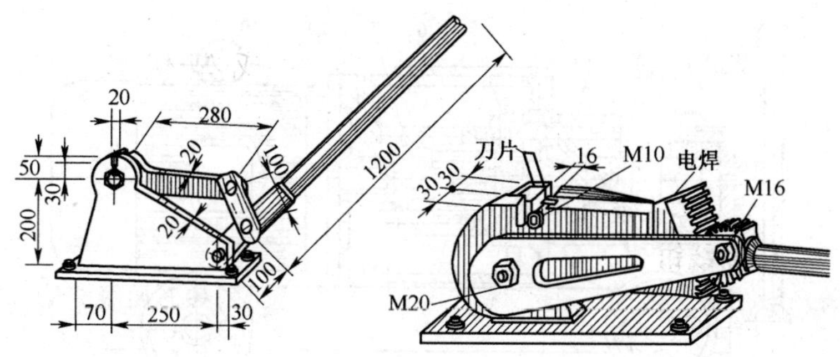

图 5-17　手压切断机外形

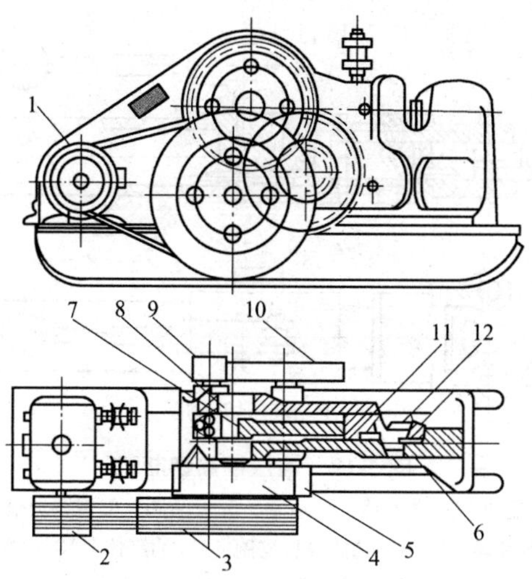

图 5-18　曲柄连杆式钢筋切断机

1. 电动机　2、3. 三角带轮　4、5、9、10. 减速齿轮
6. 固定刀片　7. 连杆　8. 偏心轴　11. 滑块
12. 活动刀片

的钢筋，每分钟可切断 40 次。后者有电动 DYJ-32 型(最大切断钢筋的直径为 32mm)和手动 SYJ-16 型(最大切断钢筋的直径为 16mm)两种。钢筋切断机的技术性能见表 5-3。

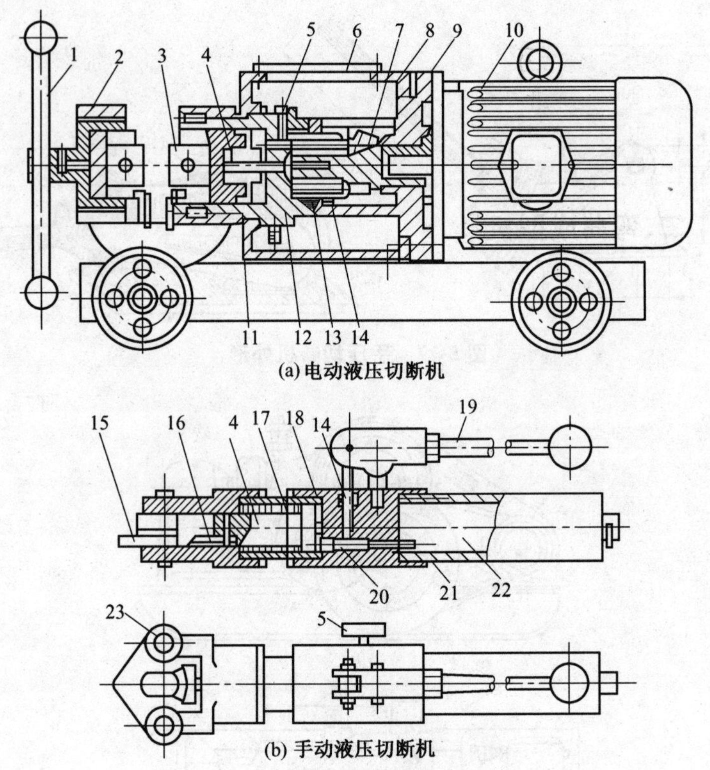

图 5-19 液压钢筋切断机

1. 手柄 2. 支座 3. 主刀片 4. 活塞 5. 放油阀 6. 观察玻璃 7. 偏心轴 8. 油箱 9. 连接架 10. 电动机 11. 皮碗 12. 油缸体 13. 油泵缸 14. 柱塞 15. 滑轨 16. 刀片 17. 回位弹簧 18. 缸体 19. 手动压杆 20. 吸油阀 21. 进油道 22. 储油筒 23. 拔销

表 5-3 钢筋切断机的技术性能

机械型号	钢筋直径(mm)	每分钟切断次数	切断力(kN)	工作压力(N/mm^2)	电机功率(kW)	外形尺寸(mm)长×宽×高	重量(kg)
GQ40	6～40	40	—	—	3.0	1150×430×750	600
GQ40B	6～40	40	—	—	3.0	1200×490×570	450

续表 5-3

机械型号	钢筋直径(mm)	每分钟切断次数	切断力(kN)	工作压力(N/mm^2)	电机功率(kW)	外形尺寸(mm)长×宽×高	重量(kg)
GQ50	6～50	30	—	—	5.5	1600×690×915	950
DYQ32B	6～32	—	320	45.5	3.0	900×340×380	145

二、弯曲成型机具

(一)人工弯曲成型机具

1. 工作台

工作台有木制和钢制两种。工作台的宽度通常为800mm;长度视钢筋的种类而定,弯制细钢筋时一般为4000mm,弯制粗钢筋时可为8000mm;台高一般为900～1000mm。

2. 手摇扳

手摇扳的外形如图5-20所示,它由钢底盘、扳柱、扳手组成,用来弯制直径12mm以下的钢筋,手摇扳的主要尺寸如表5-4所示。操作前应将底盘固定在工作台上,其底盘应与工作台面平直。

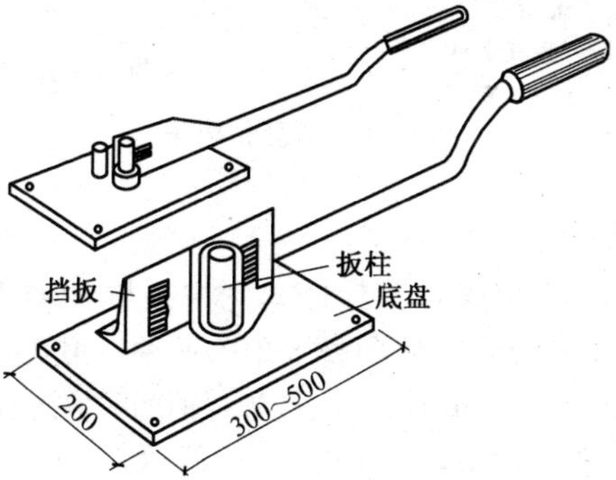

图 5-20　手摇扳

表 5-4　手摇扳主要尺寸　(mm)

附　　图	钢筋直径	a	b	c	d
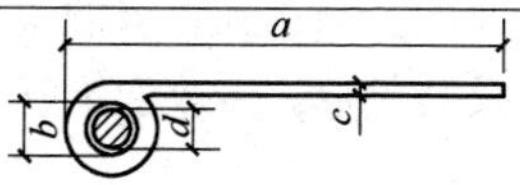	6	500	8	16	16
	8～10	600	22	18	20

3. 卡盘

卡盘的外形如图 5-21 所示。卡盘用来弯制粗钢筋，它由钢底盘和扳柱组成，扳柱焊在底盘上，底盘需固定在工作台上。图 5-21a 为四扳柱的卡盘，扳柱水平净距约为 100mm，垂直净距约为 34mm，可弯制直径为 32mm 的钢筋。图 5-21b 所示为三扳柱的卡盘，扳柱的两斜边净距为 100mm 左右，底边净距为 80mm。这种卡盘不需设钢套，扳柱的直径视所弯的钢筋的粗细而定，一般直径为 20～25mm，可用厚 12mm 的钢板制作卡盘底板。

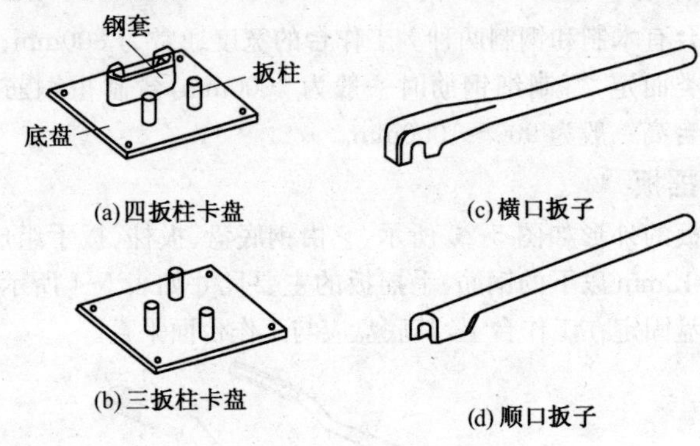

图 5-21 卡盘和扳子

4. 钢筋扳子

钢筋扳子是弯制钢筋的手工工具，它主要与卡盘配合使用。分为横口扳子(图 5-21c)和顺口扳子(图 5-21d)两种。钢筋扳子的扳口尺寸比弯制钢筋的直径大 2mm 较为合适，弯制钢筋时应配有各种规格的扳子。卡盘和横口扳子的主要尺寸见表 5-5 所示。

(二)机械弯曲成型机具

钢筋弯曲机的工作过程如图 5-22 所示。首先将钢筋放到工作盘的心轴和成型轴之间，开动弯曲机使工作盘转动，由于钢筋一端被挡铁轴挡住，因而钢筋被成型轴推压，绕心轴进行弯曲。当达到要求的角度后，自动或手动使工作盘停止，然后使工作盘反转复位。需改变钢筋的弯曲角度时，可更换不同直径的心轴。

表 5-5　卡盘和横口扳子主要尺寸　(mm)

附图	钢筋直径	卡盘			横口扳手			
		a	b	c	d	e	h	l
	12～16	50	80	20	22	18	40	1200
	18～22	65	90	25	28	24	50	1350
	25～32	80	100	30	38	34	76	2100

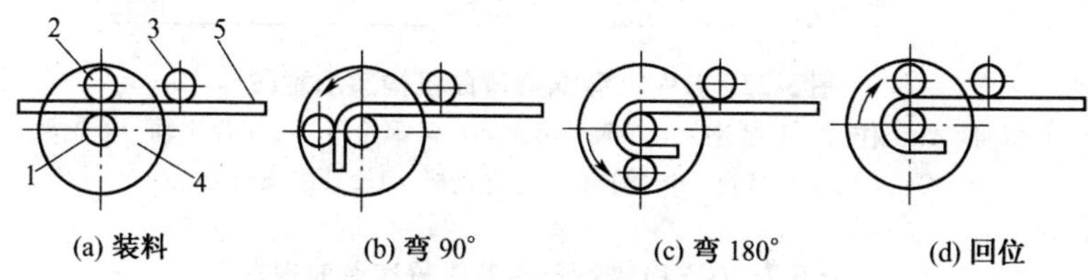

(a) 装料　(b) 弯 90°　(c) 弯 180°　(d) 回位

图 5-22　钢筋弯曲机工作过程

1. 心轴　2. 成型轴　3. 挡铁轴　4. 工作盘　5. 钢筋

常用的钢筋弯曲机有机械式和液压式两大类，常见的有：

1. 钢筋弯曲机

图 5-23 所示为 GW40 型钢筋弯曲机的构造示意图。钢筋弯曲机的技术性能见表 5-6，表 5-7 为 GW40 型钢筋弯曲机每次弯曲的根数。

表 5-6　钢筋弯曲机的技术性能

弯曲机类型	钢筋直径(mm)	弯曲速度(r/min)	电机功率(kW)	外形尺寸(mm)长×宽×高	重量(kg)
GW32	6～32	10/20	2.2	875×625×945	340
GW40	6～40	5	3.0	1360×740×865	400
GW40A	6～40	9	3.0	1050×760×828	450
GW50	25～50	2.5	4.0	1450×760×800	580

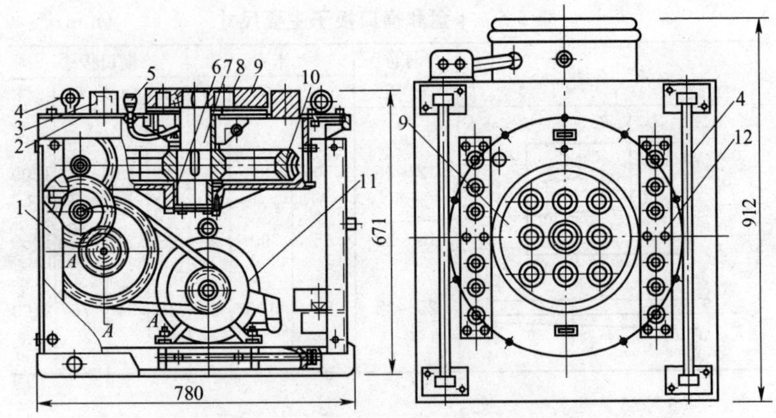

图 5-23　GW40 型钢筋弯曲机构造示意图

1. 机身　2. 工作台　3. 插座　4. 滚轴　5. 油杯　6. 蜗轮箱　7. 工作主轴　8. 轴承　9. 工作圆盘　10. 蜗轮　11. 电动机　12. 孔眼条板

表 5-7　GW40 型钢筋弯曲机每次弯曲根数

钢筋直径(mm)	10～12	14～16	18～20	22～40
每次弯曲根数	4～6	3～4	2～3	1

2. 四头弯箍机

四头弯箍机(图 5-24)是由一台电动机通过三级变速带动圆盘，再

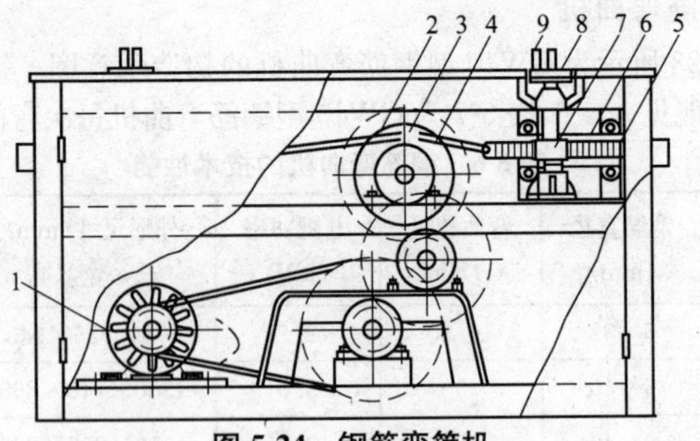

图 5-24　钢筋弯箍机

1. 电动机　2. 偏心圆盘　3. 偏心铰　4. 连杆　5. 齿条　6. 滑道　7. 齿轮　8. 工作盘　9. 心轴和成型轴

通过圆盘上的偏心铰带动连杆与齿条,使四个工作盘转动。其主要技术参数:电机功率为 3kW,转速为 960r/min,工作盘反复动作次数为 31r/min。该机可弯曲 $\phi4 \sim \phi12$ 钢筋,弯曲角度可在 $0^\circ \sim 180^\circ$范围内变动。该机主要用来弯制钢箍,工效比手工提高 7 倍。

三、其他机具

其他机具包括:焊接机具,冷拉、冷拔机具等,这些机具将在下面各章介绍有关内容时再一并作介绍。

第六章 钢筋的计算

第一节 钢筋的长度、根数计算

一、钢筋的间距、根数计算

(一)钢筋间距计算

钢筋的间距一般在图纸上都是一个大概的数字，比如@200 等，钢筋工在实际画线时会有一定的差值，遇到这种情况，应先按下式计算钢筋的实际间距：

$$a=\frac{l}{n-1} \tag{6-1}$$

式中 a——实际间距；

l——配筋范围的长度；

n——根数。

(二)钢筋根数的计算

钢筋工遇到的一些钢筋图往往没有材料表，仅在图纸上写上钢筋间距，这时，可以利用下式计算钢筋的根数：

$$n=\frac{l}{a}+1 \tag{6-2}$$

式中符号的含义同式(6-1)。

例 6-1 如图 3-30 梁的配筋图中，求箍筋的根数和实际间距(设混凝土保护层厚为 25mm)。

解：图中标的间距为 250mm，实际间距根据题中假定条件计算如下：

$$配筋范围的长度\ l=6500-50=6450(mm)$$

$$钢筋根数\ n=\frac{l}{a}+1=\frac{6450}{250}+1=26.8\quad 取\ n=27$$

钢筋的实际间距 $a=\frac{l}{n-1}=\frac{6450}{27-1}=248(\text{mm})$

提示：在画箍筋线时，第一个箍筋应从梁端减去保护层厚 25mm 起画，考虑到箍筋与主筋的连接，所以梁两端箍筋的第一个间距实际尺寸不足 248mm。

(三)用标高求距离

施工图上有时构件的尺寸没标出来，只标出了标高，这时可根据不同情况采取相应的方法求出构件的有关尺寸，为钢筋计算提供方便。

1. 已知两个水平面的标高，求它们之间的距离

当这两个标高的正负号不同时，它们之间的距离等于两个标高相加；当这两个标高的正负号相同(同为正号或同为负号)时，它们之间的距离等于两个标高相减。

例 6-2　试求图 6-1 所示的三个构件中，两个标高之间的距离。

解：三个构件中，两个标高之间的距离分别为：

构件 a：1200－850＝350(mm)

构件 b：2630＋1450＝4080(mm)

构件 c：2520－140＝2380(mm)

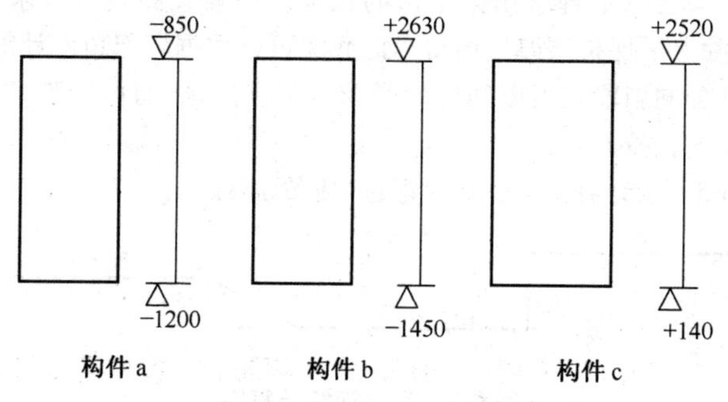

图 6-1　用标高求距离(一)

2. 已知两个水平面之间的距离和其中一个标高，求另一个标高

此时，求下标高用减，求上标高用加。进行这种计算时要注意：

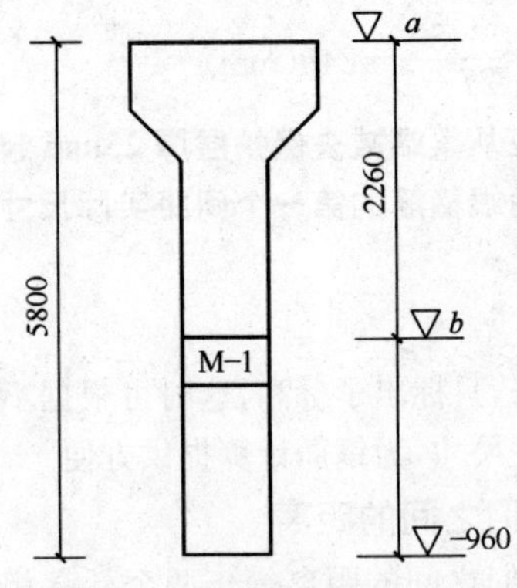

图 6-2 用标高求距离(二)

(1)遇到"小数减大数"时,仍用大数减小数,但结果前应加负号;

(2)遇到"负号标高减距离"时,即算式中出现两个负号,可把两个数加起来,得数仍是负数。

(3)遇到"负号标高加距离"时,可把两个数相减,结果的正负号看哪个数大,就用哪个数的符号。

如图 6-2 中的 a、b 值为:

$a=5800+(-960)=4840(\text{mm})$

$b=4840-2260=2580(\text{mm})$

二、钢筋的长度计算

(一)斜向钢筋计算

1. 利用勾股弦定理计算

弯起钢筋的弯起部分的三个边长分别称为"斜段"、"高"和"底",如图 6-3 所示。上述三条边形成一个直角三角形,知道任意两边的长度,即可利用勾股弦定理求出第三边的长度。一般梁高是可以求出来的(梁高扣除上下保护层厚度而得),而底宽可以根据弯起角度计算而得,则弯起部分的斜段长可以利用勾股弦定理求出,继而可计算整根钢筋的下料长度。

例 6-3 试计算图 6-3 所示弯起钢筋的斜段长。

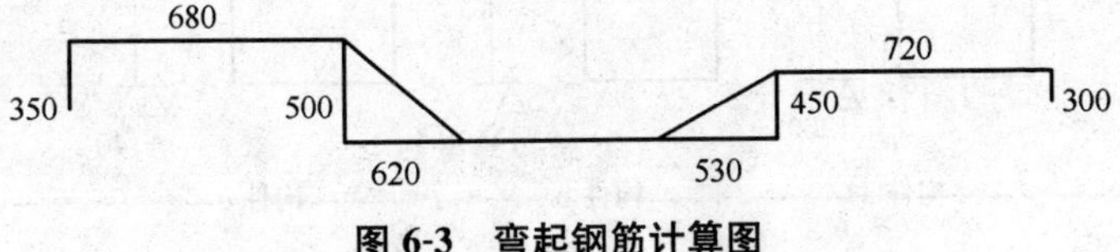

图 6-3 弯起钢筋计算图

解:右段斜段长:

$$\sqrt{530^2+450^2}$$
$$=\sqrt{280900+202500}$$
$$=\sqrt{483400}=695(\text{mm})$$

左段斜段长：

$$\sqrt{500^2+620^2}$$
$$=\sqrt{250000+384400}$$
$$=\sqrt{634400}=796(\text{mm})$$

2. 查表法计算

弯起钢筋斜长计算简图如图 6-4 所示。弯起钢筋的斜长系数如表 6-1 所示。

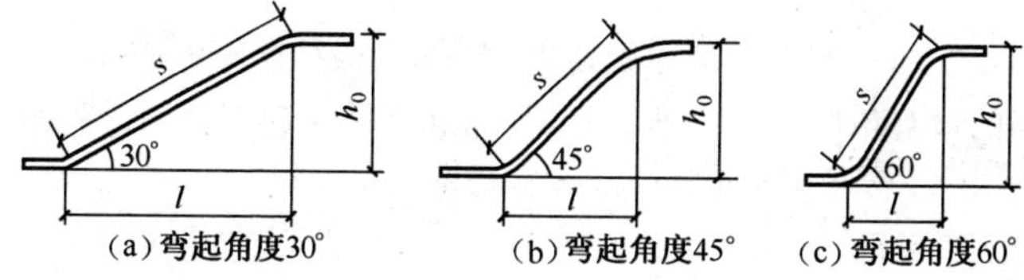

(a)弯起角度30°　(b)弯起角度45°　(c)弯起角度60°

图 6-4 弯起钢筋斜长计算简图

表 6-1 弯起钢筋斜长系数

弯起角度	$\alpha=30°$	$\alpha=45°$	$\alpha=60°$
斜边长度 s	$2h_0$	$1.41h_0$	$1.15h_0$
底边长度 l	$1.732h_0$	h_0	$0.575h_0$
增加长度 $s-l$	$0.268h_0$	$0.41h_0$	$0.575h_0$

注：h_0 为弯起钢筋的弯起净高(见图 6-4)。

根据表 6-1 计算出弯起钢筋在常用弯起角 45°和 60°时，不同梁截面高度时的斜长见表 6-2。

表 6-2 梁弯起钢筋斜长表 (mm)

弯起角度	梁截面高度															
	250	300	350	400	450	500	550	600	650	700	750	800	900	1000	1100	1200
45°	283	353	424	495	566	636	707	778	848	919	990	1060	1202	1343	1485	1626

续表 6-2

弯起角度	梁截面高度															
	250	300	350	400	450	500	550	600	650	700	750	800	900	1000	1100	1200
60°	—	—	—	—	—	—	—	—	693	751	809	866	982	1097	1213	1328

注:梁保护层一律按 25mm 计。

例 6-4 求图 3-30 中②号弯起钢筋弯起部分的底边长度和斜边长度。

解:从 1—1 剖面图可知梁高为 550mm,保护层厚为 25mm,②号弯起钢筋的弯起角度为 45°,所以,②号弯起钢筋弯起部分的弯起净高为:

$$550-2\times25=500(\text{mm})$$

查表 6-1 得

$$\text{底边长度 } l=h_0=500\text{mm}$$

$$\text{斜边长度 } s=1.41h_0=1.41\times500=705(\text{mm})$$

例 6-5 如图 3-30 梁的保护层厚一律按 25mm 计,试用表 6-2 查②号弯起钢筋弯起部分的斜边长度。

解:查表 6-2,找出弯起角度 45°一栏,然后往左看,与梁截面高度 550mm 垂直对齐的数 707mm 即为斜边长度,可见与用表 6-1 的计算结果基本一致。

(二)梯形构件钢筋长度计算

平面或立面为梯形的构件(图 6-5),其平面纵横向钢筋长度或立面箍筋高度,在一组钢筋中存在多种不同长度的情况,其长度可用数学法根据比例关系进行计算。相邻两根钢筋的长短差 Δ 可按下式计算:

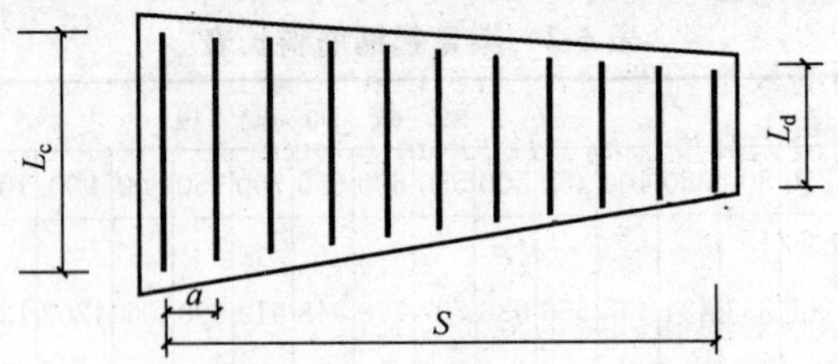

图 6-5 变截面梯形构件下料长度计算简图

$$\Delta=\frac{L_d-L_c}{n-1}\text{或}\Delta=\frac{h_d-h_c}{n-1} \tag{6-3}$$

其中

$$n=\frac{S}{a}+1 \tag{6-4}$$

式中　Δ——相邻两根钢筋长短差或箍筋高低差；

L_d,L_c——分别为平面梯形构件纵、横向配筋最大和最小长度；

h_d,h_c——分别为立面梯形构件箍筋的最大和最小高度；

n——纵、横向筋根数或箍筋个数；

S——纵、横向筋最长筋与最短筋之间或最高箍筋与最低箍筋之间的距离；

a——纵、横向筋或箍筋的间距。

例 6-6　薄腹梁尺寸及箍筋如图 6-6 所示 试计算确定每个箍筋的高度(保护层厚一律为 25mm)。

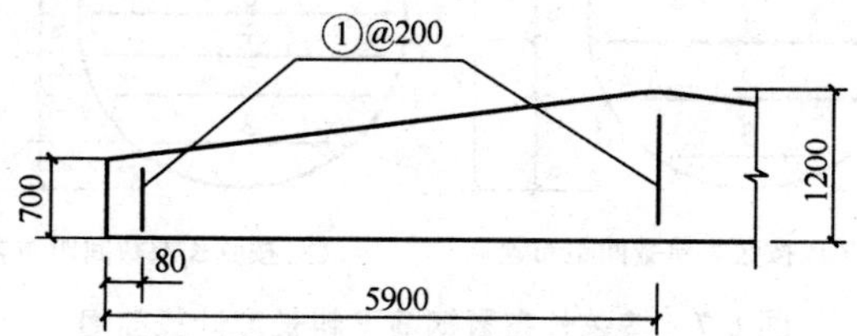

图 6-6　薄腹梁尺寸及箍筋布置

解：梁上部斜面坡度为：$\frac{1200-700}{5900}=\frac{5}{59}$

最低箍筋所在位置的模板高度为：$700\text{mm}+80\times\frac{5}{59}\text{mm}=707\text{mm}$

故箍筋的最小高度　$h_c=707\text{mm}-50\text{mm}=657\text{mm}$

箍筋的最大高度　$h_d=1200\text{mm}-50\text{mm}=1150\text{mm}$

由式(6-4)得：$n=\frac{S}{a}+1=\frac{5900-80}{200}+1=30.1$，用 30 个箍筋。

再由式(6-3)得相邻两根箍筋高低差：

$$\Delta=\frac{h_d-h_c}{n-1}=\frac{1150-657}{30-1}=17.0(\text{mm})$$

故各个箍筋的高度分别为：657mm、674mm、691mm、708mm、725mm、742mm…1150mm 。

(三)圆形构件钢筋长度计算

对于圆形的构件，其配筋有直线形和圆形两种。

1. 按弦长布置的直线形钢筋

先根据弦长计算公式算出每根钢筋所在处的弦长，再减去两端保护层厚度，即得该处钢筋下料长度。

当钢筋间距为单数时(图 6-7a)，配筋有相同的两组，弦长可按下式计算：

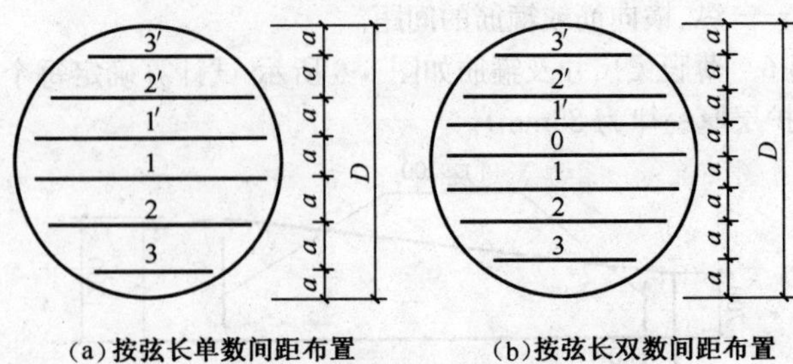

(a)按弦长单数间距布置　(b)按弦长双数间距布置

图 6-7 按弦长布置钢筋下料长度计算简图

$$l_i = a\sqrt{(n+1)^2-(2i-1)^2} \tag{6-5}$$

当钢筋间距为双数时(图 6-7b)，有一根钢筋所在位置的弦长即为该圆的直径，另有相同的两组配筋，弦长可按下式计算：

$$l_i = a\sqrt{(n+1)^2-(2i)^2} \tag{6-6}$$

其中

$$n=\frac{D}{a}-1 \tag{6-7}$$

式中 l_i——第 i 根(从圆心向两边数)钢筋所在的弦长；

i——序号数；

n——钢筋根数；

a——钢筋间距；

D——圆形构件的直径。

例 6-7 今有直径为 2.4m 的钢筋混凝土圆板，钢筋沿圆直径等间距布置如图 6-8 所示，两端保护层厚度各为 25mm，试求每根钢筋的长度。

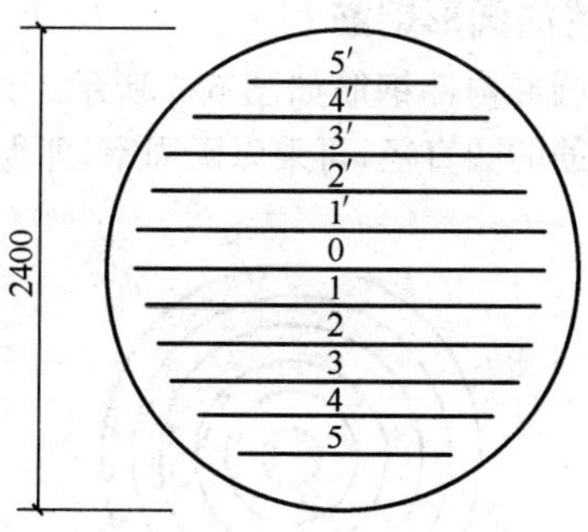

图 6-8　圆板钢筋布置

解：由图知配筋间距为双数，$n=11$。0 号钢筋长

$$l_0=2400\text{mm}-50\text{mm}=2350\text{mm}$$

1 号至 5 号钢筋长度，由式(6-6)求得：

1 号钢筋长度

$$\begin{aligned} l_1 &= a\sqrt{(n+1)^2-(2i)^2}-50 \\ &= \frac{2400}{11+1}\times\sqrt{(11+1)^2-(2\times1)^2}-50 \\ &= 2316(\text{mm}) \end{aligned}$$

2 号钢筋长度

$$\begin{aligned} l_2 &= 200\times\sqrt{(11+1)^2-(2\times2)^2}-50 \\ &= 2213(\text{mm}) \end{aligned}$$

3 号钢筋长度

$$\begin{aligned} l_3 &= 200\times\sqrt{(11+1)^2-(2\times3)^2}-50 \\ &= 2028(\text{mm}) \end{aligned}$$

4 号钢筋长度

$$\begin{aligned} l_4 &= 200\times\sqrt{(11+1)^2-(2\times4)^2}-50 \\ &= 1739(\text{mm}) \end{aligned}$$

5 号钢筋长度

$$l_5 = 200 \times \sqrt{(11+1)^2 - (2\times 5)^2} - 50$$
$$= 1277(\text{mm})$$

2. 按圆周布置的圆形钢筋

按圆周布置的圆形构件钢筋如图 6-9 所示。计算时，一般按比例方法先求出每根钢筋的圆直径，再乘以圆周率，即为圆形钢筋的下料长度。

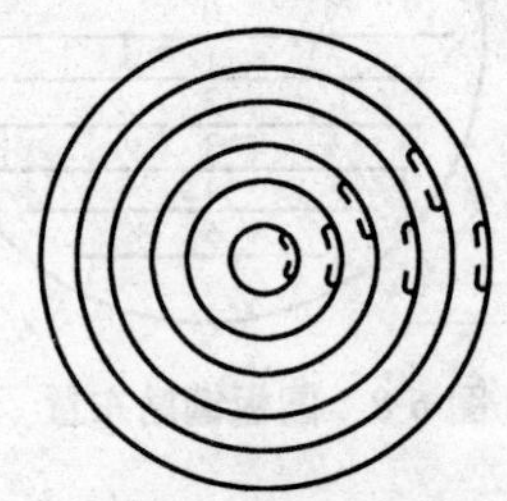

图 6-9 按圆周布置圆形构件钢筋计算简图

(四)圆形切块钢筋长度计算

圆形切块的形状如图 6-10 所示。缩尺钢筋是按等距均匀布置，成直线形，计算方法与圆形构件直线形配筋相同，先确定每根钢筋所在位置的弦与圆心间的距离(弦心距)C，弦长即可按下式计算：

$$l_0 = \sqrt{D^2 - 4C^2} \tag{6-8}$$

或

$$l_0 = 2\sqrt{R^2 - C^2} \tag{6-9}$$

弦长减去两端保护层厚度，即可求得钢筋长度 l_i

$$l_i = 2\sqrt{D^2 - 4C^2} - 2d \tag{6-10}$$

式中 l_0——圆形切块的弦长；

D——圆形切块的直径；

C——弦心距，即圆心至弦的垂线长；

R——圆形切块的半径。

例 6-8 钢筋混凝土圆形切块板，直径为 2.50m，钢筋布置如图 6-11所示，两端保护层厚各为 25mm，试求每根钢筋的长度。

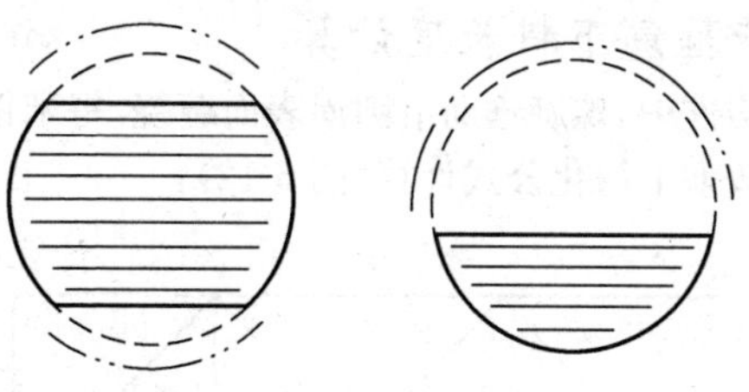

图 6-10　圆形切块的类型

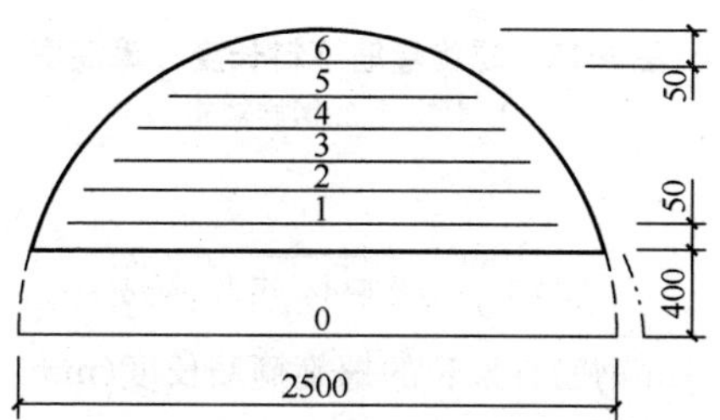

图 6-11　圆形切块板钢筋布置

解：每根钢筋之间的间距由图 6-11 计算得：

$$a=\frac{S}{n-1}=\frac{\frac{2500}{2}-50-50-400}{6-1}=150(\text{mm})$$

故弦心距 C_1、C_2、$C_3\cdots C_6$ 分别为 450mm、600mm、750mm、900mm、1050mm、1200mm，代入式(6-8)得各根钢筋的长度为：

$$\begin{aligned}l_1&=\sqrt{D^2-4C^2}-50\\&=\sqrt{2500^2-4\times450^2}-2\times25\\&=2282(\text{mm})\end{aligned}$$

$$l_2=\sqrt{2500^2-4\times600^2}-50=2143(\text{mm})$$

$$l_3=\sqrt{2500^2-4\times750^2}-50=1950(\text{mm})$$

$$l_4=\sqrt{2500^2-4\times900^2}-50=1685(\text{mm})$$

$$l_5=\sqrt{2500^2-4\times1050^2}-50=1306(\text{mm})$$

(五)螺旋箍筋下料长度计算

在圆柱形构件中,螺旋箍筋沿圆周表面缠绕,每米钢筋骨架长的螺旋箍筋长度可按如下简化公式计算(图 6-12):

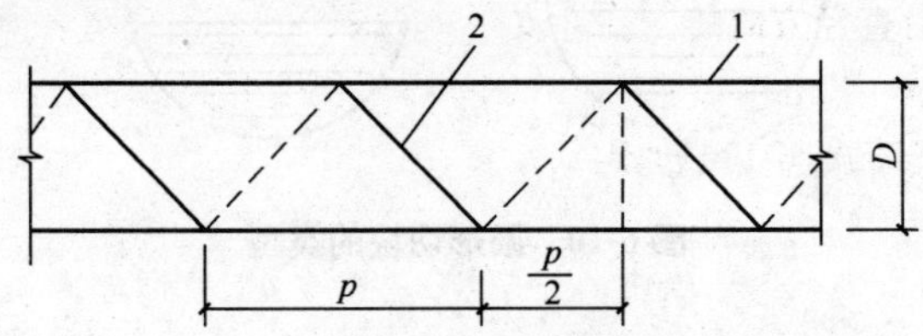

图 6-12 螺旋箍筋下料长度计算简图

1. 主筋 2. 螺旋箍筋

$$l=\frac{1000}{p}\sqrt{(\pi D)^2+p^2}+\frac{\pi d}{2} \tag{6-11}$$

式中 l——每 1m 钢筋骨架长的螺旋箍筋长度(mm);

π——圆周率,取 3.1416;

p——螺距(mm);

D——螺旋线的缠绕直径,可采用箍筋中心距,即主筋外皮距离加上箍筋直径(mm);

d——螺旋箍筋的直径(mm)。

螺栓箍筋的长度也可根据勾股弦定理按下式计算(图 6-13):

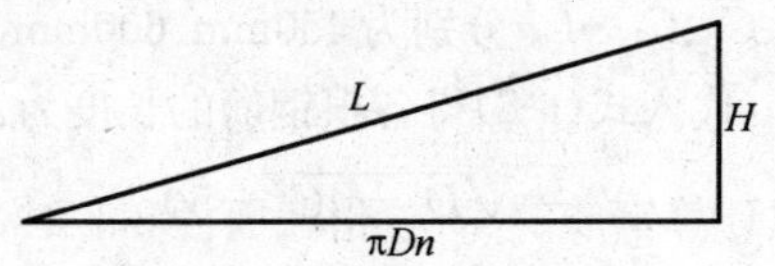

图 6-13 螺旋箍筋计算简图

$$L=\sqrt{H^2+(\pi Dn)^2} \tag{6-12}$$

式中 L——螺旋箍筋的长度;

H——螺旋线起点到终点的垂直高度;

n——螺旋线的缠绕圈数；

其他符号意义同前。

例 6-9 有一圆截面的钢筋混凝土圆柱，采用螺旋形箍筋，已知：钢筋骨架沿直径方向的主筋外皮距离为 290mm，钢筋直径 $d=10$mm，箍筋螺距 $p=90$mm，试求每 1m 钢筋骨架长度螺旋箍筋的下料长度。

解：按简式(6-11)计算：

$$l=\frac{1000}{p}\sqrt{(\pi D)^2+p^2}+\frac{\pi d}{2}$$

$$=\frac{1000}{90}\sqrt{(3.1416\times300)^2+90^2}+\frac{3.1416\times10}{2}$$

$$=10488(\text{mm})$$

按式(6-12)计算

$$l=\sqrt{H^2+(\pi Dn)^2}$$

$$=\sqrt{1000^2+(3.1416\times300\times\frac{1000}{90})^2}$$

$$=10520(\text{mm})$$

可见得到的结果相差不大，可忽略不计。

第二节 钢筋的面积、重量计算

一、钢筋的面积计算

钢筋的面积计算是常用的基本计算，钢筋的重量及承载力计算都与其面积的大小有关。面积表示一个平面的大小，工程中使用的钢筋都是圆形的，所以计算钢筋的面积(指截面面积)实际上即是计算圆的面积。即

$$A_s=\pi r^2 \text{ 或 } A_s=\frac{\pi d^2}{4}=0.785d^2 \qquad (6\text{-}13)$$

式中 A_s——面积；

π——圆周率，取 3.1416；

r——圆的半径；

d——圆的直径。

钢筋面积的单位以 cm^2 或 mm^2 表示。光圆钢筋和变形钢筋的截面面积计算是相同的，因为变形钢筋的凸出部分虽然直径较大，但凹进去的直径较小，所以规定一律以钢筋的直径计算即可。

例如直径为 18mm 的钢筋面积是：

$$A_s = 0.785 \times 1.8^2 = 2.54(cm)^2$$

除了按公式计算外，为了快捷查用，工程上常将各种不同钢筋直径的截面面积编制成表格，可以直接查用，表 6-3 为钢筋的计算截面面积及理论重量表。不同钢筋间距时每米板宽内的钢筋截面面积见表 6-4。

表 6-3 钢筋的计算截面面积及理论重量

直径 d(mm)	不同根数钢筋的计算截面面积(mm^2)									单根钢筋的理论重量(kg/m)
	1	2	3	4	5	6	7	8	9	
2.5	4.9	9.8	14.7	19.6	24.5	29.4	34.3	39.2	44.1	0.039
3	7.1	14.1	21.2	28.3	35.3	42.4	49.5	56.5	63.6	0.055
4	12.6	25.1	37.7	50.2	62.8	75.4	87.9	100.5	113	0.099
5	19.6	39	59	79	98	118	138	157	177	0.154
6※	28.3	57	85	113	142	170	198	226	255	0.222
8※	50.3	101	151	201	252	302	352	402	453	0.396
10※	78.5	157	236	314	393	471	550	628	707	0.617
12※	113.1	226	339	452	565	678	791	904	1017	0.888
14※	153.9	308	461	615	769	923	1017	1230	1387	1.208
16※	201.1	402	603	804	1005	1206	1407	1608	1809	1.578
18※	254.5	509	763	1017	1272	1526	1780	2036	2290	1.998
20※	314.2	628	941	1256	1570	1884	2200	2513	2827	2.466
22※	380.1	760	1140	1520	1900	2281	2661	3041	3421	2.984
24	452.4	904	1356	1808	2262	2714	3167	3619	4071	3.551
25※	490.9	982	1473	1964	2454	2945	3436	3927	4418	3.850
26	530.9	1062	1593	2124	2655	3186	3717	4247	4778	4.170
27	572.6	1144	1716	2291	2865	3435	4008	4580	5153	4.495
28※	615.3	1232	1847	2463	3079	3695	4310	4926	5542	4.830
30※	706.9	1413	2121	2827	3534	4241	4948	5655	6362	5.550
32※	804.3	1609	2418	3217	4021	4826	5630	6434	7238	6.310
34	907.9	1816	2724	3632	4540	5448	6355	7263	8171	7.130
35	962.0	1924	2886	3848	4810	5772	6734	7696	8658	7.500
36	1017.9	2036	3054	4072	5089	6107	7125	8143	9161	7.990
40	1256.1	2513	3770	5027	6283	7540	8796	10053	11310	9.865

注：表中带※号的直径钢筋为国内常规供货品种。

表 6-4　不同钢筋间距时每米板宽内的钢筋截面面积

钢筋	当钢筋直径(mm)为下列数值时的钢筋截面面积(mm²)													
间距	3	4	5	6	6/8	8	8/10	10	10/12	12	12/14	14	14/16	16
70	101.0	179	281	404	561	719	920	1121	1369	1616	1908	2199	2536	2872
75	94.3	167	262	377	524	671	859	1047	1277	1508	1780	2053	2367	2681
80	88.4	157	245	354	491	629	805	981	1198	1414	1669	1924	2218	2513
85	83.2	148	231	333	462	592	758	924	1127	1331	1571	1811	2088	2365
90	78.5	140	218	314	437	559	716	872	1064	1257	1484	1710	1972	2234
95	74.5	132	207	298	414	529	678	826	1008	1190	1405	1620	1868	2116
100	70.6	126	196	283	393	503	644	785	958	1131	1335	1539	1775	2011
110	64.2	114.0	178	257	357	457	585	714	871	1028	1214	1399	1614	1828
120	58.9	105.0	163	236	327	419	537	654	798	942	1112	1283	1480	1676
125	56.5	100.6	157	226	314	402	515	628	766	905	1068	1232	1420	1608
130	54.4	96.6	151	218	302	387	495	604	737	870	1027	1184	1366	1547
140	50.5	89.7	140	202	281	359	460	561	684	808	954	1100	1268	1436
150	47.1	83.8	131	189	262	335	429	523	639	754	890	1026	1183	1340
160	44.1	78.5	123	177	246	314	403	491	599	707	834	962	1110	1257
170	41.5	73.9	115	166	231	296	379	462	564	665	786	906	1044	1183
180	39.2	69.8	109	157	218	279	358	436	532	628	742	855	985	1117
190	37.2	66.1	103	149	207	265	339	413	504	595	702	810	934	1058
200	35.3	62.8	98.2	141	196	251	322	393	479	565	668	770	888	1005

例如直径为 18mm 的钢筋面积查表 6-3 先从第一列钢筋直径往下找到 18 处,然后水平往右看,对应 1 根的数值 254.5mm² 即为其截面积。查其他根数钢筋的截面积可依次类推。如果根数超过 10 根,可按 10 进位来算,例如,25 根直径为 ϕ12mm 的钢筋面积是多少?可依次查表 6-3 得:5 根的面积为 565mm²,20 根的面积为 2260mm²,因此,25 根钢筋的面积为

$$2260+565=2825(mm^2)$$

利用表 6-4 可查出每米板宽内不同钢筋间距、不同钢筋直径的截面面积。例如某板内每米配有直径为 6mm 的钢筋,间距 100,则在表 6-4的第一列找出 100,水平往右看,对应直径 6mm 处的面积 283mm²,

即为配有 ϕ6mm 间距 100 钢筋的板每米宽内的钢筋截面面积。

二、钢筋的重量计算

编制钢筋配料表和加工钢筋都要计算钢筋的重量。钢筋重量的计算方法是先算出钢筋的体积,再乘以钢筋的单位体积的重量。$1m^3$ 的钢筋重 7.85t(即 7850kg),则 $1cm^3$ 的钢筋重量为 0.00785kg。

根据钢筋的面积计算公式可知,1m 长钢筋的体积为:

$$0.785d^2 \times 100 = 78.5d^2 (cm)^3$$

而 $1cm^3$ 的钢筋重量为 0.00785kg,因此 1m 长钢筋的重量为

$$78.5d^2 \times 0.00785 = 0.616d^2 (kg) \quad (6\text{-}14)$$

即当钢筋直径以 cm 为单位时,则每米长钢筋的重量为 $0.616d^2$(kg)。

例如,每米 ϕ12mm 钢筋的重量按式(6-14)算出为

$$0.616 \times 1.2^2 = 0.89(kg)$$

为了方便使用,表 6-3 列出了每米单根钢筋的理论重量,使用时分别乘以已知的长度、根数即可求出所求钢筋的重量。例如,已知有 12 根 ϕ12mm 钢筋,每根 6m 长,则其总重查表 6-3 可得

$$0.888 \times 6 \times 12 = 63.936(kg)$$

第三节 钢 筋 配 料

钢筋配料就是根据施工图,分别计算出各种钢筋的下料长度和根数,填写配料表,申请加工。

一、计算原则及相关规定

(一)钢筋长度

结构施工图中所指钢筋长度是钢筋外缘至外缘之间的长度,即外包尺寸。

(二)混凝土保护层厚度

混凝土保护层厚度是指受力钢筋外边缘至混凝土构件表面的距离,计算钢筋的下料长度时,应扣除相应的混凝土保护层厚度,如设计

无要求时，混凝土保护层厚度应符合表 4-21 的规定。

(三)计算原则及相关规定

(1)为了增加钢筋与混凝土的锚固能力或由于受力的需要，其在端部或中部的适当部位要进行弯曲，而钢筋的下料长度与钢筋弯曲半径有关。

(2)在计算钢筋下料长度时，是以中心线为准的，而钢筋弯曲后，外边缘伸长，内边缘缩短(图 6-14)，而钢筋长度是指外包尺寸，因此，钢筋弯曲以后的钢筋长度(外包尺寸)比钢筋下料长度长，存在一个量度差值，称为"弯曲调整值"，在计算下料长度时应扣除。经计算，图 6-15 所示的各种弯折的弯曲调整值如表 6-5 所示。

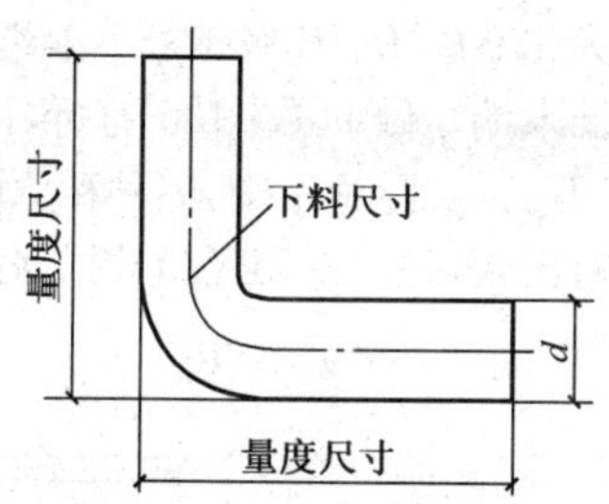

图 6-14　钢筋弯曲时的量度方法

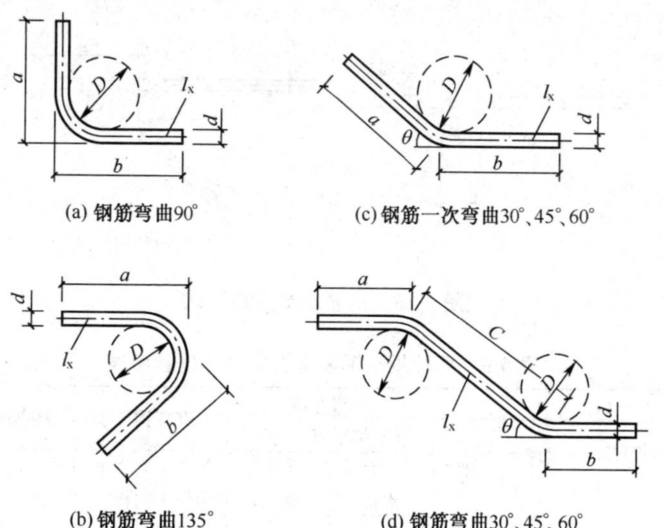

图 6-15　钢筋弯曲形式及弯曲调整值计算简图

a、b. 外包尺寸　l_x. 下料长度

表 6-5　弯曲调整值

钢筋弯曲角度	30°	45°	60°	90°	135°
钢筋弯曲调整值	0.35d	0.5d	0.85d	2d	2.5d

(3)钢筋的弯钩形式有三种：半圆弯钩、直弯钩及斜弯钩(图6-16)。光圆钢筋的弯钩增加长度：半圆弯钩为 6.25d，直弯钩为 3.5d，斜弯钩为 4.9d。II、III 级钢筋一般端部不设弯钩，但由于锚固长度的要求，钢筋末端需做 90°或 135°弯折，计算时可作为中间弯折，考虑弯曲调整值即可。实际施工中，因种种原因的限制，采用的弯钩增加长度与计算略有出入，往往采用经验数据，各种规格钢筋弯钩增加长度如表6-6所示。

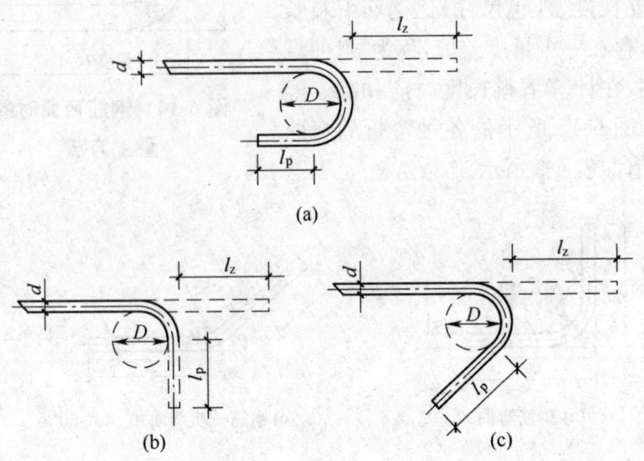

图 6-16　钢筋端部弯钩形式

表 6-6　各种规格钢筋弯钩增加长度参考表　　　　(mm)

钢筋直径	半圆弯钩		半圆弯钩(不带平直部分)		直弯钩		斜弯钩	
	1个钩长	2个钩长	1个钩长	2个钩长	1个钩长	2个钩长	1个钩长	2个钩长
6	40	75	20	40	35	70	75	150
8	50	100	25	50	45	90	95	190

续表 6-6

钢筋直径	半圆弯钩		半圆弯钩（不带平直部分）		直弯钩		斜弯钩	
	1个钩长	2个钩长	1个钩长	2个钩长	1个钩长	2个钩长	1个钩长	2个钩长
9	60	115	30	60	50	100	110	220
10	65	125	35	70	55	110	120	240
12	75	150	40	80	65	130	145	290
14	90	175	45	90	75	150	170	340
16	100	200	50	100				
18	115	225	60	120				
20	125	250	65	130				
22	140	275	70	140				
25	160	315	80	160				
28	175	350	85	190				
32	200	400	105	210				
36	225	450	115	230				

(4)为了简化箍筋的计算，计算时往往将箍筋的弯钩增加长度和弯曲调整值两项合并，称为箍筋调整值，如表 6-7 所示。查表时根据箍筋的外包尺寸或内包尺寸(图 6-17)确定。

表 6-7　箍筋调整值

箍筋量度方法	箍 筋 直 径(mm)			
	4～5	6	8	10～12
量外包尺寸	40	50	60	70
量内包尺寸	80	100	120	150～170

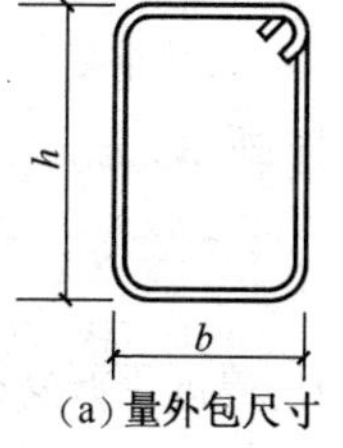

(a)量外包尺寸

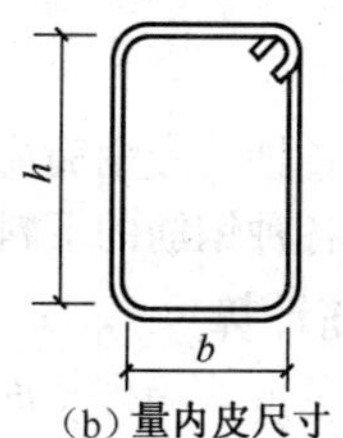

(b)量内皮尺寸

图 6-17　箍筋量度方法

二、钢筋下料长度计算公式

直钢筋下料长度＝构件长度－保护层厚度＋弯钩增加长度

弯起钢筋下料长度＝直段长度＋斜段长度－弯曲调整值＋弯钩增加长度

箍筋下料长度＝箍筋周长＋箍筋调整值

上述钢筋需要搭接时，还应增加钢筋搭接长度。

三、配料计算实例

例 6-10 现有一根矩形梁，配筋如图 6-18 所示，试计算图中各种钢筋的下料长度。梁的混凝土保护层厚度均取 25mm，弯起钢筋的弯起角度取 45°。

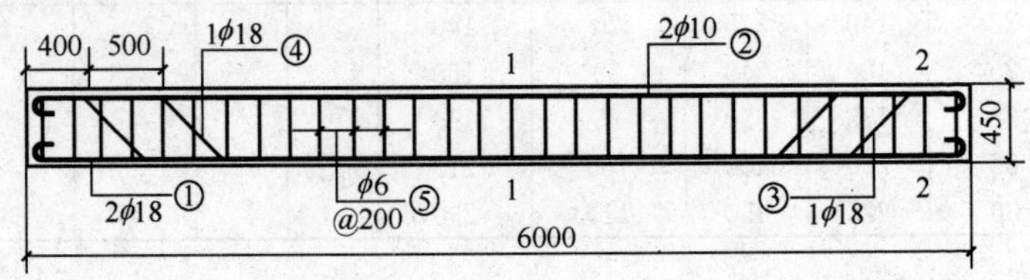

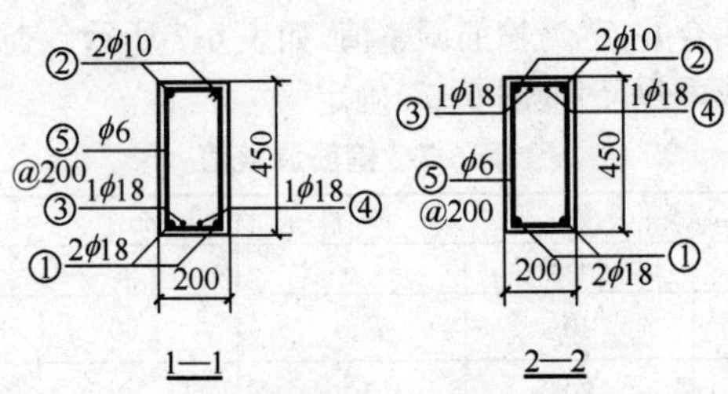

图 6-18 某教学楼 L_1 梁钢筋图

解：

(一)绘出各种编号钢筋简图，见图 6-19 所示。

(二)计算各种钢筋的下料长度

1. 直钢筋计算

钢筋下料长度＝构件长度－两端保护层厚度＋两端弯钩增加长度

①号受力钢筋下料长度为：

$$6000-2\times25+2\times6.25\times18=6175(\text{mm})$$

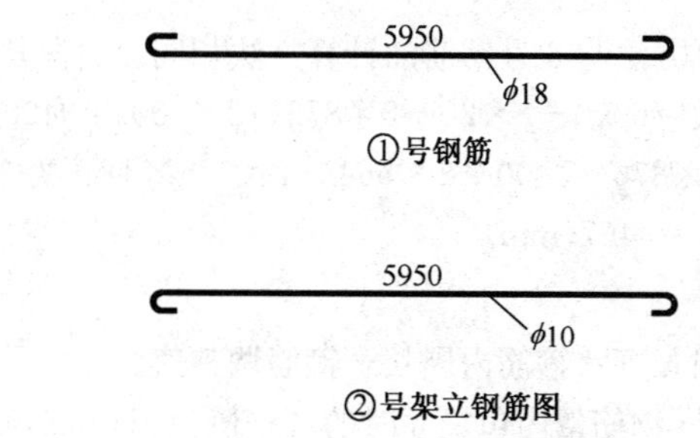

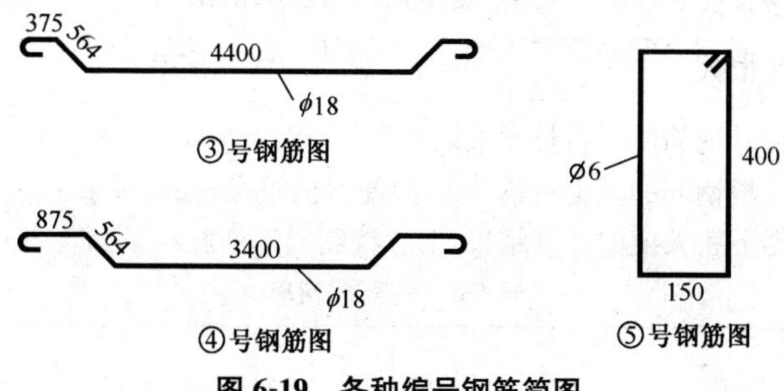

图 6-19　各种编号钢筋简图

②号架立钢筋下料长度为：

6000－2×25＋2×6.25×10 ＝6075(mm)

2. 弯起钢筋计算

钢筋下料长度＝直段长度＋斜段长度－弯曲调整值＋两端弯钩增加长度

③号弯起钢筋下料长度：

钢筋端部纵向平直段长＝400－25＝375(mm)。

中间直线段长＝6000－2×25－2×375－2×400＝4400(mm)

斜段长＝(梁高－2 倍保护层厚)×1.41 ＝(450－2×25)×1.41 ＝564(mm)

下料长度＝2×375＋4400＋2×564－4×0.5×18＋2×6.25×18 ＝6278－36＋225 ＝6467(mm)

④号弯起钢筋下料长度：

钢筋端部纵向平直段长＝900－25＝875(mm)。

斜段长的计算方法与3号钢筋的计算方法相同。斜段长564mm。

中间直线段长＝6000－2×25－2×875－2×400 ＝3400(mm)

下料长度＝2×875＋3400＋2×564－4×0.5×18＋2×6.25×18＝6278－36＋225 ＝6467(mm)

3. 箍筋计算

⑤号箍筋下料长度＝箍筋内周长＋箍筋调整值。

查表6-7知，$\phi 6$钢筋量内包尺寸时的调整值为100mm，则箍筋：

下料长度＝(400＋150)×2＋100＝1200(mm)

$$箍筋根数=\frac{配筋范围长度}{间距}+1=\frac{5950}{200}+1=31(根)$$

各编号钢筋的下料长度乘以总根数，得出各编号钢筋的总长度，然后乘以单根钢筋的理论重量(kg/m)便得出重量，据此可求出总重量。

根据下料长度的计算结果，汇总编制成钢筋配料单如表6-8所示。

表6-8　钢筋配料单

构件名称	钢筋编号	简　图	直径(mm)	钢号	下料长度(m)	单位根数	合计根数	重量(kg)
某教学楼 L_1 梁共5根	1	5 950	18	ϕ	6.18	2	10	123
	2	5 950	10	ϕ	6.08	2	10	37.5
	3	4 400 564 375	18	ϕ	6.47	1	5	64.7
	4	3 400 564 875	18	ϕ	6.47	1	5	64.7
	5	400 150	6	ϕ	1.2	31	155	41.3
备注	合计 $\phi 6$＝41.3kg；$\phi 10$＝37.5kg；$\phi 18$＝252.4kg							

注：单位根数是每一构件同一编号钢筋的根数，合计根数是一个单位工程中的总根数。

四、查表计算钢筋下料长度

为了简化钢筋配料计算，在实际工作中常将钢筋下料计算中遇到的数据绘制成计算图表，在进行配料计算时，只要知道钢筋的直段部分长，加上表格上的数值，即可得到各种钢筋的下料长度。表 6-9 是直线钢筋弯钩长度增加值，使用时先将构件长度减去保护层厚度得到钢筋的外包尺寸，加上表中对应钢筋直径的弯钩长度增加值即为该钢筋的下料长度。表 6-10 是圆柱每米高螺旋箍筋长度表，知道螺旋距和圆柱体直径就可以查出该圆柱每米高螺旋箍筋长度。表 6-11 中的调整值是弯起钢筋弯曲调整值和弯钩增加长度之和，求出弯起钢筋的直段长和斜段长的总和之后加上表中对应钢筋直径的调整值即为该弯起钢筋的下料长度。

表 6-9 直线钢筋弯钩长度增加值 (mm)

钢筋图形	钢筋直径															
	4	5	6	8	10	12	14	16	18	20	22	25	28	30	32	36
	50	63	75	100	125	150	175	200	225	250	275	313	350	375	400	450
	28	35	42	56	70	84	98	112	126	140	154	175	196	210	224	252

表 6-10 圆柱每米高螺旋箍筋长度表

螺旋距(mm)	圆柱体直径(mm)							
	200	250	300	350	400	450	500	550
	(cm)							
50	1011	1264	1579	1893	2200	2518	2833	3143
60	842	1053	1315	1577	1837	2098	2360	2619
80	632	795	912	1189	1384	1580	1776	1970
100	509	636	793	951	1007	1264	1421	1576
150	339	425	529	634	739	843	948	1051

注：圆柱保护层一律按 25mm 计。

例 6-11 试用查表的方法求例 6-10 中①～④钢筋的下料长度。

解：①号受力钢筋：查表 6-9 直径 18mm 的钢筋弯钩增加长度为 225mm，则下料长度为：

$$6000-2\times25+225=6175(\text{mm})$$

②号架立钢筋：查表 6-9 直径 10mm 的钢筋弯钩增加长度为 125mm，则下料长度为：

$$6000-2\times25+125=6075(\text{mm})$$

表6-11 弯起钢筋下料长度调整值 (mm)

钢筋图形	钢筋直径														
	6	8	10	12	14	16	18	20	22	25	28	30	32	34	36
 30°	72	96	120	144	168	192	216	240	263	300	336	360			
 60°			-34	-41	-48	-54	-61	-68	-75	-85	-95	-102	-109	-116	-122
 45°			84	126	147	168	189	210	231	263	294	315	336	357	378
 45°			-20	-24	-28	-32	-36	-40	-44	-50	-56	-60	-64	-68	-72
 60°			90	108	126	134	162	180	198	225	252	270	288	306	324
 45°			-40	-48	-56	-64	-72	-80	-88	-100	-112	-120	-128	-136	-144
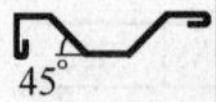 45°			85	102	119	136	153	170	187	212	238	255	272	289	306
 45°			-60	-72	-84	-96	-108	-120	-132	-150	-168	-180	-192	-204	-216
 60°			50	60	70	80	90	100	110	125	140	150	160	170	180
 60°			-74	-89	-104	-118	-133	-148	-163	-185	-207	-222	-237	-252	-266
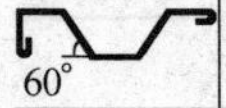 60°			70	84	98	112	126	140	154	175	196	210	224	238	252
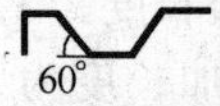 60°			-55	-66	-77	-88	-99	-110	-121	-138	-154	-165	-176	-187	-198
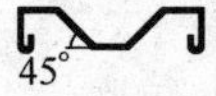 45°			65	78	91	104	117	130	143	163	182	195	208	221	234

③号弯起钢筋：直段长和斜段长的计算方法与例 6-10 相同，直段加斜段的总长为 6278mm，查表 6-11 先找到与③号弯起钢筋外形相同的钢筋图形为第一列的第三行，平行往右看与直径 18mm 的钢筋相对

应的下料长度调整值为 189mm,则

下料长度=6278+189=6467(mm)

④号弯起钢筋:按③号弯起钢筋的计算方法可求出

下料长度=6278+189=6467(mm)

可见与例 6-10 的计算结果相同。用查表的方法计算钢筋的下料长度快捷、方便,特别适合文化程度不高的工人使用。

提示:钢筋配料计算单是钢筋加工、签发工程任务单和限额领料的依据,如出现差错,造成的工程损失极大,所以计算前必须认真阅图,计算过程中要细致精确,计算后还应认真反复校对和复核。

第四节 钢筋代换计算

一、钢筋代换原则及方法

当现场钢筋的品种、级别或规格因种种原因需作变更时,应征得设计单位同意,并办理设计变更文件。

(一)钢筋代换的原则

(1)充分了解设计意图,遵守现行设计和施工规范的规定。

(2)对抗裂度要求高的构件,不宜用光面钢筋代替变形钢筋。

(3)代换后要符合配筋的构造要求(最小直径、间距、根数、配筋百分率、锚固长度、混凝土保护层厚度)。

(4)偏心受压或受拉构件钢筋代换时,应按不同的受力面分别代换,不得取整个截面配筋量计算。

(5)梁内纵向受力钢筋和弯起钢筋应分别代换,以保证正截面和斜截面强度。

(6)吊车梁等承受反复荷载作用的构件,必要时,应在代换后进行疲劳验算。

(7)钢筋代换除满足技术要求外,还应考虑材料的经济和加工操作的方便。

(8)代换后,其用量不应大于原设计用量的 5%,也不低于原设计用量的 2%。

(二)代换方法

1. 等强度代换

构件受强度条件控制时，钢筋可按强度相等原则进行代换。这种代换要求代换后钢筋的承载能力不小于原设计钢筋的承载能力，适用于不同钢筋强度等级之间钢筋的代换。

2. 等面积代换

当构件按最小配筋率配筋时，钢筋可按面积相等原则进行代换。这种代换要求代换后钢筋的总截面面积不小于原设计的钢筋总截面面积，适用于同钢筋强度等级，不同直径的钢筋间的代换。

二、钢筋代换图表

为了简化钢筋的代换工作，提高工作效率，现将在普通钢筋混凝土构件中常见品种的钢筋承载能力值列在表 6-12 中，根据最接近的数值即可查到可供代换的钢筋种类，求出其代换后的直径和根数。

表 6-12　钢筋承载能力值　　(kN)

钢筋规格	钢筋根数								
	1	2	3	4	5	6	7	8	9
Φ^{b}4 绑	3.14	6.28	9.42	12.57	15.71	18.85	21.99	25.13	28.27
Φ^{b}4 焊	4.02	8.04	12.06	16.08	20.11	24.13	28.15	32.17	36.19
Φ^{b}5 绑	4.91	9.82	14.73	19.63	24.54	29.45	34.36	39.27	44.18
Φ6	5.94	11.88	17.81	23.75	29.69	35.63	41.56	47.50	53.44
Φ^{b}5 焊	6.28	12.57	18.85	25.13	31.42	37.70	43.98	50.27	56.55
Φ8	10.56	21.11	31.67	42.22	52.78	63.33	73.89	84.45	95.00
Φ9	13.36	26.72	40.08	53.44	66.80	80.16	93.52	106.9	120.2
Φ̲8	15.58	31.16	46.75	62.33	71.91	93.49	109.1	124.7	140.2
Φ10	16.49	32.99	49.48	65.97	82.47	98.96	115.5	131.9	148.4
Φ12	23.75	47.50	71.25	95.00	118.8	142.5	166.3	190.0	213.8
Φ̲10	24.35	48.69	73.04	97.39	121.7	146.1	170.4	194.8	219.1
Φ̳10	26.70	53.41	80.11	106.8	133.5	160.2	186.9	213.6	240.3
Φ14	32.33	64.65	96.98	129.3	161.6	194.0	226.3	258.6	290.9
Φ̲12	35.06	70.12	105.2	140.2	175.3	210.4	245.4	280.5	315.5
Φ̳12	38.45	76.91	115.4	153.8	192.3	230.7	269.2	307.6	346.1
Φ16	42.22	84.45	126.7	168.9	211.1	253.3	295.6	337.8	380.0

续表 6-12

钢筋规格	钢筋根数								
	1	2	3	4	5	6	7	8	9
Φ̲14	47.72	95.44	143.2	190.9	238.6	286.3	334.0	381.8	429.5
Φ̳14	52.34	104.7	157.0	209.4	261.7	314.0	366.4	418.7	471.1
Φ18	53.44	106.9	160.3	213.8	267.2	320.6	374.1	427.5	480.9
Φ̲16	62.33	124.7	187.0	249.3	311.6	374.0	436.3	498.6	561.0
Φ20	65.97	131.9	197.9	263.9	329.9	395.8	461.8	527.8	593.8
Φ̳16	68.36	136.7	205.1	273.4	341.8	410.2	478.5	546.9	615.2
Φ̲18	78.79	157.8	236.7	315.5	394.4	473.3	552.2	631.1	710.0
Φ22	79.83	159.7	239.5	319.3	399.1	479.0	558.8	638.6	718.5
Φ̳18	86.52	173.0	259.6	346.1	432.6	519.1	605.6	692.2	778.7
Φ̲20	97.39	194.8	292.2	389.6	486.9	584.3	681.7	779.1	876.5
Φ25	103.1	206.2	309.3	412.3	515.4	618.5	721.6	824.7	927.8
Φ̳20	106.8	213.6	320.4	427.3	534.1	640.9	747.7	854.5	961.3
Φ̲22	117.8	235.7	353.5	471.4	589.2	707.0	824.9	942.7	1061
Φ̳22	129.2	258.5	387.7	517.0	646.2	775.5	904.7	1034	1163
Φ28	129.3	258.6	387.9	517.2	646.5	775.8	905.2	1034	1164
Φ̲25	152.2	304.3	456.5	608.7	760.9	913.0	1065	1217	1370
Φ̳25	166.9	333.8	500.7	667.6	834.5	1001	1168	1335	1502
Φ32	168.9	337.8	506.7	675.6	844.5	1013	1182	1351	1520
Φ̲28	178.6	357.1	535.7	714.3	892.8	1071	1250	1429	1607
Φ̳28	209.4	418.7	628.1	837.4	1047	1256	1465	1675	1884
Φ36	213.8	427.5	641.3	855.0	1069	1283	1496	1710	1924
Φ̲32	233.2	466.5	699.7	932.9	1166	1399	1633	1866	2099
Φ40	263.9	527.8	791.7	1056	1319	1583	1847	2111	2375
Φ̳32	273.4	546.9	820.3	1094	1367	1641	1914	2188	2461
Φ̲36	295.2	590.4	885.6	1181	1476	1771	2066	2361	2657
Φ̳36	346.1	692.2	1038	1384	1730	2076	2423	2769	3115

例 6-12　某主梁的主筋原设计为 2 根直径为 12mm 的Ⅱ级钢筋，现工地没有这种钢筋，经请示上级有关部门，可使用现场现有的Ⅰ级或Ⅱ级钢筋作适当的代换，求其代换后的直径和根数。

解：(1)查表 6-12 得原设计 2 根直径为 12mm 的Ⅱ级钢筋的承载能力为 70.12kN。

(2)查找表 6-12 中与此承载力相近的有 3 根直径为 12mm 的Ⅰ级钢筋(71.25kN)和 3 根直径为 10mm 的Ⅱ级钢筋(73.04kN)，这两种钢筋均可以采用。

提示：现场钢筋的品种、级别或规格关系到构件和结构的安全，一般钢筋工不得擅自进行钢筋代换，现场确实需要进行钢筋代换时，应请示有关技术负责人，接到明确的代换指令后方可按规定的代换方案进行代换。

第七章 钢 筋 加 工

第一节 钢筋的调直与除锈

一、钢筋的调直

现场钢筋调直分为人工调直、卷扬机调直和机械调直三种方法。

(一)人工调直

1. 盘条钢筋的人工调直

直径在10mm以下的盘条钢筋，在工程量极小时，可以用小锤在工作台上敲直。在工程量稍大一些的钢筋加工中，可用下列方法：

(1)导轮调直。如图7-1所示，操作时由1～2人在前边行边拉，钢筋通过旧拔丝模、辊轮和导轮的作用即可调直。

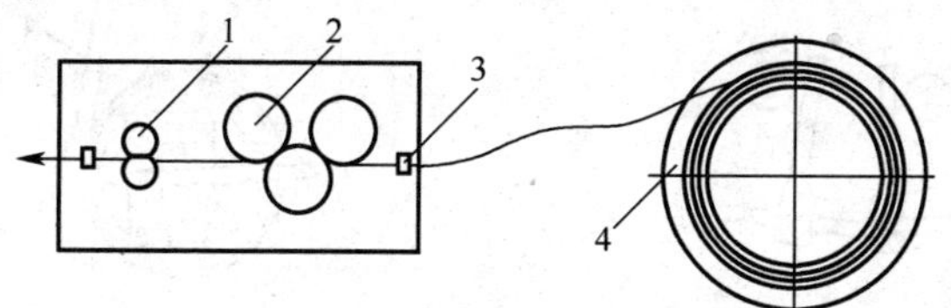

图7-1 导轮调直装置示意图

1. 导轮 2. 辊轮 3. 旧拔丝模 4. 盘条架

(2)蛇形管调直。如图7-2所示，与导轮调直的方法相同，人工拉动钢筋，可调直盘条钢筋。

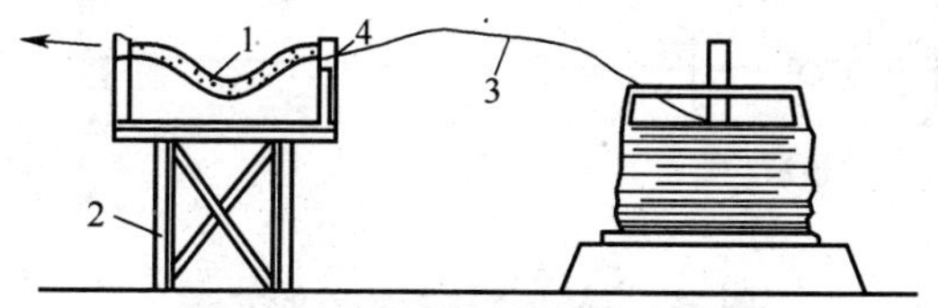

图7-2 蛇形管调直装置示意图

1. 蛇形管 2. 支架 3. 钢筋 4. 旧滚珠轴承

2. 粗钢筋的人工调直

直径在 10mm 以上的钢筋通常会出现一些慢弯,可以用人工在工作台上调直。常用的操作方法有:

(1)双扳法(图 7-3a)。操作时,将钢筋平放在工作台上,左手持①号横口扳子固定钢筋,右手持②号扳子按调直方向扳动扳子,将钢筋调直,可调直直径在 14mm 以下的钢筋。

(2)卡子法(图 7-3b)。将卡子固定在工作台上,操作时,助手将钢筋扶平并固定在卡子上,师傅扳动横口扳子将钢筋调直,常用来调直直径 18mm 以下的钢筋。

(3)卡盘法(图 7-3c)。将卡盘固定在工作台上,将钢筋放于扳柱之间,用横口扳子调直,因扳柱的距离比较灵活,不受钢筋直径的限制,常用来调直直径 30mm 以下的钢筋。

(4)调直器法(图 7-3d)。此法常用来调直粗大钢筋,操作时,将钢筋安放在调直器的两个弯钩上,对正调直点转动压力螺杆,利用螺杆的压力将钢筋调直。

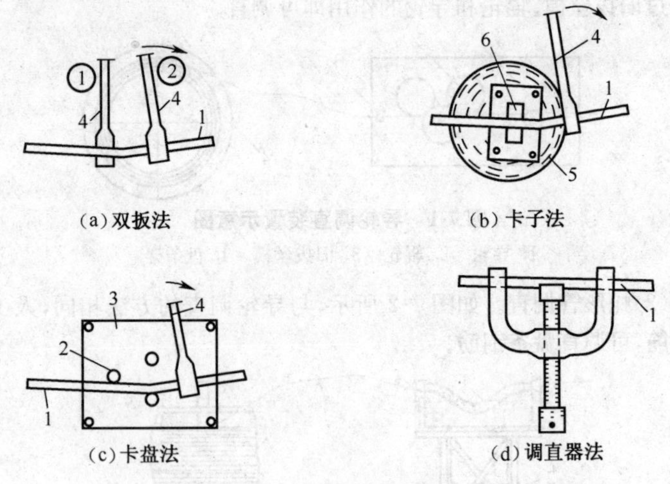

图 7-3 人工调直粗钢筋的方法

1. 钢筋 2. 扳柱 3. 卡盘 4. 横口扳子 5. 木桩 6. 卡子

3. 卷扬机调直

直径 10mm 以下的盘圆钢筋可采用卷扬机拉直，利用冷拉设备，可同时完成除锈、拉伸、调直三道工序。具体方法详见后面钢筋冷拉的有关内容。

4. 机械调直

钢筋调直剪切机（图 5-7）具有除锈、调直和切断三项功能，这三项工序能在操作中一次完成。调直机由调直、牵引、定长、切断几个部分组成，使用时首先要根据钢筋的直径选用调直模和传送压辊，操作时不要随意抬起传送压辊。盘圆钢筋要置于放圈架内，放置平稳、整齐，若有乱丝或钢筋脱落现象，应停车处理。调直机应设防护罩和挡板，以防钢筋伤人，加工至每盘钢筋末尾约 80cm 处应暂时停车，用长约 1m 的钢管套在钢筋的末端，手持钢管顶紧调直筒前端的导孔，再开车让钢筋尾端顺利通过调直筒。

二、钢筋除锈

钢筋表面的铁锈，根据锈蚀的程度分为黄褐色的水锈和红褐色陈锈。前者锈蚀较轻，可不予处理（必要时可用麻袋布擦拭）。后者锈蚀较重，会影响钢筋与混凝土之间的粘结，从而削弱钢筋与混凝土的共同受力，这种陈锈一定要清理干净。此外，还有一种老锈，在钢筋表面出现颗粒状或片状分离物，呈深褐色或黑色，有这种老锈的钢筋不能使用。

现场钢筋除锈分为钢筋加工时除锈、机械除锈、人工除锈、喷砂除锈和酸洗除锈五种方法。钢筋在冷拉、冷拔和调直的过程中，因为钢筋表面受到机械作用或截面面积发生变化，所以钢筋表面的铁锈多已脱落，这是一种最合理、最经济的除锈方法，也是目前用得最多的方法。

第二节　钢筋切断与弯曲成型

一、钢筋的切断

钢筋调直后，即可按钢筋的下料长度进行切断。钢筋切断前应有计划，精打细算，合理使用钢筋。首先应根据工地的实有材料，确定下料方案,长料长用,短料短用,使下脚料的长度最短,并确保品种、规格、尺寸、外形符合设计要求。切断时要先画线后切断,切断的下脚料可作为电焊接头的帮条或其他辅助短钢筋使用,力求减少钢筋的损耗。

(一)人工切断

断线钳、手压切断机、手动液压切断器等手工切断机具一般都没有固定的工作台,在操作的过程中只能采取临时的固定措施,经常可能发生位移。所以在操作时,要采取措施保证尺寸准确,如采用卡板作为控制尺寸的标志时,必须经常复核断料尺寸是否正确。特别是当切断量大时,更应加强检查,避免刀口和卡板间距发生移动,引起断料尺寸错误。

提示:人工切断一定要先在钢筋上逐根画线,并经检查确认正确无误后,方可按线切断,切忌下一根所谓"样板",其他钢筋按"样板"比划切断,这样不但易造成误差越来越大,而且一旦"样板"出问题,会造成批次产品报废。

(二)机械切断

(1)使用图 5-18 所示的曲柄连杆式切断机时,操作前必须检查切断机刀口,确认刀片无裂纹并将其正确安装,调整好切刀间隙,将刀架螺栓紧固;保证防护罩牢靠有效,加足各部分润滑油。起动后应空运转,确认各传动部分及轴承运转正常后,方可进行切断作业。

(2)使用图 5-19 所示的电动液压切断机时,操作前应检查油位及电动机旋转方向是否正确,确认正确后先松开放油阀,空载运转 2min 以排掉缸体内的空气,然后拧紧,并用手扳动钢筋给主刀以回程压力,即可进行正常工作。

(3)操作过程中,如发现钢筋有劈裂、缩头或严重的弯头必须切除;发现钢筋的硬度异常时,应及时向有关人员反映,查明情况提出处理意见。钢筋的切口不得有马蹄形或起弯现象。

(4)更换活塞油箱的液压油时,应先倒出全部污油,再清洗油箱,最后注入新液压油。

(5)切断机运行过程中,操作人员不得擅自离开工作岗位;严禁直接用手去清扫正在工作的刀片上的积屑、油污;发现机械运转不正常时,应立即停机进行清扫、检查或修理。

(6)操作完成后,应切断电源,用钢丝刷清除切刀间的杂物,进行整机清洁润滑。

提示:切断钢筋时,手与刀口的距离不得小于15cm,切断短料手握端小于40cm时,应用套管或夹具将钢筋短头压住或夹住,严禁用手直接送料。

二、钢筋弯曲成型

钢筋弯曲是钢筋加工的主要工序,它是将已切断、配好的钢筋,按照设计要求,加工成不同的形状尺寸,要求形状尺寸正确,平面无扭曲,是一项技术性较强的工作。

钢筋弯曲的方法有机械弯曲和手工弯曲两种。机械弯曲可以流水作业,精度高,质量好,特别适合大批量钢筋加工。施工现场缺少机械设备或加工量少、形状特殊的钢筋可以用人工弯曲。

(一)钢筋弯曲成型工艺流程

画线 → 放大样 → 试弯 → 弯曲成型 → 调整、验收

(二)操作要点

1. 画线

画线是根据料牌上标明的形状尺寸,用石笔将各弯曲点位置画在钢筋上,画线的方法步骤是:

(1)根据不同的弯曲角度扣除弯曲调整值(表6-5),其扣法是从相邻两段长度中各扣一半。

(2)钢筋端部带半圆弯钩时,该段长度画线时增加0.5d(d为钢筋直径)。

(3)画线工作宜从钢筋中线开始向两边进行,钢筋两边不对称时,也可从一端开始画线,如画到另一端,尺寸有出入时应加以调整。

(4)弯制形状比较简单或同一形状根数较多的钢筋,可以不在钢筋上画线,而在工作台上按各段尺寸要求,固定若干标志,按标志操作即可。

2. 放大样

形状较为复杂的钢筋应将弯曲角度在工作台上放出大样,作为弯曲的控制标志。

3. 试弯

钢筋画线后，即可试弯 1～2 根，以检查画线的结果是否符合设计要求。如不符合，应对弯曲顺序、画线、弯曲标志、扳距等进行调整再试弯，待试弯合格后方可成批弯制。

4. 弯曲成型

(1)手工弯曲成型。

①为了保证钢筋的弯制质量，操作时扳子不碰扳柱，扳子与扳柱之间应保持一定距离，可参考表 7-1 所列的数值来确定。使用手摇扳时不用考虑此尺寸。

表 7-1　扳子与扳柱之间的距离

弯曲角度	45°	90°	135°	180°
扳距	(1.5～2)d	(2.5～3)d	(3～3.5)d	(3.5～4)d

②扳距、弯曲点线和扳柱的关系如图 7-4 所示。即弯 90°以内的角度时，弯曲点线可与扳柱外缘持平；当弯 135°～180°角度时，弯曲点线距扳柱边缘的距离约为 1d。

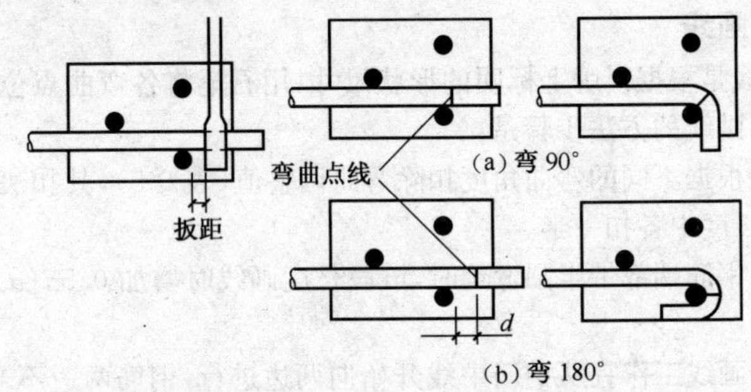

图 7-4　扳距、弯曲点线和扳柱的关系

③弯制钢筋时，起弯时用力要慢，结束时要平稳，防止弯过头或弯不到位。

(2)机械弯曲成型。

①钢筋在弯曲机上成型时(图 7-5)，心轴直径应是钢筋直径的 2.5～5.0 倍，成型轴宜加偏心轴套，以便适应不同钢筋直径的钢筋弯曲需要。

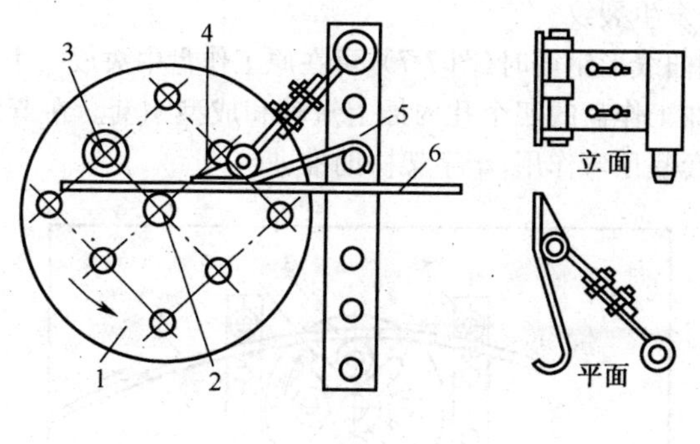

图 7-5　钢筋弯曲成型

1. 工作盘　2. 心轴　3. 成型轴　4. 可变挡架　5. 插座　6. 钢筋

②钢筋弯曲点线与心轴的关系如图 7-6 所示。弯 90°时，弯曲点线与心轴内边缘齐；弯 180°时，弯曲点线距心轴内边缘为 1.0～1.5d（钢筋硬时取大值）。

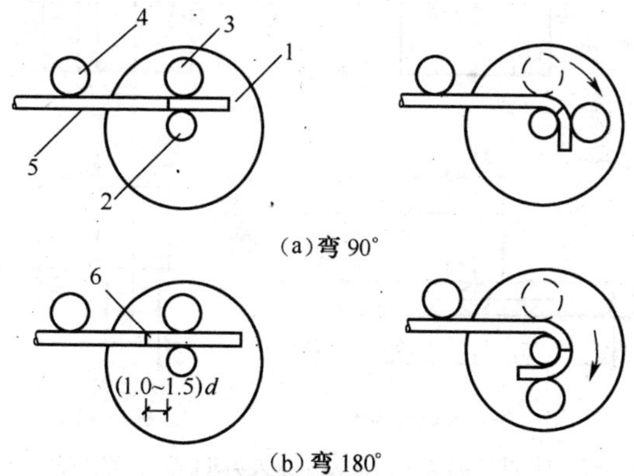

图 7-6　弯曲点线与心轴的关系

1. 工作盘　2. 心轴　3. 成型轴　4. 固定挡铁　5. 钢筋　6. 弯曲点线

③对 HRB335 与 HRB400 级钢筋，不得弯过头再弯过来，以免钢

筋弯曲点处发生裂纹。

④弯制曲线形钢筋时(图 7-7),可在原工作盘中央放一个十字架和钢套,另外在工作盘的四个孔内插上短轴和成型钢套。在弯曲的过程中,成型钢套起顶弯作用,十字架协助推进。

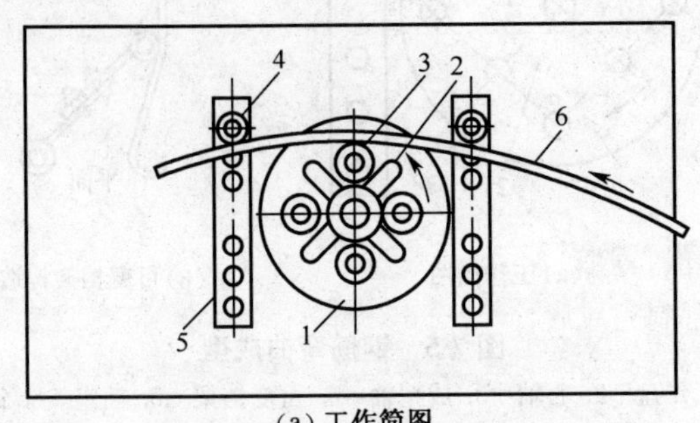

(a) 工作简图

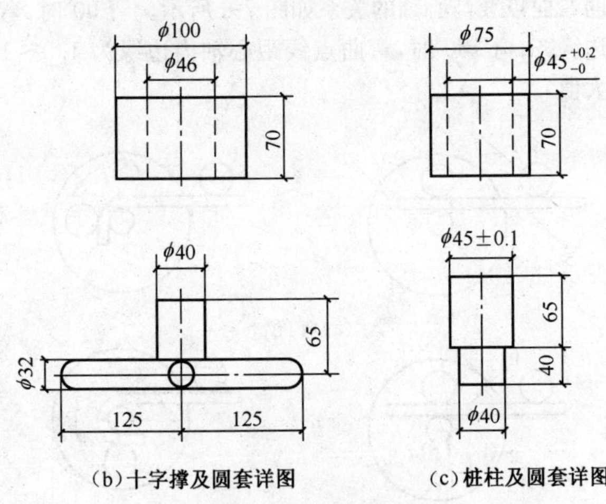

(b) 十字撑及圆套详图　　(c) 桩柱及圆套详图

图 7-7 曲线形钢筋成形

1. 工作盘 2. 十字撑及圆套 3. 桩柱及圆套 4. 挡轴圆套 5. 插座板 6. 钢筋

⑤螺旋形钢筋一般可用手摇卷筒成型(图 7-8)。

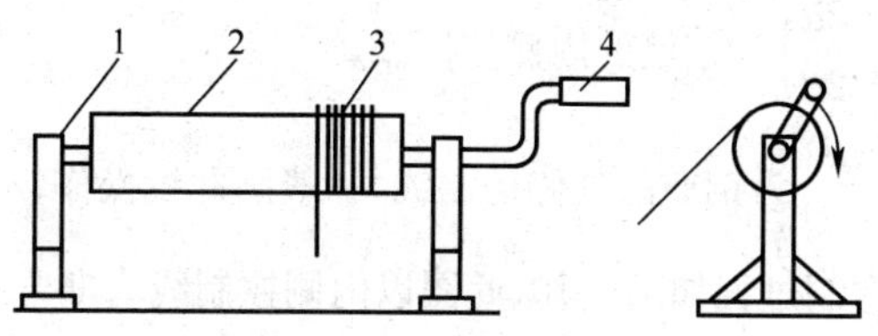

图 7-8 螺旋形钢筋成型

1. 支架 2. 卷筒 3. 钢筋 4. 摇把

5. 调整、验收

钢筋弯制完成后，应检查成型钢筋级别、规格和形状尺寸是否符合设计要求，如有不符，应及时调整更正。弯制好的钢筋应按不同的构件，按编号，分级别、规格挂牌堆放整齐。

三、典型钢筋弯曲成型

(一)手工弯曲(用手摇扳弯制)

1. 箍筋的弯制

操作前，首先在工作台上以拟弯扳柱为量度起点，在左侧工作台上标出钢筋的$\frac{1}{2}$长、箍筋长边和短边控制线三个标志(可分别在标志处钉上小钉)，控制线分控制内侧尺寸和外侧尺寸两种(图 7-9)，即

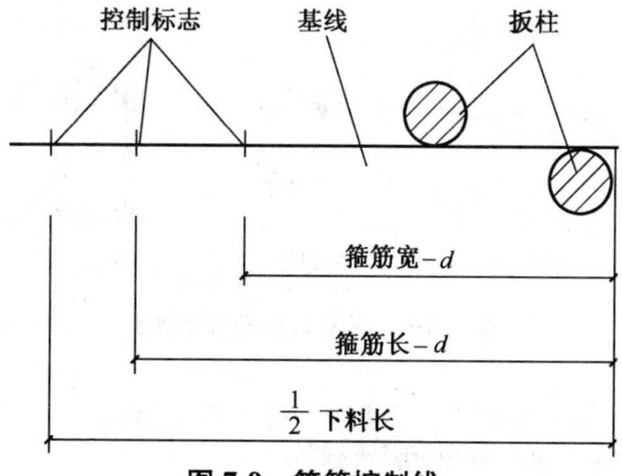

图 7-9 箍筋控制线

箍筋长$-2d$
箍筋宽$-2d$ 为钢筋的内侧控制线；

箍筋长$-d$
箍筋宽$-d$ 为钢筋的外侧控制线，一般画此线操作较方便。

箍筋的弯制过程如图 7-10（此图以内侧控制线为准弯制）所示分为五个步骤：

第 1 步，在钢筋的$\frac{1}{2}$处弯折 90°（标志与扳柱外侧齐平或略靠里）；

第 2 步，将弯曲后的钢筋逆时针转动 90°，钢筋的内缘紧靠左侧短边控制线弯折短边 90°；

第 3 步，将弯曲后的钢筋逆时针转动 90°，钢筋的内缘紧靠左侧长边控制线弯长边 135°弯钩；

第 4 步，将弯曲后的钢筋反转 180°，钢筋的内缘紧靠左侧长边控制线弯长边 90°弯折；

第 5 步，将弯曲后的钢筋逆时针转动 90°，钢筋的内缘紧靠左侧短边控制线弯短边 135°弯钩。

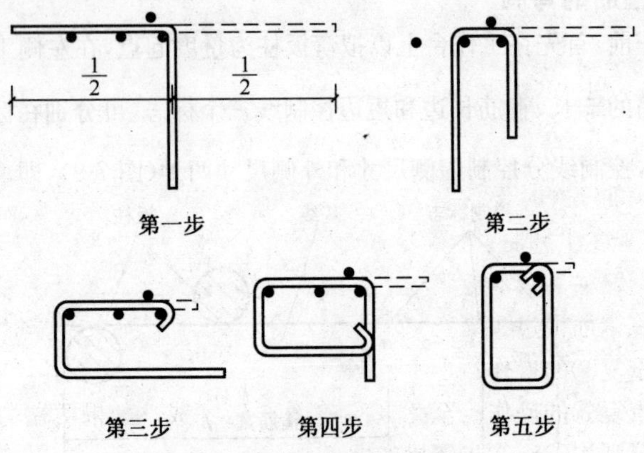

图 7-10　箍筋弯曲成型步骤

因为第 3、第 5 步的弯钩角度大，所以要比第 2、第 4 步操作时靠标志略松些，预留一些长度，以免箍筋不方正。

2. 弯起钢筋的弯制

弯起钢筋通常较长，故通常可在工作台的两端设置卡盘，分别在工作台的两端同时完成弯制作业，图 7-11 所示是典型的弯起钢筋，其弯制过程分下列几个步骤：

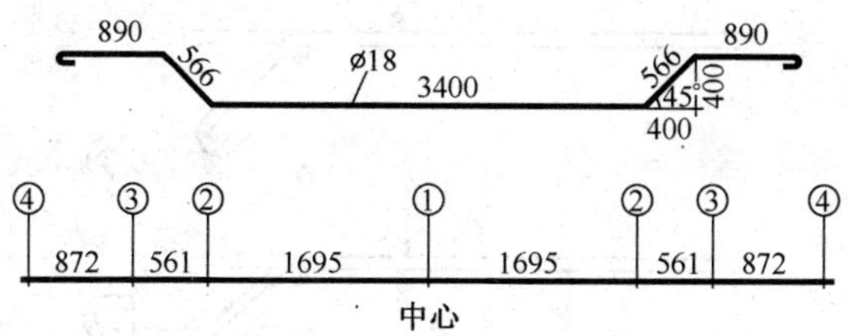

图 7-11 弯曲点画画线方法

(1)按上述画线的方法在钢筋上画好线(图 7-11)；

(2)在工作台上画出弯曲大样如图 7-12 所示，以控制弯曲角度；

(3)弯制过程分为以下六个步骤(图 7-13)：

①按第一个弯曲点线弯一端的 180°弯钩；

②钢筋往右移动至第二个弯曲点线按工作台上的大样弯曲，这时要注意平直，不得发生翘曲；

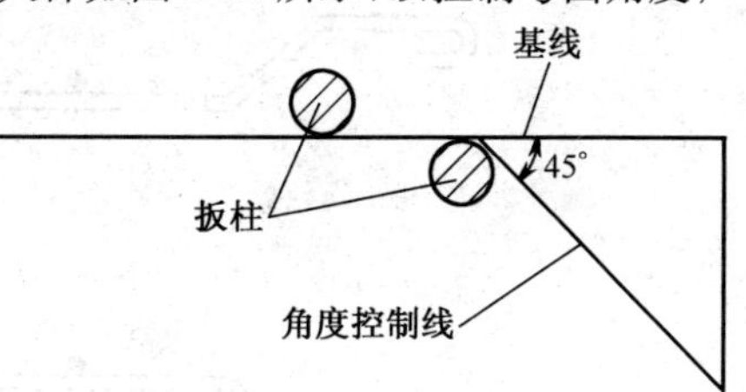

图 7-12 角度控制线

③钢筋往右移动至第三个弯曲点线按工作台上的大样反向弯曲；

④将钢筋掉过头来弯另一端的 180°弯钩；

⑤重复②的操作；

⑥重复③的操作。至此，弯制工作全部完成。如果两端均有卡盘，在两端分别按①～③步骤操作即可。

(4)调整。钢筋弯制完成后要放在工作台上，看其是否平整，形状是否符合设计要求，如有问题，应及时纠正。

当钢筋的形状比较复杂时，可预先在工程台上放出实样，再用扒钉将钢筋钉在工作台上，以控制各个弯转角，如图 7-14 所示。首先在钢

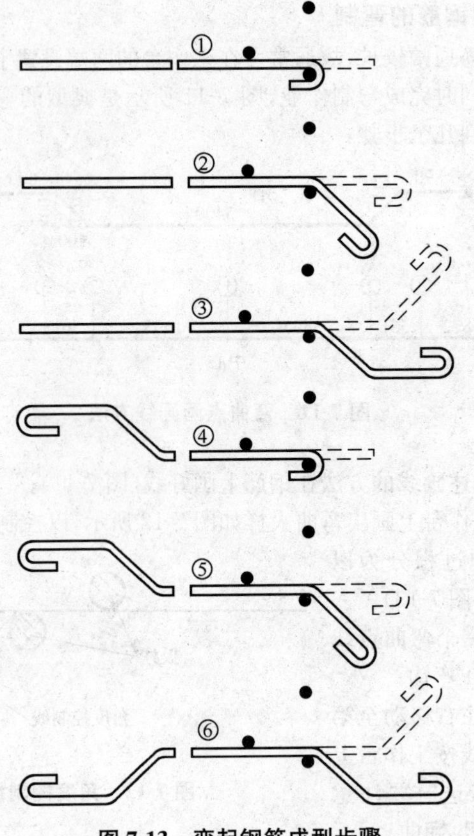

图 7-13　弯起钢筋成型步骤

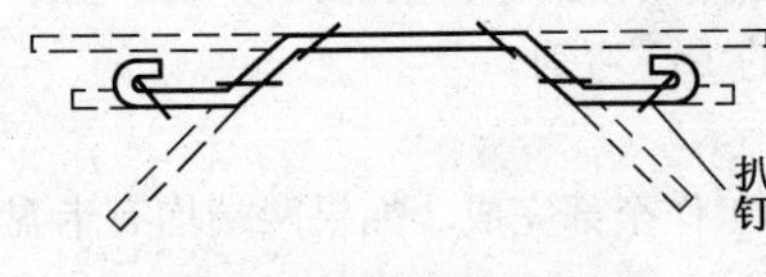

图 7-14　钢筋扒钉成型

筋中段弯曲处钉两个扒钉，弯第一对 45°弯；第二步在钢筋的上段弯曲处钉两个扒钉，弯第二对 45°弯；第三步在钢筋弯钩处钉两个扒钉，弯两对弯钩；最后起扒钉。

要诀：弯制钢筋时，扳子一定要托平，不能上下摆，以免弯制的钢筋产生翘曲。已发生翘曲的钢筋要及时逐个修整平整。

（二）机械弯曲成型

图 7-15 表示用机械弯曲柱子牛腿钢筋的步骤：

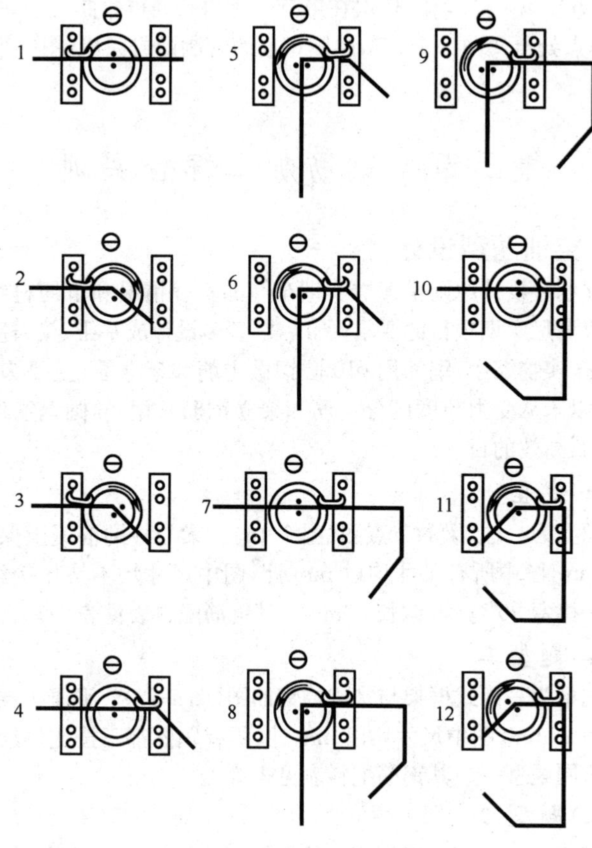

图 7-15　牛腿钢筋弯曲步骤

（1）根据钢筋的直径选择合适的转速和扳柱，画出钢筋弯曲点线，并放进扳柱间。将第一弯曲点与扳柱外缘持平（图中第 1 步）。

（2）开动机器，当弯曲盘将转至 45°时，立即关闭电源开关，靠弯曲盘的惯性转至 45°处（准确关机时间凭经验掌握，图中第 2～第 3 步）。

（3）利用颠倒开关使弯曲盘反向转至原来位置，并移动钢筋将第 2

个弯曲点置于扳柱的外缘(图中第 4 步)。

(4)弯曲 90°角(图中第 5～第 6 步)。

(5)重复以上的操作,依次在第三个弯曲点处再弯曲一个 90°,在第 4 个弯曲点处再弯曲一个 45°,牛腿钢筋的弯制即告完成(图中第 7～第 12 步)。

第三节 钢筋加工综合实训

一、实训题型设计

实训题型设计原则是考虑实训车间的实际情况和节约材料而定,基本上应满足实训项目的要求,所以,题型多设计成基础、梁、柱、板、墙的节点,按实物缩小,钢筋用 ϕ10 圆钢做主筋和架立筋(主要为了练习加工,所以未从受力角度区分主筋和架立钢筋),用 ϕ6 圆钢筋做箍筋,达到节约、高效的目的。

(一)题型一

该题型为一柱、梁的节点图(图 7-16)。梁与柱的混凝土保护层厚度为 25mm,图中所有尺寸均以 mm 计,图中尺寸均不按比例绘制,箍筋端部一律弯 90°弯钩,钩长 50mm。其钢筋配料表见表 7-2。

(二)题型二

该题型为一门式框架与基础的钢筋图(图 7-17)。混凝土保护层厚度一律为 25mm,图中尺寸均以 mm 计,所有题图都不按比例绘制。箍筋的要求同题型一。其钢筋配料表见表 7-3。

(三)题型三

该题型为一柱、梁、板的节点的钢筋图(图 7-18)。混凝土保护层厚度梁和板为 25mm,柱子为 35mm,所有题图均不按比例绘制,图中尺寸均以 mm 计。箍筋的要求同题型一。其钢筋配料表见表 7-4。

(四)题型四

该题型为一拱形框架与基础的钢筋图(图 7-19)。混凝土保护层厚度一律为 25mm,图中尺寸均以 mm 计,所有题图都不按比例绘制。箍筋的要求同题型一。其钢筋配料表见表 7-5。

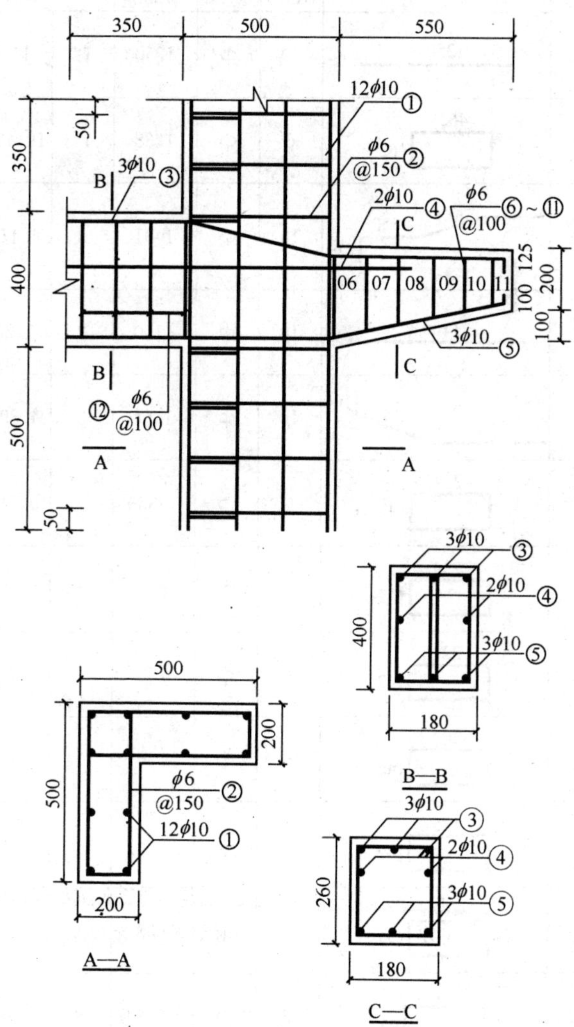

图 7-16　柱、梁钢筋节点图

表 7-2 题型一钢筋配料表

构件名称	钢筋编号	简图	直径(mm)	钢号	下料长度(mm)	根数	总长度(m)	总重(kg)
柱	①	1250	10	Φ	1250	12	15	9.26
	②	462 162	6	Φ	1288	14	19.43	4.31
梁	③	375 461 550 125	10	Φ	1491	3	4.47	2.76
	④	1100	10	Φ	1100	2	2.2	1.36
	⑤	825 559 100	10	Φ	1464	3	4.39	2.71
	⑥	257 142	6	Φ	838	1	0.84	0.19
	⑦	239 142	6	Φ	802	1	0.80	0.18
	⑧	221 142	6	Φ	766	1	0.77	0.17
	⑨	203 142	6	Φ	730	1	0.73	0.16
	⑩	195 142	6	Φ	694	1	0.69	0.15
	⑪	167 142	6	Φ	658	1	0.66	0.15
	⑫	362 92	6	Φ	948	8	7.58	1.68

注:表中箍筋简图上标的尺寸为外包尺寸。

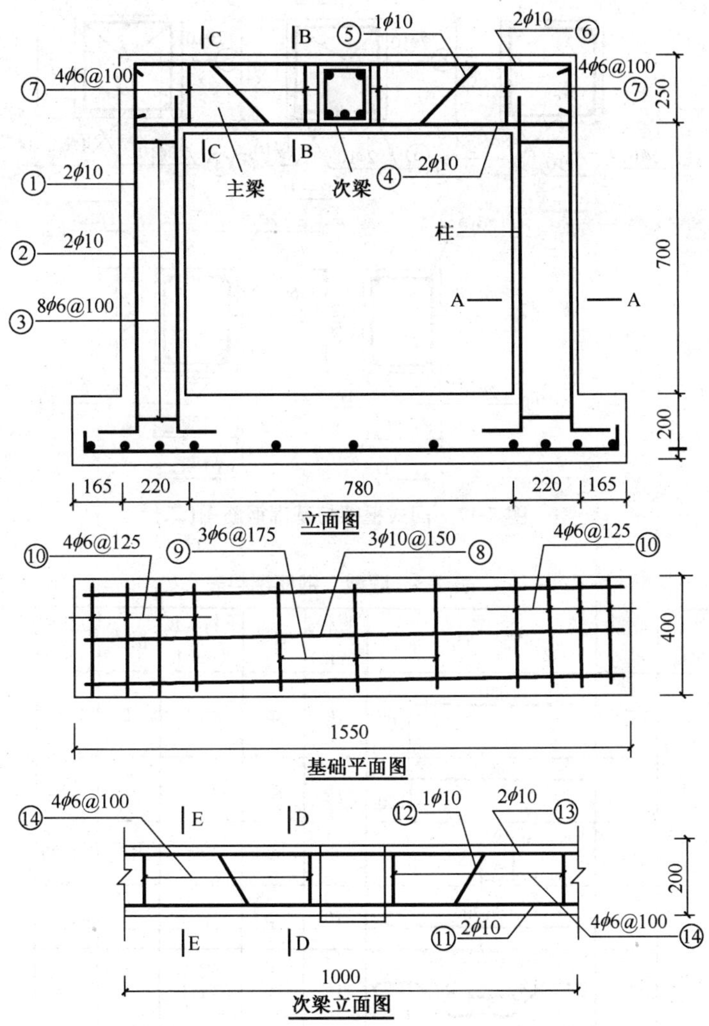

图 7-17 门式框架与基础钢筋图(一)

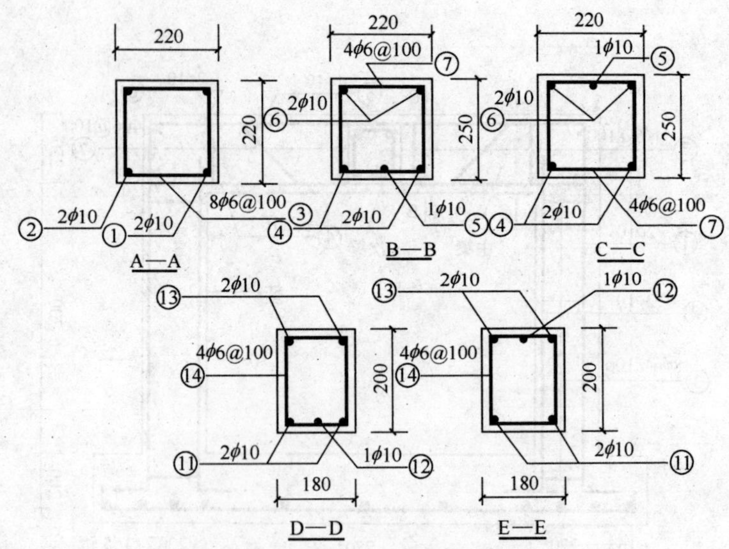

图 7-17 门式框架与基础钢筋图(二)

表 7-3 题型二钢筋配料表

构件名称	钢筋编号	简图	直径(mm)	钢号	下料长度(mm)	根数	总长度(m)	总重(kg)
柱	①	1080 100	10	中	1160	4	4.64	2.86
	②	900 100	10	中	980	4	3.92	2.42
	③	182 182	6	中	768	16	12.29	2.73
主梁	④	1170	10	中	1295	2	2.59	1.60
	⑤	150 283 470 283 150	10	中	1441	1	1.41	0.87
	⑥	1170	10	中	1295	2	2.59	1.60

续表 7-3

构件名称	钢筋编号	简图	直径(mm)	钢号	下料长度(mm)	根数	总长度(m)	总重(kg)
主梁	⑦	162, 212	6	Φ	788	8	6.30	1.40
基础	⑧	1500	10	Φ	1500	3	4.50	2.78
	⑨	350	6	Φ	350	3	1.05	0.23
	⑩	350	6	Φ	350	8	2.80	0.62
次梁	⑪	1000	10	Φ	1000	2	2.00	1.23
	⑫	100, 500, 100	10	Φ	680	1	0.68	0.42
	⑬	1000	10	Φ	1000	2	2.00	1.23
	⑭	142, 162	6	Φ	648	8	5.18	1.15

注：表中箍筋简图上标的尺寸为外包尺寸。

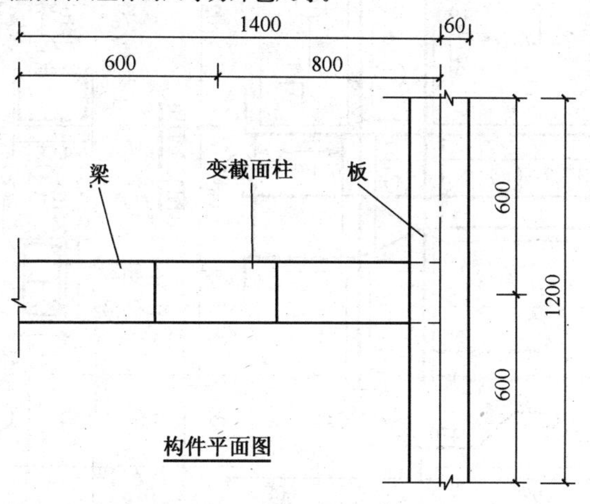

图 7-18　柱、梁、板节点钢筋图(一)

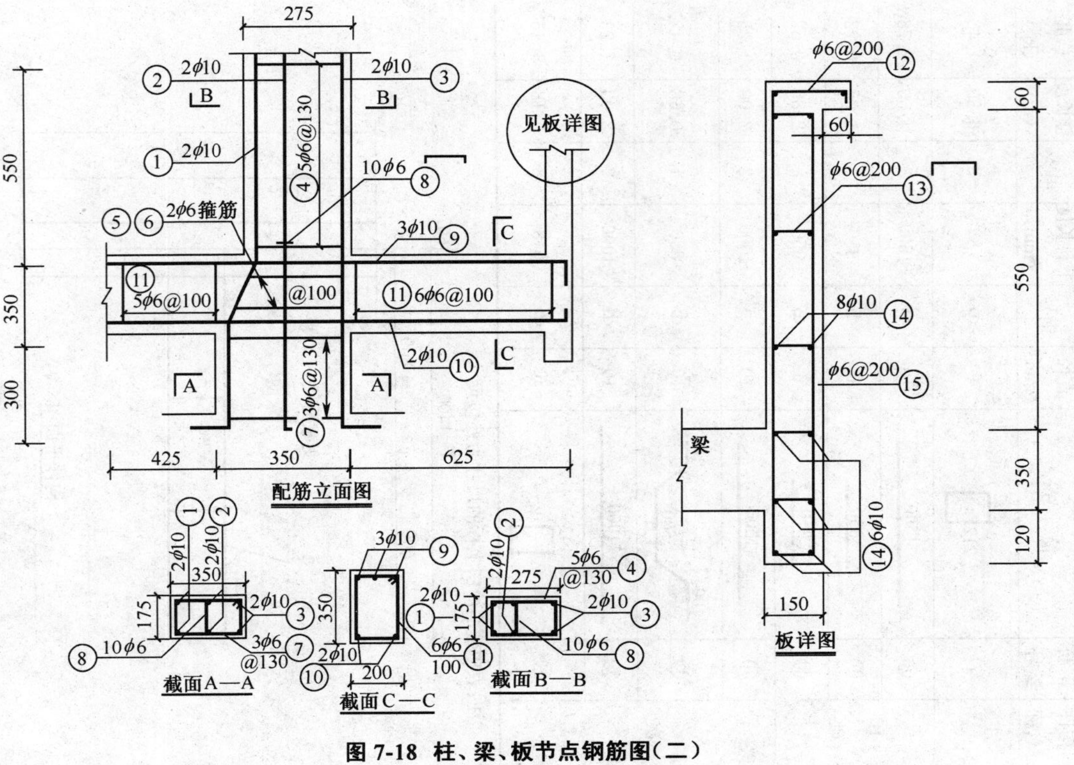

图 7-18　柱、梁、板节点钢筋图(二)

表 7-4　题型三钢筋配料表

构件名称	钢筋编号	简　图	直径(mm)	钢号	下料长度(mm)	根数	总长度(m)	总重(kg)
柱	①	575 309 75 300 325 100	10	ф	1279	2	2.56	1.58
	②	1200 100	10	ф	1280	2	2.56	1.58
	③	1200 120	10	ф	1300	2	2.60	1.60
	④	237 137	6	ф	788	5	3.94	0.87
	⑤	262 137	6	ф	838	1	0.84	0.19
	⑥	287 137	6	ф	888	1	0.89	0.20
	⑦	312 137	6	ф	938	3	0.94	0.21
	⑧	50 137 50	6	ф	213	10	2.13	0.47
梁	⑨	1400 150	10	ф	1530	3	4.59	2.83
	⑩	1400 100	10	ф	1480	2	2.96	1.83
	⑪	312 162	6	ф	988	11	10.87	2.41
板	⑫	100 420 1030 160 50	6	ф	1826	7	12.78	2.84
	⑬	50 100 50	6	ф	176	21	3.70	0.82
	⑭	1200	10	ф	1200	14	16.8	10.37
	⑮	500 100 50 50	6	ф	752	7	5.26	1.17

注：表中箍筋简图上标的尺寸为外包尺寸

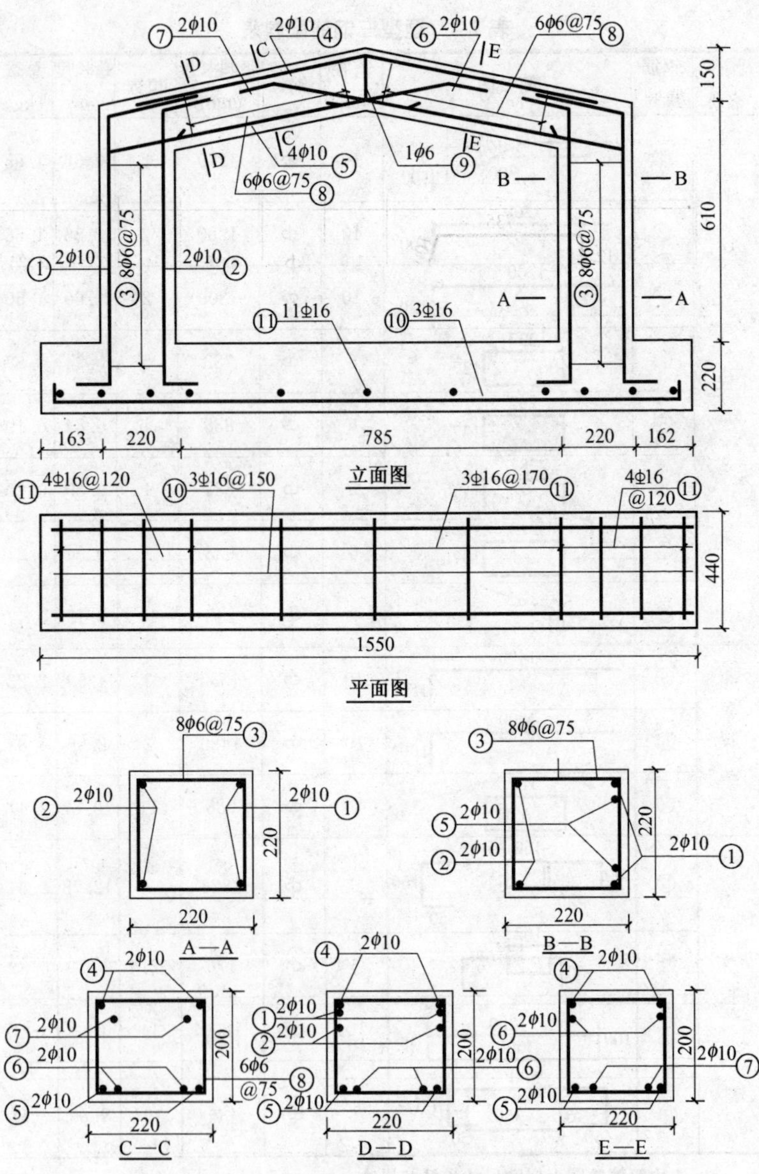

图 7-19 拱形框架与基础钢筋图

表 7-5　题型四钢筋配料表

构件名称	钢筋编号	简图	直径(mm)	钢号	下料长度(mm)	根数	总长度(m)	总重(kg)
柱	①	125　730　58　245	10	Φ	1075	4	4.3	2.65
	②	735　125　100　25	10	Φ	935	4	3.74	2.31
	③	182　182	6	Φ	768	16	1.38	3.40
曲梁	④	580　580　140	10	Φ	1160	2	2.31	1.43
	⑤	550　135　125	10	Φ	670	4	2.68	1.65
	⑥	125　30　650	10	Φ	770	2	1.54	0.95
	⑦	335　10　50　390　平面　30　650　160　立面	10	Φ	770	2	1.54	0.95
	⑧	162　162	6	Φ	688	12	8.26	1.83
	⑨	162　167	6	Φ	698	1	0.70	0.16
基础	⑩	100　1500　100	16	$\underline{\Phi}$	1636	3	4.91	7.75
	⑪	75　350　75	16	$\underline{\Phi}$	436	11	4.80	7.58

注：表中箍筋简图上标的尺寸为外包尺寸。

二、工具与材料

(一)工具

实操车间配备下列工具:

(1)钢筋加工台;

(2)手摇扳(6mm 和 10mm 两种);

(3)断线钳:可剪断直径 6～10mm 的钢筋;

(4)钢筋钩;

(5)盒尺、量角器及三角板等。

(二)材料

(1)圆钢:ϕ6 和 ϕ10 两种,长度每根 6m,数量按题型不同配备;

(2)画线用的石笔;

(3)绑线(直径 0.6～0.8mm);

(4)加工定位用的铁钉(长 40mm)。

三、实训要求

先用一天的时间看图,计算钢筋下料长度,编制钢筋配料表,讨论加工方案,然后到车间进行实训。由老师分配题型,第一次实训一个题型钢筋加工,应在四个小时内完成,往后的练习可以将已加工的钢筋调直,学生之间调换题型继续练习,逐步提高速度,直至 2 小时完成一个题型钢筋的加工任务。每个学生最好四个题型都练习到。

在实操期间应按现场要求,做好施工准备,文明施工,工完场清,并做好安全和劳动保护工作,避免出现工伤事故。

四、质量标准

参考《混凝土结构工程施工质量验收规范》制定实训的质量标准(表 7-6)。

表 7-6 质 量 标 准

序号	项 目	允许偏差	检 查 方 法
1	主筋加工质量		
	尺寸允许偏差	±10	用尺量
	弯点位移	±10	用尺量

续表 7-6

序号	项目	允许偏差	检查方法
2	平直度	±5	将加工好的钢筋放在工作台上，量钢筋与台面之间的空隙
	弯曲角度	±3°	用量角器测量
3	箍筋加工质量		
	尺寸允许偏差	±5	用尺量
	平直度	±5	将加工好的钢筋放在工作台上，量钢筋与台面之间的空隙
	方正度	±3°	用量角器测量

五、实训程序安排

（一）识图、计算钢筋下料长度，编制钢筋配料表

学生应将课题分解为构件，逐个构件识读钢筋的组成、规格、数量，计算钢筋下料长度，并编制钢筋配料表，时间为 1～2 天。

（二）钢筋加工

学生应事先做好加工的准备工作，工具和材料进入实操现场，分配好工位，然后统一时间开始进行加工操作。不同实操阶段应做好分工，明确完成时间和操作要求，每个学生都应独立完成四个题型的加工作业，并写好实操日记。

（三）质量自检和老师专检

课题完成之后，学生应按照评分标准，对所完成的产品进行质量自检，有问题的应及时加以修整。实习指导老师和工人师傅负责对每个产品进行质量专检，填写成绩评定表，确定学生的实操成绩。

六、示例 1

例 7-1　识读图 7-16 所示柱、梁的节点钢筋图，计算钢筋下料长度、编制钢筋配料表，详述手工加工各种钢筋的过程。

（一）钢筋识图

此题型由柱和梁组成，梁、柱的混凝土保护层厚为 25mm，各构件的钢筋组成、规格和数量分述如下：

1. 柱钢筋

柱为 L 型柱，其钢筋构成为：

(1)主筋:由12根ϕ10mm的①号Ⅰ级钢筋组成,箍筋的角部布置8根,其余4根均匀分布。

(2)次筋:柱上布置有7层箍筋,每层两个,共14个,与①号钢筋垂直布置,间距均为150mm。

2. 梁钢筋

(1)主筋:梁上主筋共三层,三种编号共8根,为ϕ10mmⅠ级钢筋,最上一层为3根③号弯起钢筋,中间一层为2根④号的直钢筋,最下一层为3根⑤号的弯起钢筋,其尺寸及大样见钢筋料表。

(2)次筋:梁的悬臂端有不等高的箍筋六种共6根,间距100mm,编号为⑥~⑪号的ϕ6mm圆钢筋;梁的左端有四排箍筋,每排两个,间距100mm,编号为⑫号的ϕ6mm圆钢筋。

(二)钢筋的配料计算

1. 柱钢筋

①号钢筋:从图中可以看出下料长度为1250mm,共12根。

②号箍筋:箍筋的内侧宽度＝结构截面宽－保护层厚度＝200－2×25＝150mm

箍筋的内侧高度＝500－2×25＝450mm,据此知箍筋的外包尺寸为162×462mm。设端部加工成90°弯钩,即每个箍筋弯曲了5次90°,每次的弯曲调整值为$2d$共$10d$。考虑到加工要求,设每个钩长为50mm。则②号箍筋的下料长度＝2×(162＋462＋50)－10×6＝1288mm。共14个。

2. 梁钢筋

③号钢筋:钢筋的大样如图7-20所示。斜段因弯折的角度不大,故可忽略弯曲调整值,端部90°弯钩的弯曲调整值为$2d$(d＝10mm)。

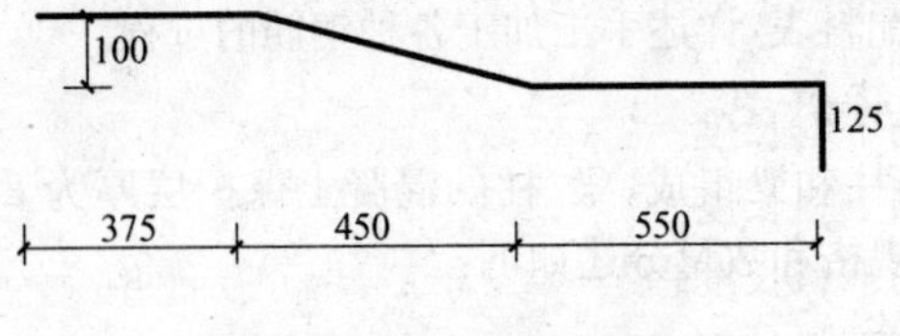

图7-20 ③号钢筋大样

斜段长$=\sqrt{100^2+450^2}=461$(mm)

下料长度$=375+461+550+125-2\times10=1491$(mm),共3根。

④号钢筋:为直钢筋,长1100mm,共2根。

⑤号钢筋:钢筋大样见图7-21,中间弯折忽略弯折量度差,端部弯折以90°弯折计。

斜段长$=\sqrt{100^2+550^2}=559$(mm)

下料长度$=825+559+100-2\times10=1464$(mm),共3根。

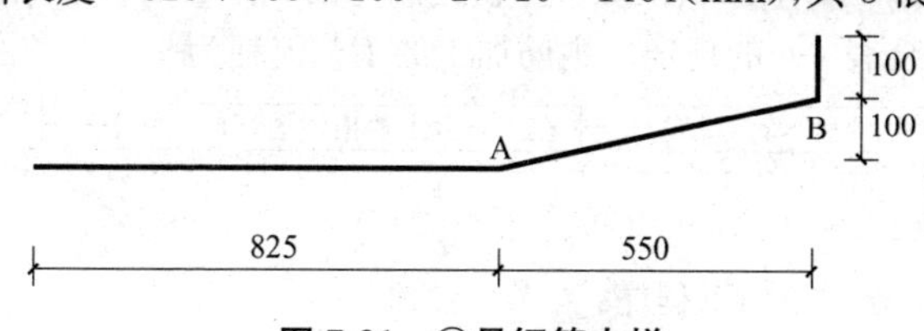

图7-21　⑤号钢筋大样

⑥号～⑪号箍筋:设⑥号钢筋位于柱的结构面处,则此处箍筋的高度可用比例求出:

$$\frac{100}{550}=\frac{x}{25}\qquad x=\frac{100\times25}{550}=5(\text{mm})$$

则⑥号钢筋内包尺寸的高$=250-5=245$(mm),宽为130mm。因为⑥号～⑪号箍筋的间距为100mm,其相邻箍筋的高差Δ为:

$$\frac{100}{550}=\frac{\Delta}{100}\qquad \Delta=\frac{100\times100}{550}=18(\text{mm})$$

由此可知,⑦号～⑪号箍筋的内包尺寸分别为(高×宽):227mm×130mm、209mm×130mm、191mm×130mm、173mm×130mm、155mm×130mm,⑦号～⑪号箍筋各一个。

根据②号箍筋下料长度的计算方法,可以求出⑥号～⑪号箍筋的下料长度分别为:

⑥号箍筋下料长度$=2\times(257+142+50)-10\times6=838$(mm)

⑦号箍筋下料长度$=2\times(239+142+50)-10\times6=802$(mm)

⑧号箍筋下料长度$=2\times(221+142+50)-10\times6=766$(mm)

⑨号箍筋下料长度$=2\times(203+142+50)-10\times6=730$(mm)

⑩号箍筋下料长度$=2\times(185+142+50)-10\times6=694$(mm)

⑪号箍筋下料长度＝2×(167＋142＋50)－10×6＝658(mm)

⑫号箍筋在截面上为双箍布置，经计算确定内包尺寸为 80×350(mm)，钩长仍设为 50mm，下料长度＝2×92＋2×362＋2×50－10×6＝ 948(mm)，共 8 根。

(三)加工实际操作

1. 主筋的加工

主筋加工要求形状正确、平直，钢筋弯曲成型后的各部尺寸的允许偏差应符合表 7-6 的规定。主筋加工的工艺流程为

在钢筋上画出弯点位置 → 在工作台上放出钢筋弯曲大样 → 弯曲成型 → 检查调整

(1)③号钢筋加工程序：

a. 在直钢筋上用石笔画出下料长度 1491mm 的标志，然后用断线钳按标志剪断，并在剪断的钢筋上画出弯点，因斜段的弯折角度不大，可忽略弯折量度差，端部应减去 d，据此可将各弯点画在钢筋上，如图 7-22所示。

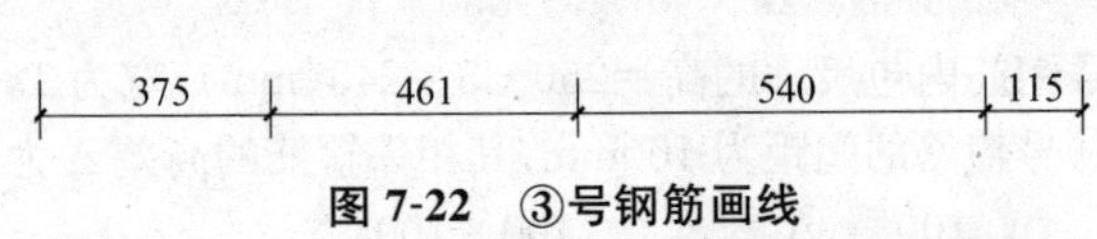

图 7-22　③号钢筋画线

b. 根据斜段的斜率在工作台上放出大样，如图 7-23 所示。放大样时，首先用一根笔直的 ϕ10mm 圆钢筋别在两个扳柱之间，沿钢筋的下边缘画一条直线，此即为基线。然后用方尺(直角三角板也可以)紧靠外扳柱轻画一线与基线相交即得作大样图的量度起点(基点)，往左量 450mm 画一点，用三角板过此点往下作一直角线并量 100mm 得另一点，将起点与终点连结所得的直线即为弯曲角度控制线。

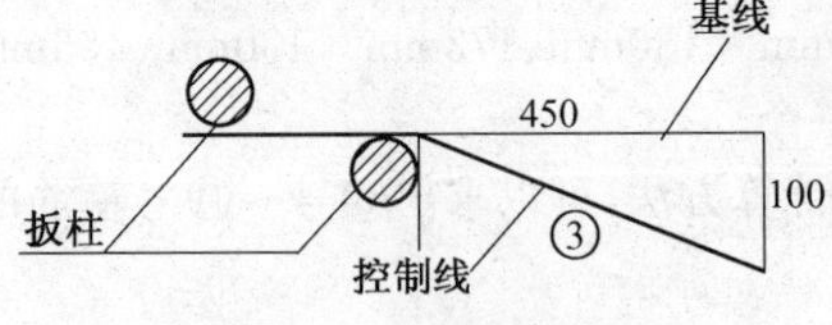

图 7-23　③号钢筋斜段大样

c. 左手将钢筋右侧第一个弯点与板柱的外侧持平，右手握手摇扳弯曲 90°。

d. 将已弯制第一个弯钩的钢筋翻转，弯钩朝上，第 2 个弯点与扳柱的外侧持平，然后用手摇扳弯曲至钢筋内侧面与控制线持平为止。

e. 翻转钢筋，将第 3 个弯点与扳柱的外侧持平，重复上一个步骤再弯一次。

f. 检查和调整。要求平直，角度准确，控制成型钢筋的总长偏差不超过±10mm，不合格者应调直重做。

(2)⑤号主筋加工程序：

a. 因斜段的弯折角度不大，可忽略弯折量度差，端部应减去 d，据此可将各弯点画在钢筋上，如图 7-24 所示。

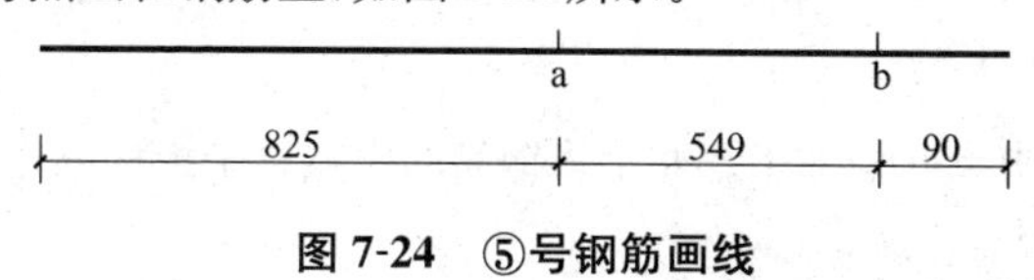

图 7-24 ⑤号钢筋画线

b. 根据斜段的斜率在工作台上放出大样，如图 7-25 所示。此钢筋有两处斜率不同的弯曲，为此用上述方法，先作基线、基点，然后从基点往右量 550mm 得 b 点，过此点往下作直角线并量 100mm 得 c 点，连结 bc 点即得 a 点的弯曲控制线。b 点的弯曲角为(90°$-\alpha$)，按比例缩小作图尺寸(受工作台宽度限制的话)过基点作直角线并量 275mm 得 d 点，过 d 点往右作直角线并量 50mm 得 e 点，连结 ae 即为钢筋 b 点的弯曲控制线。

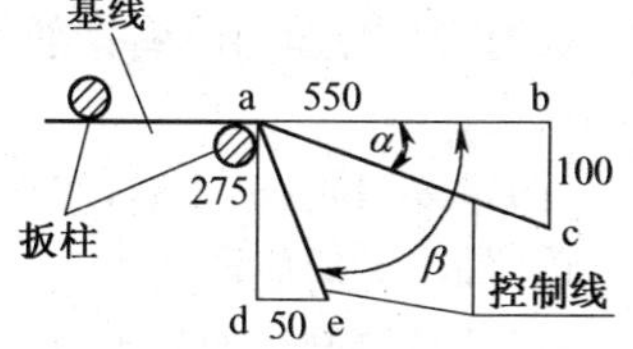

图 7-25 ⑤号钢筋放大样

c. 弯制时，左手握钢筋将 a 点置于扳柱边缘，右手用手摇扳弯 α 角(钢筋的下表面与控制线齐平)，接着将 b 点置于扳柱外缘弯 β 角即可。加工完后检查钢筋是否平整顺直，如有问题应及时修正。

2. 箍筋的加工

箍筋加工要求平直、方正，钩长相等，钩缝严密，成型箍筋的宽度和高度允许偏差不超过±5mm。

各编号箍筋的加工步骤为：

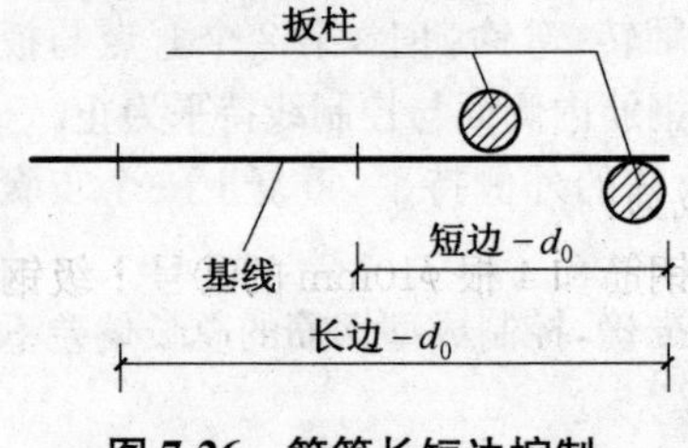

图 7-26　箍筋长短边控制

(1)按下料长度在原材料上画线，用断线钳剪断，并在剪断的钢筋上标出中点。

(2)在工作台上的左侧标出箍筋宽度和高度控制线，如图 7-26 所示，用以控制箍筋的外包尺寸(也可控制箍筋的内包尺寸)。加工时在控制线钉上小钉子。此题型的箍筋类型较多，可以画出尺寸最大的一个，然后在加工其他箍筋时按照相邻高度差移动钉子即可。

(3)从中点开始加工。左手将钢筋的中点置于扳柱的$\frac{1}{4}$直径处，右手扳动手摇扳开始弯制第一个 90°。

(4)左手将弯曲后的钢筋逆转 90°后将钢筋外侧紧靠工作台上左侧的宽度控制线，右手扳动手摇扳弯曲 90°。

(5)重复上述动作，将钢筋外侧紧靠工作台上左侧的高度控制线弯曲 90°。

(6)重复(4)、(5)步骤，直至最后完成箍筋的弯制。

(7)加工完后应调整平直方正，并检查尺寸是否符合要求，有问题时，可以调整控制线的位置，直至合格为止。

要诀：无论画弯曲大样和箍筋的宽、高控制线，其精确度决定于能否画好基线和基点。正确的方法是取一根笔直的钢筋别在两个扳柱之间，沿着钢筋的下边缘画一条直线，此线即为正确的基线，随后用直角三角板紧靠扳柱外侧画一直线与基线相交的交点即为基点，基点是量度尺寸的起点。放样和量尺寸均应在此基线和基点上进行，否则会造成误差。

七、示例 2

例 7-2　试述图 7-19 中各主筋的加工过程(混凝土保护层厚一律为 25mm)。

(一)钢筋识图

此题型由基础、柱和曲梁组成,各构件的钢筋组成、规格和数量分述如下:

1. 柱钢筋

柱为方形柱,共 2 根,其钢筋构成为:

(1)主筋:由 4 根 ϕ10mm 的①号钢筋和 4 根 ϕ10mm 的②号Ⅰ级钢筋组成,每根柱子各配有 2 根①号钢筋和 2 根②号钢筋,①号钢筋布置在柱的外侧,②号钢筋布置在柱的内侧。

(2)次筋:柱上布置有 8 层③号箍筋,每层 1 个,共 16 个,与①、②号钢筋垂直布置,间距均为 75mm。

2. 曲梁钢筋

(1)主筋:梁上主筋共四种编号,为 ϕ10mmⅠ级钢筋,最上一层为 2 根④号弯起钢筋,曲梁下部左侧为 2 根⑤号、2 根⑥号钢筋,曲梁下部右侧为 2 根⑤号、2 根⑦号钢筋,这里要特别注意⑦号钢筋比较特殊,在平面方向,为了避免与⑥号钢筋碰撞,所以在与⑥号钢筋交叉处作了平面弯曲处理。各种主筋尺寸及大样见钢筋配料表。

(2)次筋:曲梁上布置有 12 根⑧号箍筋,与主筋垂直布置,间距均为 75mm。⑨号箍筋是位于曲梁顶部的箍筋,只有一根。

3. 基础钢筋

基础钢筋由⑩号钢筋和⑪号钢筋形成钢筋网片,⑩号钢筋共 3 根,⑪号钢筋共 11 根,均为Ⅱ级钢筋。具体间距参看平面图。

(二)钢筋的配料计算

钢筋的配料计算方法与例 7-1 基本上相同,计算过程不再列出,计算结果见表 7-5。

(三)加工实际操作

1. 主筋的加工

(1)①号、②号、⑤号主筋加工:①号、②号、⑤号主筋的大样如图 7-27所示,其弯曲角经计算为:

①号钢筋:一端为 90°,另一端弯曲角度 $\sin\alpha=\frac{58}{245}=0.2367$,$\alpha=$

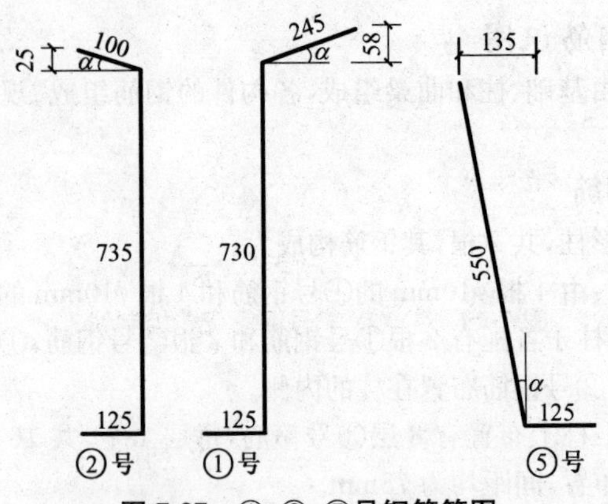

图 7-27　①、②、⑤号钢筋简图

13.69°。

②号钢筋：一端为 90°，另一端弯曲角度 $\sin\alpha=\frac{25}{100}=0.25$，$\alpha=14.48°$。

⑤号钢筋：弯曲角度为 $\sin\alpha=\frac{135}{550}=0.245$，$\alpha=14.21°$。

经计算可见三种钢筋小于 90°的弯曲角（$90°-\alpha$）是大致相等的，取 $\alpha=14.48°$。故而这三种钢筋的加工程序为：

a. 在下好的直钢筋上画出各弯点标志如图 7-28 所示。

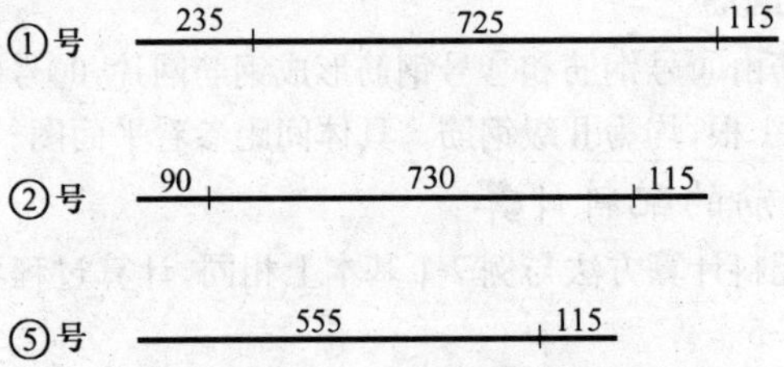

①号　235　725　115

②号　90　730　115

⑤号　555　115

图 7-28　①、②、⑤号钢筋画线

b. 在工作台上划出弯曲大样，如图 7-29 所示。

c. ①号、②号先弯制一端的 90°，然后掉头按弯曲控制线弯制另一端，此时要注意两种钢筋的弯制方向不同，避免弯错方向造成返工。⑤号钢筋按弯曲控制线弯制一次即完成。

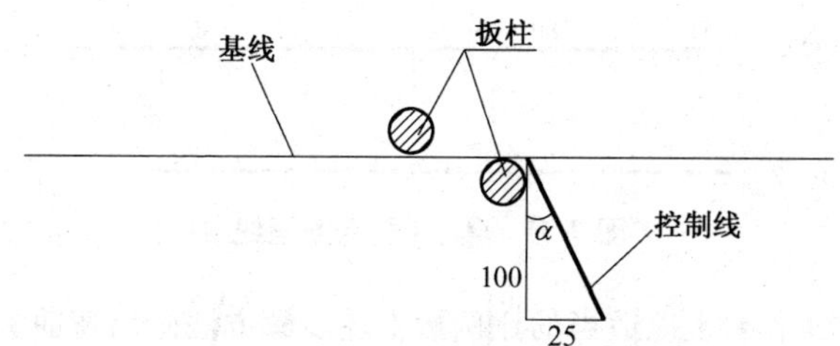

图 7-29　①、②、⑤号钢筋弯曲控制线

d. 钢筋加工完成后，要放在工作台上检查一下钢筋的平直度，如果钢筋有扭曲现象，应逐个加以纠正，否则将影响钢筋的绑扎与安装。

e. 最后要按质量标准要求检查钢筋的尺寸、形状和允许偏差。

(2)④号、⑥号钢筋主筋加工：④号、⑥号钢筋的大样如图 7-30 所示。从图中可以看出④号钢筋的弯曲角 $\alpha=2\alpha_1$，而 $\sin\alpha_1=\frac{140}{580}=0.2414$，$\alpha_1=14°$，即 $\alpha=2\alpha_1=28°$。而⑥号钢筋的弯曲角 $\sin\alpha=\frac{2\times30}{125}=0.48$，$\alpha=28°$，可见两种钢筋的弯曲角度是相同的，故而这二种钢筋的加工程序为：

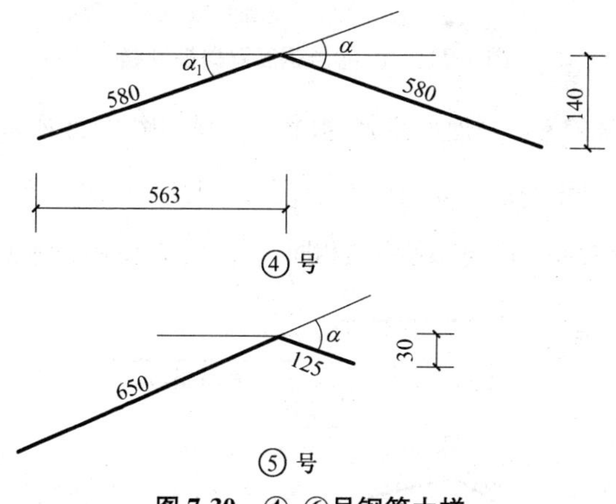

图 7-30　④、⑥号钢筋大样

a. 在下好的直钢筋上画出各弯点标志，如图 7-31 所示。

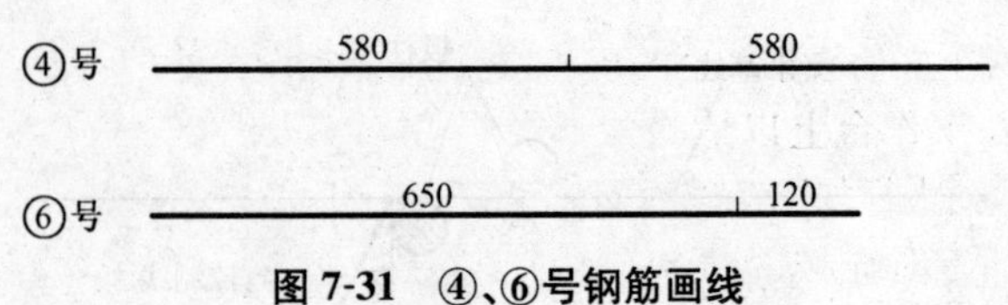

图 7-31 ④、⑥号钢筋画线

b. 在工作台上以适当的比例按上述步骤方法画出弯曲大样如图7-32所示。

c. 左手将④号、⑥号钢筋的弯点位于扳柱的外缘齐平处，右手握手摇扳弯制钢筋至弯曲控制线持平即可。

d. 钢筋加工完成后，要放在工作台上检查一下钢筋的平直度，如果钢筋有扭曲现象，要根据扭曲的部位和方法，采取相应的方法逐个加以纠正，以免影响钢筋的绑扎与安装。

e. 最后要按质量标准要求检查钢筋的尺寸、形状和允许偏差。

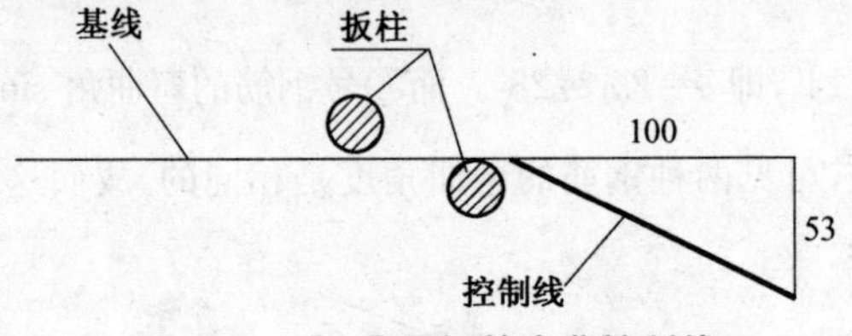

图 7-32 ④、⑥号钢筋弯曲控制线

(3)⑦号钢筋主筋加工：⑦号钢筋的大样如图 7-33 所示。从图中可以看出⑦号钢筋的弯曲比较复杂，平面方向弯二次 α 角，$\sin\alpha=\frac{10}{50}$；立面方向的弯曲角度与⑥号钢筋相同。故而⑦号钢筋的加工程序为：

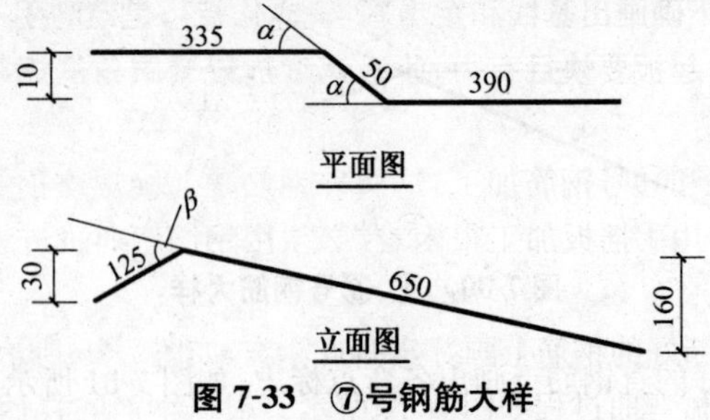

图 7-33 ⑦号钢筋大样

a. 在下好的直钢筋上画出各弯点标志，如图 7-34 所示。

b. 在工作台上以适当的比例画出弯曲大样如图 7-35 所示。

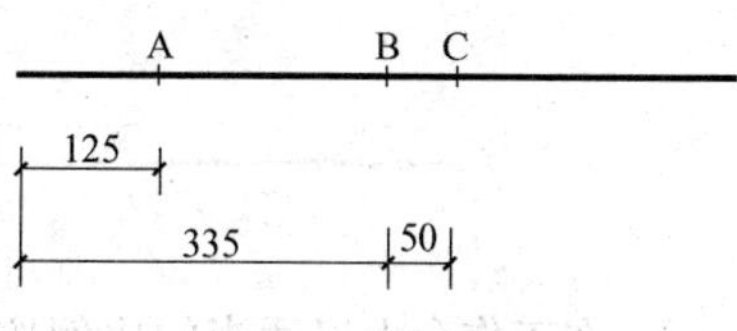

图 7-34　⑦号钢筋画线

c. 加工时先按⑥号钢筋的加工方法，左手将⑦号钢筋的弯点 A 位于扳柱的外缘齐平处，右手握手摇扳弯制钢筋至与 β 弯曲控制线持平即加工成立面形状，然后平转 90°左手将⑦号钢筋的 B 弯点位于扳柱的外缘齐平处，右手握手摇扳弯制钢筋至与 α 弯曲控制线持平，将钢筋调头将弯点 C 位于扳柱的外缘齐平处，再弯一次 α 角即完成平面形状的弯曲工作。

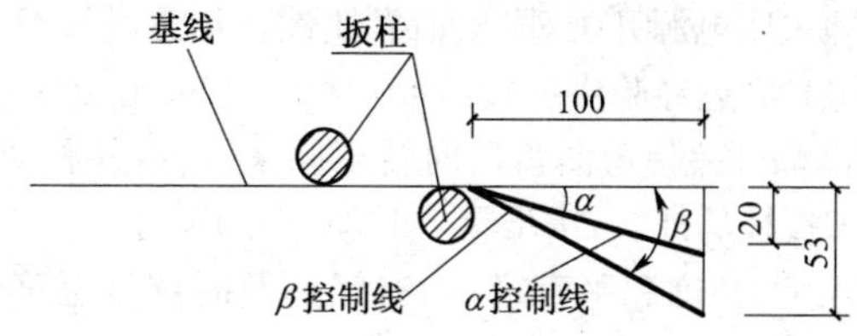

图 7-35　⑦号钢筋弯曲控制线

d. 钢筋加工完成后，要放在工作台上检查一下钢筋两个方向的平直度，可以在工作台上画上两个方向的实物大样图，将加工好后的样品放到大样上进行比较，有误差时进行及时调整。

e. 最后要按质量标准要求检查钢筋的尺寸、形状和允许偏差。

要诀：手工加工钢筋的质量好坏决定于放大样和操作技巧。放大样的关键是正确画出基线和定出基点，操作技巧是控制手摇扳平稳，不得上下晃动，起扳要快且有力，收扳速度放慢紧跟角度控制线，保证弯曲角度合适。

(4)⑩号和⑪号钢筋加工：这两种钢筋是Ⅱ级螺纹钢筋，很硬而且直径比较粗，用手摇扳加工很困难，必须用钢筋弯曲机进行加工，其操作过程为：

a. 在切断好的钢筋上画好弯曲点标志，如图 7-36 所示。

b. 其机械弯曲过程如图 5-22 所示。根据钢筋的直径选择合适的

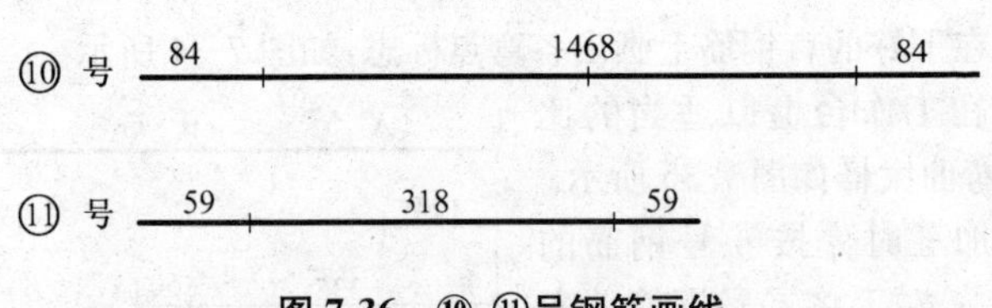

图 7-36 ⑩、⑪号钢筋画线

转速和扳柱，将钢筋放入芯轴与成型轴之间，根据经验，弯 90°时将其中一个弯曲点与扳柱外缘持平(即图中扳距等于 0)。弯 180°时，弯曲点距扳柱外缘(1.0～1.5)d(d 为钢筋直径)。

c. 钢筋放好后，随后开动机器，当钢筋被固定挡铁限制时，钢筋被转动中的芯轴和成型轴所带动向前滑移，形成弯曲。当成型轴将要转至 90°时，立即关闭电源开关，成型轴靠惯性作用最后转至 90°停止(电气开关的关闭时间凭经验决定)。

d. 利用倒顺开关使弯曲盘反向转至原来位置，并移动钢筋将第 2 个弯曲点置于扳柱的外缘，按步骤 c 再弯一次 45°角。

e. 检查尺寸、角度和平直度，如有问题及时调整至符合质量标准为止。

2. 箍筋加工

本例箍筋的加工方法与例 7-1 相同，不再赘述。

其他各题型由学生或读者去自行完成。

小结：钢筋加工综合练习是钢筋识图、计算和加工的有机结合。识图的关键是将复杂的施工图先分解为一个个的构件，然后逐个构件看，看每个构件钢筋图时，要先看主筋，后看构造钢筋，重点要弄明白各个构件钢筋之间的立体关系，明确各编号钢筋的绑扎顺序。钢筋计算如能熟练地利用相关表格则可大大提高计算速度。钢筋加工要将画弯曲点、放大样和弯曲这几个步骤有机地结合起来，才能确保加工质量。

第四节 钢筋冷加工

钢筋冷加工有冷拉、冷拔、冷轧三种，经过冷加工后的钢筋，可以提高其强度和硬度，减小塑性变形，可作预应力钢筋使用。本节着重介绍冷拉和冷拔的加工工艺。

一、钢筋的冷拉

钢筋冷拉是在常温下对钢筋进行强力拉伸，拉应力超过钢筋的屈服强度，使钢筋产生塑性变形(拉长)，而使钢筋的屈服点和抗拉强度显著提高的方法。冷拉过程可以达到调直、除锈的作用。冷拉Ⅰ级钢筋适用混凝土构件中的受拉钢筋，冷拉Ⅱ、Ⅲ、Ⅳ级钢筋可作预应力筋。

钢筋冷拉时，可采用双控(既控制冷拉应力，又控制冷拉率)和单控(控制应力或控制冷拉率)两种方法进行控制。冷拉率是通过试验确定的，但不应超过表7-7所规定的范围。

表7-7 钢筋冷拉参数

钢筋种类	双控		单控
	冷拉应力(MPa)	冷拉率(%)不大于	冷拉率(%)
Ⅰ级钢筋	—	—	不大于10.0
Ⅱ级钢筋	440	5.5	3.5～5.5
Ⅲ级钢筋	520	5.0	3.5～5.0
Ⅳ级钢筋	735	4.0	2.5～4.0
Ⅴ级钢筋	440	6.0	4.0～6.0

1. 控制应力法

控制应力值如表7-8所示，冷拉后检查钢筋的冷拉率，以不超过表7-8者为合格，超过者要进行力学性能检验。

表7-8 冷拉控制应力及最大冷拉率

钢筋级别	钢筋直径(mm)	冷拉控制应力(N/mm^2)	最大冷拉率(%)
Ⅰ级	≤12	280	10.0
Ⅱ级	≤25	450	5.5
	28～40	430	
Ⅲ级	8～40	500	5.0
Ⅳ级	10～28	700	4.0

2. 控制冷拉率法

用此法时，冷拉率的控制值必须由试验确定。对同炉批钢筋测定的试件不宜少于4个，每个试件都按表7-9规定的冷拉应力值在万能试验机上测定相应的冷拉率，取其平均值作为该炉批钢筋的实际冷拉率。不同炉批的钢筋不宜用控制冷拉率的方法进行冷拉。

确定控制冷拉率后，还要通过实际试拉，再切取试件实验，各项指标符合要求后，才能成批冷拉。

钢筋冷拉速度不宜过快，一般以5mm/s为宜，或以5N/(mm^2·s)增加冷拉应力，当拉至控制值时，停车2～3min，再行卸载，使钢筋变形较为稳定，以减少钢筋的回弹。

冷拉钢筋的力学性能见表7-10。

表7-9 测定冷拉率时钢筋的冷拉应力

钢筋级别	钢筋直径(mm)	冷拉应力(N/mm^2)
Ⅰ级	≤12	310
Ⅱ级	≤25	480
	28～40	460
Ⅲ级	8～40	530
Ⅳ级	10～28	730

表7-10 冷拉钢筋的力学性能

<table>
<tr><th rowspan="2">钢筋级别</th><th rowspan="2">公称直径 d (mm)</th><th>屈服点σ_s (MPa)</th><th>抗拉强度σ_b (MPa)</th><th>伸长率 (%)</th><th colspan="2">冷 弯</th></tr>
<tr><th colspan="3">不小于</th><th>弯曲角度</th><th>弯心直径</th></tr>
<tr><td>冷拉Ⅰ级</td><td>6～12</td><td>280</td><td>370</td><td>11</td><td>180°</td><td>3d</td></tr>
<tr><td rowspan="2">冷拉Ⅱ级</td><td>8～25</td><td>450</td><td>510</td><td rowspan="2">10</td><td rowspan="2">90°</td><td>3d</td></tr>
<tr><td>28～40</td><td>430</td><td>490</td><td>4d</td></tr>
<tr><td>冷拉Ⅲ级</td><td>8～40</td><td>500</td><td>570</td><td>8</td><td>90°</td><td>5d</td></tr>
<tr><td>冷拉Ⅳ级</td><td>10～28</td><td>700</td><td>835</td><td>6</td><td>90°</td><td>5d</td></tr>
</table>

注：表中d为钢筋直径，直径大于25mm的冷拉Ⅲ级、Ⅳ级钢筋，冷弯弯心直径应增加1d。

二、冷拉设备和冷拉工艺

（一）冷拉设备

钢筋冷拉的主要设备有：

1. 电动卷扬机

一般电动卷扬机的牵引力为 29～49kN(3～5tf)，卷筒直径为 350～450mm，卷筒速度为 6～8r/min。

2. 滑轮组及回程滑轮组

冷拉滑轮组的门数和吨位，一般采用 3～8 门，150～500kW。回程滑轮组的门数和吨位，当冷拉和回程采用同一台卷扬机，以卷筒正反转实现回程时，其门数与冷拉滑轮组相同。当采用专用卷扬机实现回程时，一般采用 2～3 门，30～50kN。

3. 冷拉夹具

冷拉夹具是夹紧钢筋的器具，要求夹紧力强，安全可靠，经久耐用，操作方便。目前常用的夹具有：

(1)楔块式夹具。该夹具采用优质碳素钢制作，适用于冷拉直径 14mm 以下的钢筋。

(2)偏心夹具。采用优质碳素钢制作，适用于冷拉Ⅰ级盘圆钢筋。

(3)槽式夹具。没有固定的形式和规格，视现场情况而定。适用于冷拉两端有螺杆或镦粗头的钢筋。此外，还有月牙形夹具和圆锥形齿板夹具等形式，详见图 5-12。

4. 测力器

测力器是控制钢筋冷拉应力的测量装置，主要有：千斤顶测力器(图 7-37)、弹簧测力器、电子秤测力器(图 7-38)和拉力表(图 7-39)等。

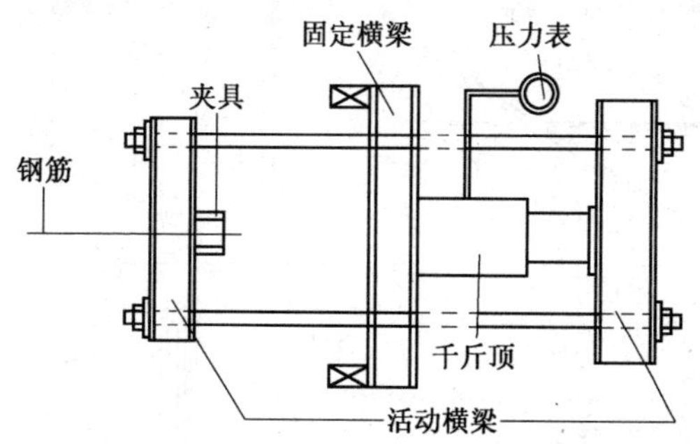

图 7-37 千斤顶测力器和工作状态

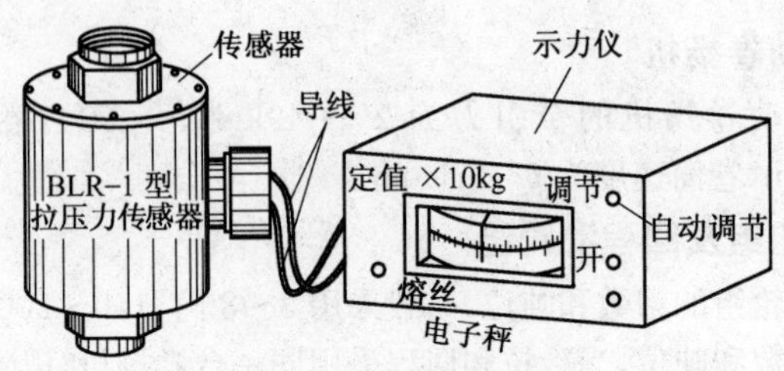

图 7-38 电子秤测力器

图 7-39 拉力表

5. 盘圆钢筋开盘装置

开盘装置有人工操作、卷扬机、电动跑车等形式，其功能是将盘圆钢筋放开，夹在两端夹具上。

6. 地锚

在冷拉现场的两端均应设置地锚。地锚的一端固定卷扬机和滑轮组的定滑轮，另一端固定钢筋的夹具。图 7-40 所示为常见的几种地锚形式。图 7-41 为传力式台座形式，它适用于有混凝土地坪的冷拉场地固定冷拉设备和夹具。

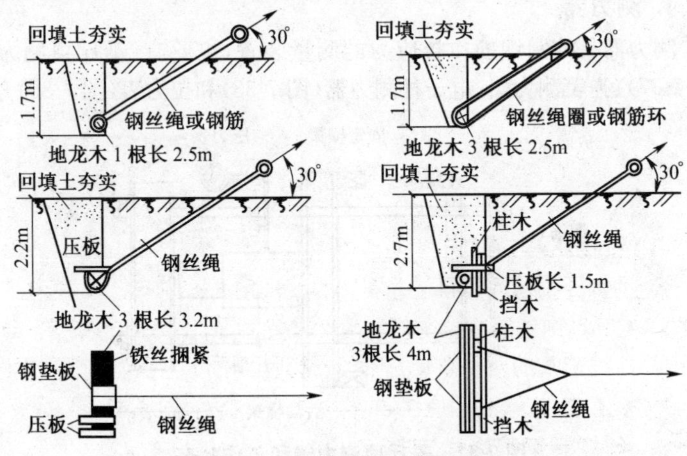

图 7-40 常见的地锚形式

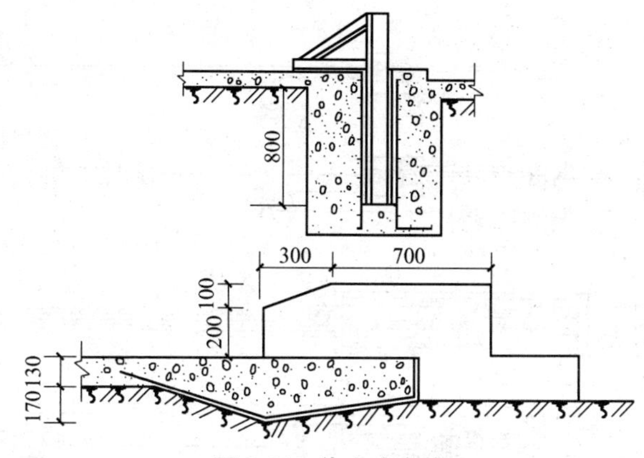

图 7-41　传力式台座

(二)冷拉工艺

钢筋的冷拉工艺是根据采用的机械设备,钢筋品种、规格以及现场条件而定的。现场常用的有以下几种冷拉工艺。

1. 阻力轮冷拉工艺

阻力轮冷拉工艺如图 7-42 所示,主要适用于冷拉钢筋直径为 6～8mm 的盘圆钢筋,冷拉率为 6%～8%。

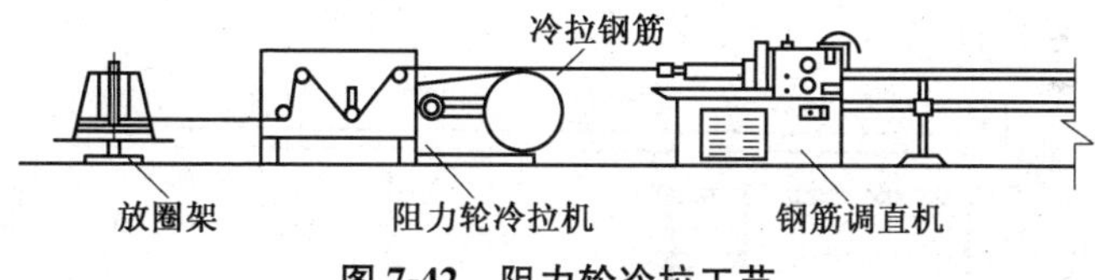

图 7-42　阻力轮冷拉工艺

2. 卷扬机冷拉工艺

卷扬机冷拉钢筋设备工艺布置方案如图 7-43 所示,其中,图 7-43a 和图 7-43b 是细钢筋冷拉工艺的两种布置方案;图 7-43c 和图 7-43d 是粗钢筋冷拉工艺的两种布置方案。卷扬机冷拉工艺是施工现场用得最多的冷拉工艺,它具有适应性强,设备简单、效率高、成本低等优点。

3. 丝杠粗钢筋冷拉工艺

丝杠粗钢筋冷拉工艺与卷扬机冷拉工艺基本相同,主要不同的地

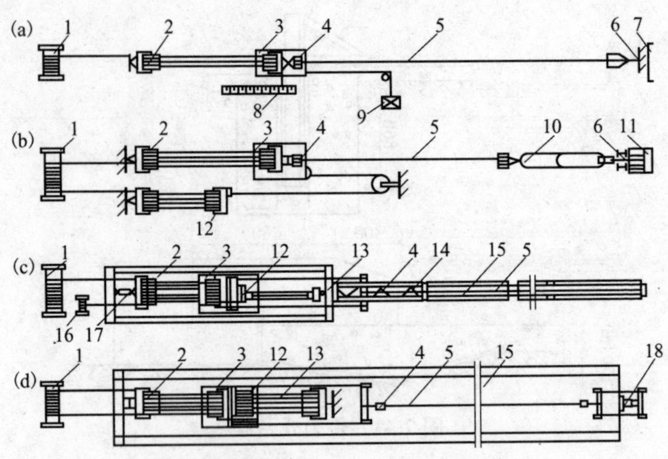

图 7-43 卷扬机冷拉钢筋设备工艺布置方案

1. 卷扬机 2. 滑轮组 3. 冷拉小车 4. 钢筋夹具 5. 钢筋 6. 地锚 7. 防护壁 8. 标尺 9. 回程荷重架 10. 连接杆 11. 弹簧测力器 12. 回程滑轮组 13. 传力架 14. 钢压柱 15. 槽式台座 16. 回程卷扬机 17. 电子秤 18. 液压千斤顶

方是冷拉设备用丝杠代替卷扬机。适用于冷拉直径 16mm 以上的钢筋,如图 7-44 所示。

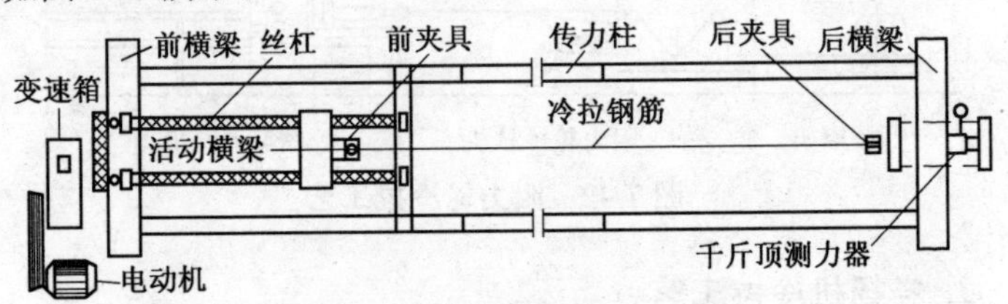

图 7-44 丝杠粗钢筋冷拉工艺

4. 液压粗钢筋冷拉工艺

液压粗钢筋冷拉工艺(图 7-45)是用液压冷拉机代替钢筋冷拉设备,具有设备紧凑、准确、效率高、劳动强度小等特点,适用于冷拉直径 20mm 以上的钢筋。

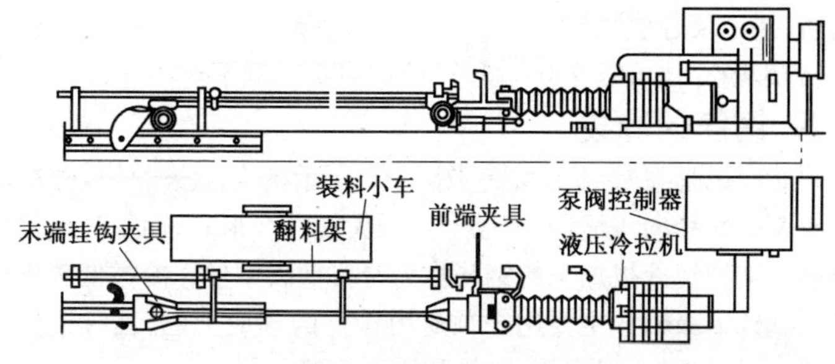

图 7-45　液压粗钢筋冷拉工艺

三、一般冷拉工艺流程和操作要点

(一)一般冷拉工艺流程

(二)操作要点

1. 控制冷拉应力法操作要点

(1)复核钢筋的冷拉吨位及相应的测力器读数、钢筋冷拉增长值，记在黑板上并交底。

(2)钢筋就位，拉伸至 10%冷拉控制应力时停机，做好标记，作为钢筋拉长值的起点。这项工作做好后继续加力冷拉。

(3)继续冷拉至规定控制应力时停机，将钢筋放松到 10%控制应力，量出钢筋实际拉长值，然后完全放松钢筋，并测出其弹性回缩值。

(4)冷拉完毕，将各项数据及时填写在冷拉记录本上。

2. 控制冷拉率法操作要点

(1)冷拉前对各项设备的完好程度作逐一检查后，卷扬机应空载试运行一次。

(2)由冷拉率算出钢筋冷拉后的总长度，在冷拉线上作出准确、明显的标记，用以控制冷拉率。

(3)将钢筋固定就位。

(4)开动设备，当总拉长值达到标记处时，立即停机，放松夹具，取下钢筋，并记录各项数据。

(5)钢筋冷拉可以在0℃以下进行，但不宜低于－20℃。

四、钢筋的冷拔

钢筋冷拔是在常温下，通过图7-46所示的合金拔丝模，强制钢筋沿轴向拉伸并径向压缩，使钢筋产生较大塑性变形，从而提高钢筋的抗拉强度。这种经冷拔加工的钢筋称为冷拔低碳钢丝。冷拔低碳钢丝分为甲、乙级，甲级钢丝主要用于预应力构件的预应力筋，乙级钢丝用于焊接网和焊接骨架、架立筋、箍筋和构造钢筋。

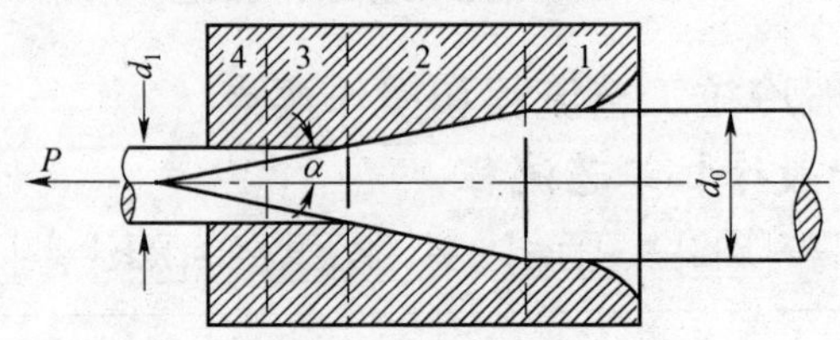

图7-46　拔丝模示意图

1. 进口区　2. 挤压区　3. 定径区　4. 出口区

(一)钢筋冷拔次数

冷拔的总压缩率和冷拔次数对钢丝质量和生产效率都有很大影响，一般要经过数次冷拔后才能达到要求的直径，冷拔次数可按表7-11正确选择。

表7-11　钢丝冷拔次数参考表

钢筋直径(mm)	盘条直径(mm)	冷拔总压缩率(%)	冷拔次数和拔后直径(mm)					
			第一次	第二次	第三次	第四次	第五次	第六次
ϕ_5^b	8	61	6.5	5.7	5.0			
			7.0	6.3	5.7	5.0		
ϕ_4^b	6.5	62.2	5.5	4.6	4.0			
			5.7	5.0	4.5	4.0		
ϕ_3^b	6.4	78.7	5.5	4.6	4.0	3.5	3.0	
			5.7	5.0	4.5	4.0	3.5	3.0

注：表中每个项次的两组数据表示两个冷拔方案。

(二)冷拔设备

冷拔设备主要由拔丝机、拔丝模、剥皮装置、轧头机等组成，如图

7-47所示。

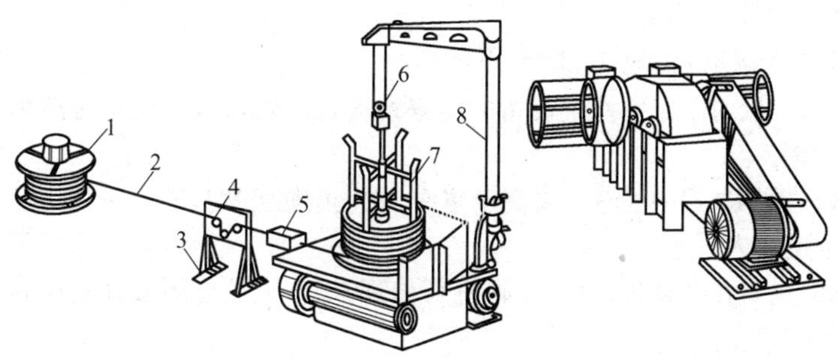

(a)立式单卷筒拔丝机　　(b)卧式双卷筒拔丝机

图 7-47　冷拔设备

1. 盘圆架　2. 钢筋　3. 剥皮装置　4. 槽轮　5. 拔丝模　6. 滑轮　7. 绕丝筒　8. 支架

(三)工艺流程

轧头 → 剥皮 → 通过润滑剂 → 进入拔丝模 → 拔丝

(四)操作要点

(1)冷拔前应对Ⅰ级热轧圆盘条钢筋进行必要的检查,防止与其他钢号不明的钢筋混杂,出现氧化铁锈皮的应用除锈剥皮机进行处理。

(2)钢筋轧头是为了使钢筋能方便地穿过冷拔丝模,用轧头机将钢筋前面一段轧细的工作。轧头要求圆度均匀,长约 300mm,其直径比拔丝模孔径小 0.5～0.8mm。每冷拔一次要轧头一次。为了减少轧头次数,可以用对焊将钢筋连接,但应将焊缝处的凸缝用砂轮锉平磨滑,以保护设备及拔丝模。

(3)操作前应按常规对设备进行检查和空载运转一次。

(4)钢筋穿入拔丝模前要通过润滑盒,使钢筋粘带了润滑剂再进入拔丝模。

(5)将经过轧头的钢筋穿入模孔,上好夹具挂上拔丝钩固定在拔丝机的卷筒上。然后开动机器,由于卷筒的旋转强力将钢丝通过拔丝模盒,而使拔细的钢丝盘在拔丝机的卷筒上。

(6)拔丝成品应随时检查,发现砂孔、沟痕、夹皮时,应及时更换拔丝模或调整转速。

(五)钢筋冷加工注意事项

(1)开机前一定要检查设备的完好情况,并试运转,一切正常后再正式操作。

(2)操作过程中注意力要高度集中,防止钢筋突然拉断或拔到最后钢筋弹出伤人。

(3)机器在运转过程中,不得进行修理,操作人员必须戴好安全帽和防护镜。

(4)拔丝时的温度可高达100℃～200℃,要防止人员烫伤。

第八章 钢筋的焊接与机械连接

第一节 钢 筋 焊 接

当短钢筋需要接长时，可以采用绑扎连接、焊接和机械连接。绑扎连接浪费部分钢筋，而且绑扎质量不可靠，故限制使用。施工规范规定，受力钢筋的接头应优先采用焊接或机械连接。轴心受拉和小偏心受拉构件中的钢筋接头均应焊接。

现场钢筋的焊接工作应由持有合格证的焊工完成，钢筋工配合并控制焊接位置与焊接长度，所以钢筋工应对钢筋焊接工作有一定的了解。

一、钢筋焊接分类

钢筋焊接分为：钢筋电阻点焊、钢筋闪光对焊、钢筋电弧焊、钢筋窄间隙电弧焊、钢筋电渣压力焊、钢筋气压焊、预埋件钢筋埋弧压力焊等，如表 8-1 所示。

表 8-1　钢筋焊接分类

序号	类　别	内　　　容
1	钢筋电阻点焊	钢筋电阻点焊是将两根钢筋安放成交叉叠接形式，压紧于两电极之间，利用电阻热熔化母材金属，加压形成焊点的一种压焊方法
2	钢筋闪光对焊	将两根钢筋安放成对接形式，利用电阻热使接触点金属熔化，产生强烈飞溅，形成闪光，迅速施加顶锻力完成钢筋的连接
3	钢筋电弧焊	这种焊接方法是以焊条为一极，钢筋为另一极，利用焊接电流通过产生的电弧热进行焊接
4	钢筋窄间隙电弧焊	将两钢筋安放成水平对接形式，并置于铜模内，中间留有少量间隙，用焊条从接头根部引弧，连续向上焊接完成的一种电弧焊方法

续表 8-1

序号	类　别	内　　容
5	钢筋电渣压力焊	钢筋电渣压力焊是将两根钢筋安放成竖向对接形式，利用焊接电流通过两钢筋端面间隙，在焊剂层下形成电弧过程和电渣过程，产生电弧热和电阻热，熔化钢筋，加压完成钢筋的压焊
6	钢筋气压焊	采用氧乙炔火焰或其他火焰对两钢筋对接处加热，使其达到塑性状态或熔化状态后，加压完成钢筋的连接
7	预埋件钢筋埋弧压力焊	将钢筋和钢板安放成 T 形接头形式，利用焊接电流通过，在焊剂层下产生电弧，形成熔池并加压完成的压焊方法

二、钢筋焊接材料要求

钢筋焊接材料要求如表 8-2 所示。

表 8-2　钢筋焊接材料要求

序号	材料名称	材　料　要　求
1	焊接钢筋	焊接钢筋的力学性能和化学成分应分别符合下列现行国家标准《钢筋混凝土用热轧带肋钢筋》GB 1499；《钢筋混凝土用热轧光圆钢筋》GB 13013；《钢筋混凝土用余热处理钢筋》GB 13014；《冷轧带肋钢筋》GB 13788；《低碳钢热轧圆盘条》GB/T 701 的规定
2	各种接头中的钢板和型钢	预埋件接头、熔槽帮条焊接头和坡口焊接头中的钢板和型钢，宜采用低碳钢或低合金钢，其力学性能和化学成分应符合现行国家标准《碳素结构钢》GB 700 或《低合金高强度结构钢》GB/T 1591 的规定
3	焊条	电弧焊所采用的焊条，应符合现行国家标准《碳钢焊条》GB/T 5117 或《低合金钢焊条》GB/T 5118 的规定，其型号应根据设计确定，若设计无规定时，可按表 8-3 选用
4	氧气	氧气的质量应符合现行国家标准《工业用氧》GB/T 3863 的规定，其纯度应大于或等于 99.5%
5	乙炔	乙炔的质量应符合现行国家标准《溶解乙炔》GB 6819 的规定，其纯度应大于或等于 98.0%
6	液化石油气	液化石油气的质量应符合现行国家标准《液化石油气》GB 11174 或《油气田液化石油气》GB 9052.1 的规定

表 8-3　钢筋电弧焊焊条型号

钢筋牌号	电弧焊接头型式			
	帮条焊 搭接焊	坡口焊、熔槽帮条焊、 预埋件穿孔塞焊	窄间隙焊	钢筋与钢板搭接焊 预埋件T形角焊
HPB235	E4303	E4303	E4316　E4305	E4303
HRB335	E4303	E5003	E5016　E5015	E4303
HRB400	E5003	E5503	E6016　E6015	E5003
RRB400	E5003	E5503	—	—

三、钢筋焊接的一般规定

1. 焊接方法的适用范围

钢筋焊接时，各种焊接方法的适用范围应符合表 8-4 的规定。

表 8-4　钢筋焊接方法的适用范围

序号	焊接方法			接头形式	适用范围	
					钢筋牌号	钢筋直径(mm)
1	电阻点焊				HPB235 HRB335 HRB400 CRB550	8～16 6～16 6～16 4～12
2	闪光对焊			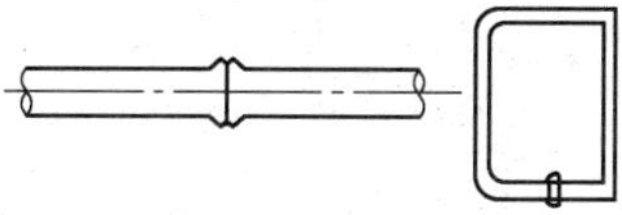	HPB235 HRB335 HRB400 RRB400 HRB500 Q235	8～20 6～40 6～40 10～32 10～40 6～14
3	电弧焊	帮条焊	双面焊	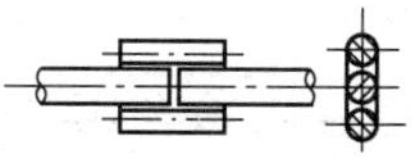	HPB235 HRB335 HRB400 RRB400	10～20 10～40 10～40 10～25
4	电弧焊	帮条焊	单面焊	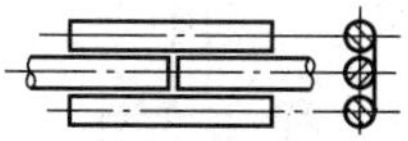	HPB235 HRB335 HRB400 RRB400	10～20 10～40 10～40 10～25

续表 8-4

<table>
<tr><th rowspan="2">序号</th><th colspan="3" rowspan="2">焊接方法</th><th rowspan="2">接头形式</th><th colspan="2">适用范围</th></tr>
<tr><th>钢筋牌号</th><th>钢筋直径(mm)</th></tr>
<tr><td>5</td><td rowspan="8">电弧焊</td><td rowspan="2">搭接焊</td><td>双面焊</td><td></td><td>HPB235
HRB335
HRB400
RRB400</td><td>10～20
10～40
10～40
10～25</td></tr>
<tr><td>6</td><td>单面焊</td><td></td><td>HPB235
HRB335
HRB400
RRB400</td><td>10～20
10～40
10～40
10～25</td></tr>
<tr><td>7</td><td colspan="2">熔槽帮条焊</td><td></td><td>HPB235
HRB335
HRB400
RRB400</td><td>20
20～40
20～40
20～25</td></tr>
<tr><td>8</td><td rowspan="2">坡口焊</td><td>平焊</td><td></td><td>HPB235
HRB335
HRB400
RRB400</td><td>18～20
18～40
18～40
18～25</td></tr>
<tr><td>9</td><td>立焊</td><td></td><td>HPB235
HRB335
HRB400
RRB400</td><td>18～20
18～40
18～40
18～25</td></tr>
<tr><td>10</td><td colspan="2">钢筋与钢板搭接焊</td><td></td><td>HPB235
HRB335
HRB400</td><td>8～20
8～40
8～25</td></tr>
<tr><td>11</td><td colspan="2">窄间隙焊</td><td></td><td>HPB235
HRB335
HRB400</td><td>16～20
16～40
16～40</td></tr>
<tr><td>12</td><td>预埋件电弧焊</td><td>角焊</td><td></td><td>HPB235
HRB335
HRB400</td><td>8～20
6～25
6～25</td></tr>
</table>

续表 8-4

序号	焊接方法	接头形式	适用范围	
			钢筋牌号	钢筋直径(mm)
13	电弧焊 预埋件电弧焊 穿孔塞焊		HPB235 HRB335 HRB400	20 20～25 20～25
14	电渣压力焊		HPB235 HRB335 HRB400	14～20 14～32 14～32
15	气压焊		HPB235 HRB335 HRB400	14～20 14～40 14～40
16	预埋件钢筋埋弧压力焊		HPB235 HRB335 HRB400	8～20 6～25 6～25

注：1. 电阻点焊时，适用范围的钢筋直径系指 2 根不同直径钢筋交叉叠接中较小钢筋的直径；
2. 当设计图纸规定对冷拔低碳钢丝焊接网进行电阻点焊，或对原 RL540 钢筋(Ⅳ级)进行闪光对焊时，可按有关规程相关条款的规定实施；
3. 钢筋闪光对焊含封闭环式箍筋闪光对焊。

2. 焊接前的准备工作

(1)工程正式开工前，焊工应进行现场条件下的焊接工艺试验，试验合格后，方可正式施工。

(2)钢筋焊接前，应清除钢筋、钢板焊接部位以及钢筋与电极接触处表面上的锈斑、油污、杂物；钢筋端部如有弯折、扭曲应矫直或切除。

(3)当采用低氢型碱性焊条时，应按要求烘焙，且宜放入保温筒内保温使用；酸性焊条若在运输时受潮，亦应经烘焙后方能使用；焊剂应存放在干燥的库房内，受潮时，应在使用前经 250℃～300℃烘焙 2h。

3. 焊接管理

(1)从事钢筋焊接施工的焊工，必须持有焊工考试合格证才能上岗操作。

(2)焊机应经常维护保养,确保正常使用。

(3)从事钢筋焊接施工的班组和有关人员应经常进行安全生产教育,执行现行国家标准《焊接与切割安全》GB 9448 中的有关规定。

(4)雨天、雪天不宜在现场进行施焊,必须施焊时,应采取有效遮蔽措施。焊后未冷却接头不得碰到雨雪。

四、钢筋闪光对焊

闪光对焊广泛用于钢筋接长及预应力钢筋与螺纹端杆的焊接。热轧钢筋的接长宜优先用闪光对焊,操作确有困难时,才用电弧焊。

1. 钢筋闪光对焊原理

钢筋闪光对焊原理如图 8-1 所示,焊机的两个电极分别装在机身的固定平板(图中 2)和滑动平板(图中 3)上,滑动平板可沿机身导轨作水平直线移动,并与加压机构(图中 9)相连接。将接触的两根钢筋(图中 7)端部夹紧在两个电极内,随后接通电源。通电后利用焊接电流通过两根钢筋接触点产生的电阻热,使接触点金属熔化,再利用加压机构将钢筋用力顶锻,使两根钢筋焊合在一起。

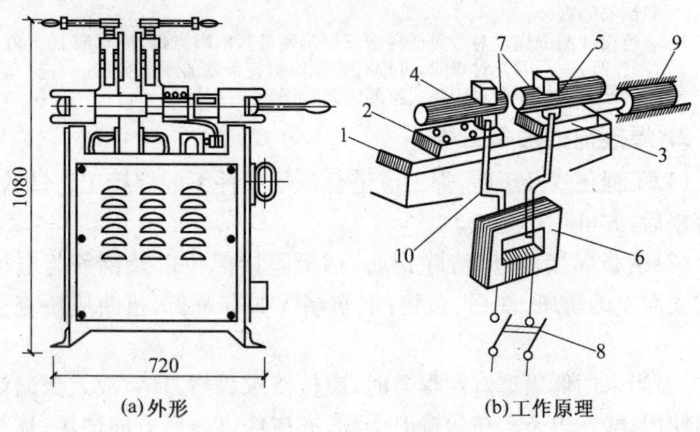

图 8-1　UN_1 系列对焊机

1. 机身　2. 固定平板　3. 滑动平板　4. 固定电极　5. 活动电极
6. 变压器　7. 待焊钢筋　8. 开关　9. 加压机构　10. 变压器次级线圈

2. 常用焊机及其技术性能

常用的对焊机有手动对焊机和自动对焊机两种。常用型号有UN_1-75、UN_1-100、UN_2-150、UN_{17}-150-1 等，其技术性能见表 8-5 所示。

表 8-5　常用对焊机技术性能

序号	项目		单位	焊机型号			
				UN_1-75	UN_1-100	UN_2-150	UN_{17}-150-1
1	额定容量		kV·A	75	100	150	150
2	初级电压		V	220/380	380	380	380
3	次级电压调节范围		V	3.52～7.94	4.5～7.6	4.05～8.1	3.8～7.6
4	次级电压调节级数			8	8	15	15
5	额定持续率		%	20	20	20	50
6	钳口夹紧力		kN	20	40	100	160
7	最大顶锻力		kN	30	40	65	80
8	钳口最大距离		mm	80	80	100	90
9	动钳口最大行程		mm	30	50	27	80
10	动钳口最大烧化行程		mm	—	—	—	20
11	焊件最大预热压缩量		mm	—	—	10	—
12	连续闪光焊时钢筋最大直径		mm	12～16	16～20	20～25	20～25
13	预热闪光焊时钢筋最大直径		mm	32～36	40	40	40
14	生产率		次/h	75	20～30	80	120
15	冷却水消耗量		L/h	200	200	200	500
16	压缩空气	压力	MPa	—	—	5.5	6
		消耗量	m^3/h	—	—	15	5
17	焊机重量		kg	445	465	2500	1900
18	外形尺寸	长	mm	1520	1800	2140	2300
		宽	mm	550	550	1360	1100
		高	mm	1080	1150	1380	1820

3. 焊接工艺

闪光对焊工艺分为：连续闪光对焊、预热闪光对焊、闪光-预热-闪光对焊三种。

五、电弧焊

电弧焊是利用电焊机使焊条与焊件之间产生高温电弧，使焊条和电弧范围内的焊件熔化，待其凝结便形成焊缝或接头。

电弧焊广泛用于钢筋接头、钢筋骨架焊接、装配式结构的接头焊接、钢筋和钢板的焊接及各种钢结构的焊接。

1. 钢筋电弧焊原理

钢筋电弧焊原理如图 8-2 所示，以焊条为一极、钢筋为另一极，利用弧焊机使焊条与焊件之间产生高温电弧，电弧的高温将基材局部熔化，形成熔池，熔池中电弧的正下方因电弧力而出现弧坑，焊条金属芯的熔滴因电弧力进入熔池，焊条也将逐步熔化。焊工随时保持焊条与基材之间的距离，并让焊条沿施焊方向稳定地向前移动，直至完成焊接，将两根钢筋焊合在一起。

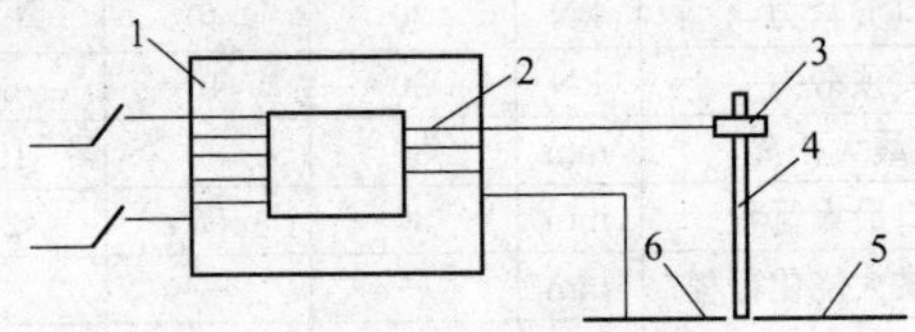

图 8-2 电弧焊工作原理图

1. 焊接变压器 2. 变压器二次线圈 3. 焊钳
4. 焊条 5、6. 焊件

2. 常用焊机及其技术性能

电弧焊常用的焊机有交流电焊机和直流电焊机两类。常用两类焊机的主要技术性能见表 8-6、表 8-7 所示。电弧焊焊接钢筋所用的焊条，可按表 8-3 选用，焊接电流应根据焊接类型、焊接位置、钢筋和焊条的直径选择，见表 8-8。

表 8-6 常用交流弧焊机技术性能

项 目	BX_3-120-1	BX_3-300-2	BX_3-500-2	BX_2-1000 (BC-1000)
额定焊接电流(A)	120	300	500	1000
初级电压(V)	220/380	380	380	220/380
次级空载电压(V)	70～75	70～78	70～75	69～78

续表 8-6

项　　目		BX_3-120-1	BX_3-300-2	BX_3-500-2	BX_2-1000 (BC-1000)
额定工作电压(V)		25	32	40	42
额定初级电流(A)		41/23.5	61.9	101.4	340/196
焊接电流调节范围(A)		20～160	40～400	60～600	400～1200
额定持续率(%)		60	60	60	60
额定输入功率(kV·A)		9	23.4	38.6	76
各持续率时功率	100%(kV·A)	7	18.5	30.5	—
	额定持续率(kV·A)	9	23.4	38.6	76
各持续率时焊接电流	100%(A)	93	232	388	775
	额定持续率(A)	120	300	500	1000
功率因数(cosφ)		—	—	—	0.62
效率(%)		80	82.5	87	90
外形尺寸(长×宽×高)(mm)		485×470×680	730×540×900	730×540×900	744×950×1220
重量(kg)		100	183	225	560

表 8-7　常用直流弧焊机技术性能

项　　目			AX1-165	AX4-300-1	AX-320	AX5-500	AX3-500
弧焊发电机	额定焊接电流(A)		165	300	320	500	500
	焊接电流调节范围(A)		40～200	45～375	45～320	60～600	60～600
	空载电压(V)		40～60	55～80	50～80	65～92	55～75
	工作电压(V)		30	22～35	30	23～44	25～40
	额定持续率(%)		60	60	50	60	60
	各持续率时功率	100%(kW)	3.9	6.7	7.5	13.6	15.4
		额定持续率(kW)	5.0	9.6	9.6	20	20
	各持续率时焊接电流	100%(A)	130	230	250	385	385
		额定持续率(A)	165	300	320	500	500
使用焊条直径(mm)			5以下	3～7	3～7	—	3～7

续表 8-7

项　目		AX1-165	AX4-300-1	AX-320	AX5-500	AX3-500
电动机	功率(kW)	6	10	14	20	26
	电压(V)	220/380	380	380	380	220/380
	电流(A)	21.3/12.3	20.8	27.6	50.9	89/51.5
	频率(Hz)	50	50	50	50	50
	转速(r/min)	2900	2900	1450	1450	2900
	功率因数(cosφ)	0.87	0.88	0.87	0.88	0.90
	机组效率(%)	52	52	53	54	54
外形尺寸（长×宽×高）(mm)		932×382×720	1140×500×825	1202×590×992	1128×590×1000	1078×600×805
机组重量(kg)		210	250	560	700	415

表 8-8　焊接电流的选择

焊接类型	焊接位置	钢筋直径(mm)	焊条直径(mm)	焊接电流(A)
搭接焊和帮条焊	平焊	10～12	3.2	90～130
		14～22	4	130～180
		25～32	5	180～230
		36～40	5	190～240
	立焊	10～12	3.2	80～110
		14～22	4	110～150
		25～32	4	120～170
		36～40	5	170～220
坡口焊	平焊	16～20	3.2	140～170
		22～25	4	170～190
		28～32	5	190～220
		36～40	5	200～230
	立焊	16～20	3.2	120～150
		22～25	4	150～180
		28～32	4	180～200
		36～40	5	190～210

3. 电弧焊的接头形式

电弧焊的主要接头形式分为：帮条焊（图 8-3a）、搭接焊（图 8-3b）、坡口焊(图 8-3c)。

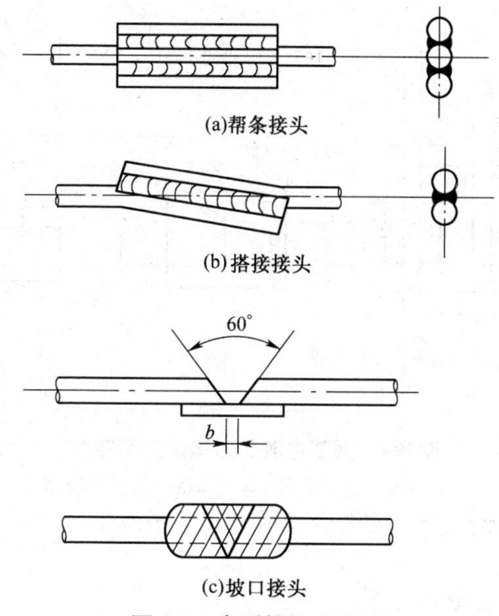

图 8-3　电弧焊接头形式

六、电渣压力焊

电渣压力焊在现场多用于现浇钢筋混凝土结构构件内竖向钢筋的接长。与电弧焊相比,它工效高、成本低,在高层建筑施工中已得到广泛使用。

1. 电渣压力焊原理

电渣压力焊原理如图 8-4 所示。焊接时,先将钢筋端部约 120mm 范围内的铁锈除尽,将焊接机头 4 夹牢在下钢筋 3 上,焊接机头需灵巧,上下口同轴,使焊接接头上下钢筋的轴线尽量一致。焊接机头夹牢后,将上钢筋 1 扶直夹牢于活动电极中,上下钢筋置于焊剂盒 2 中,在它们之间放一钢丝小球或导电剂,用手柄使电弧引燃,然后稳定一定时间,使之形成渣池并使钢筋熔化,随着钢筋的熔化,用手柄使上部钢筋缓缓下送,钢筋熔化达到规定时间后断电,与此同时用手柄进行加压顶锻,以排除夹渣和气泡,形成接头。待冷却一定时间后,即拆除药盒,回收焊药，拆除夹具和清理焊渣。上述过程连续进行，时间约1min。

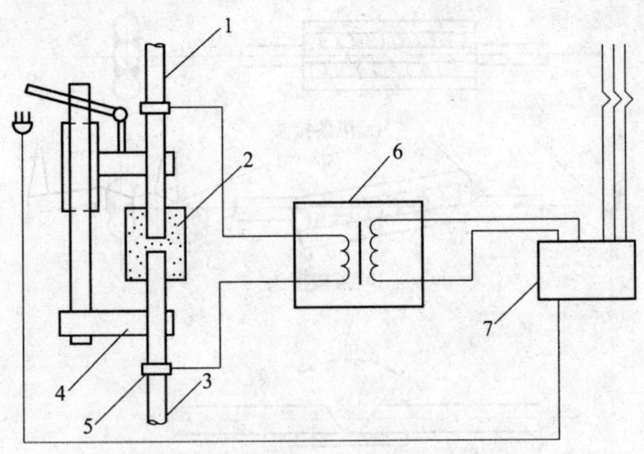

图 8-4　钢筋电渣压力焊设备示意图

1. 上钢筋　2. 焊剂盒　3. 下钢筋　4. 焊接机头
5. 焊钳　6. 焊接电源　7. 控制箱

2. 焊接设备与焊剂

(1)焊接电源。一般采用 BX_3-500 型与 BX_2-1000 型交流弧焊机，也可以采用JSD-600型与JSD-1000型专用电源，竖向钢筋电渣压力焊电源性能如表8-9所示。

表 8-9　竖向钢筋电渣压力焊电源性能

项　目	单　位	JSD-600		JSD-1000	
电源电压	V	380		380	
相数	相	1		1	
输入容量	kV·A	45		76	
空载电压	V	80		78	
负载持续率	%	60	35	60	35
初级电流	A	116		196	
次级电流	A	600	750	1000	1200
次级电压	V	22～45		22～45	
焊接钢筋直径	mm	14～32		22～40	

(2)焊接机头。焊接机头有杠杆式单柱焊接机头(图 8-5)、丝杆传动式双柱焊接机头(图 8-6)等,可采用手控与自控相结合的半自动化操作方式。

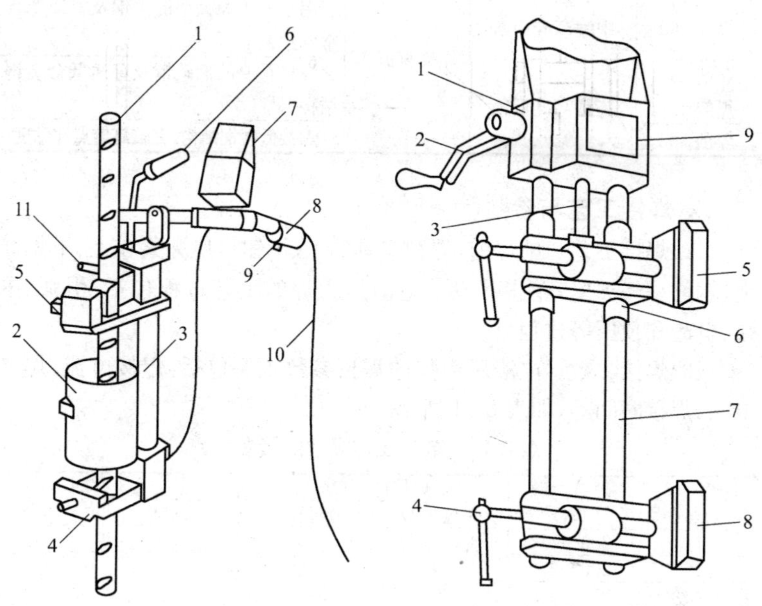

图 8-5 杠杆式单柱焊接机头

1. 钢筋 2. 焊剂盒 3. 单导柱 4. 固定夹头 5. 活动夹头 6. 手柄 7. 监控仪表 8. 操作把 9. 开关 10. 控制电缆 11. 电缆插座

图 8-6 丝杆传动式双柱焊接机头

1. 伞形齿轮箱 2. 手柄 3. 升降丝杆 4. 夹紧装置 5. 上夹头 6. 导管 7. 双导柱 8. 下夹头 9. 操作盒

(3)焊剂盒与焊剂。焊剂盒呈圆形,由两半圆形铁皮组成,内径为 80～100mm,与所焊钢筋的直径相适应。焊剂盒与焊接机头一般分开,焊接完成后,先拆机头,焊接接头保温一段时间后再拆焊剂盒。

常用焊剂牌号及主要用途见表 8-10 所示,一般宜采用 HJ431 型焊剂,使用前必须在 250℃ 温度烘烤 2h,以保证焊剂容易熟化,形成渣池。

表 8-10 常用焊剂牌号及主要用途

牌 号	焊剂类型	电流种类	主 要 用 途
焊剂 350	中锰中硅中氟	交直流	焊接低碳钢及普通低合金钢结构
焊剂 360	中锰高硅中氟		用于电渣焊大型低碳钢及普通低合金钢结构
焊剂 430 焊剂 431	高锰高硅低氟		焊接重要的低碳钢及普通低合金钢结构
焊剂 433			焊接低碳钢结构，有较高熔点和黏度

3. 焊接工艺与参数

(1)焊接工艺。施焊前，焊剂夹具的上、下钳口应夹紧在上、下钢筋上，钢筋一经夹紧，不得晃动。电渣压力焊的工艺过程包括：引弧、电弧、电渣和顶压等过程。

(2)焊接参数。电渣压力焊的焊接参数主要包括：焊接电流、焊接电压、焊接时间等，如表 8-11 所示。

表 8-11 电渣压力焊的焊接参数

钢筋直径(mm)	焊接电源(A)	焊接电压(V)		焊接通电时间(s)	
		电弧过程 $U_{2.1}$	电渣过程 $U_{2.2}$	电弧过程 t_1	电渣过程 t_2
14	200～220	35～45	18～22	12	3
16	200～250			14	4
18	250～300			15	5
20	300～350			17	5
22	350～400			18	6
25	400～450			21	6
28	500～550			24	6
32	600～650			27	7

七、其他焊接方法

其他焊接方法还有电阻点焊和气压焊等。电阻点焊主要用于钢筋的交叉连接，如用来焊接钢筋网片、钢筋骨架等。它生产效率高，节约材料，在施工现场应用较多。

点焊机的工作原理如图 8-7 所示。将两根钢筋安放成交叉叠接形式压紧于两极之间，钢筋交叉点焊时，接触点只有一点，接触处接触电阻较大，在接触的瞬间，电流产生的全部热量都集中在一点上，因而可以利用电阻热熔化母材金属，在电极加压下使焊点金属得到焊合。

钢筋气压焊，是以氧气和乙炔火焰来加热钢筋的端部，不待钢筋熔融使其在高温下加压接合。适用于Ⅰ～Ⅲ级热轧钢筋，直径相差不大于7mm的不同钢筋直径及各种方向布置的钢筋的现场焊接。

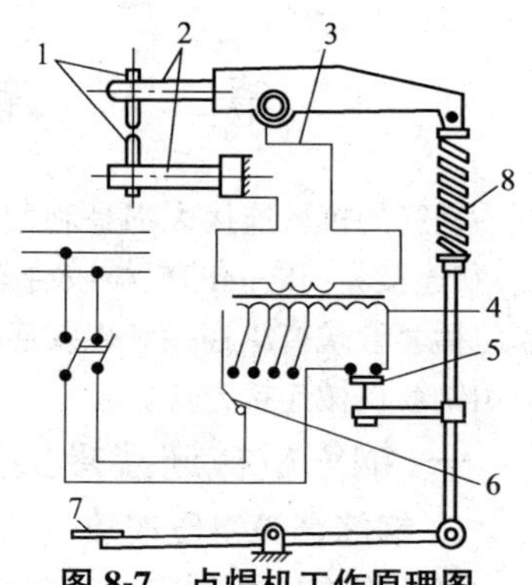

图8-7 点焊机工作原理图

1. 电极 2. 电极臂 3. 变压器的次级线圈 4. 变压器的初级线圈 5. 断路器 6. 变压器的调节开关 7. 踏板 8. 压紧机构

气压焊装置系统如图8-8所示。气压焊操作时，先将施焊钢筋的端部用切割机切齐，压接面与钢筋轴线垂直。并将端头附近钢筋表面上的铁锈、油渍和水泥清理干净。施焊时先将钢筋固定在压接器上，并加以适当的压力，使钢筋接触，然后用氧乙炔火焰或其他火焰加热对接处钢筋，加热到规定温度后当即加压，使压接部分附近金属受到镦锻式压延，产生强烈的塑性变形而形成牢固的接头。气压焊可用于钢筋垂直、水平位置或倾斜位置的钢筋对接焊接。

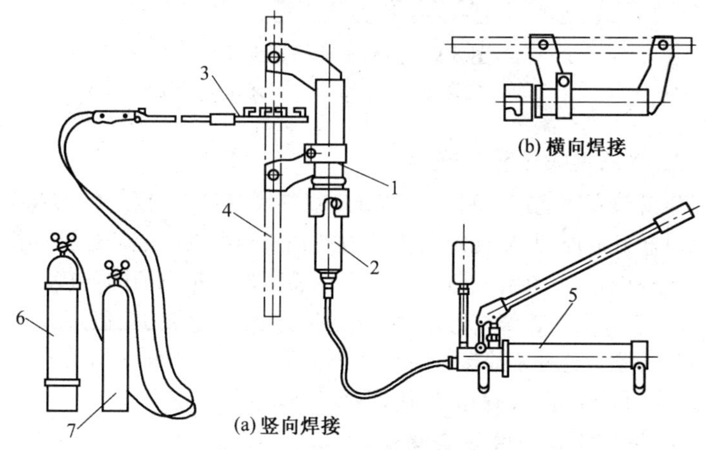

图8-8 气压焊装置系统图

1. 压接器 2. 顶头油缸 3. 加热器 4. 钢筋 5. 加压器(手动) 6. 氧气 7. 乙炔

第二节 钢筋机械连接

钢筋的机械连接大都是利用钢筋表面轧制的或特制的螺纹(或横肋)和连接套筒之间的机械咬合作用来传递钢筋中的拉力或压力。主要包括套管式挤压连接和螺纹连接两大类。钢筋工应该熟练地掌握并使用钢筋机械连接方法。

一、钢筋机械连接接头类型

1. 钢筋套筒挤压连接

带肋钢筋套筒挤压连接是将两根待接钢筋插入钢套筒,采用液压压接钳径向挤压套筒,使套筒产生塑性变形,依靠变形后的钢套筒与被连接钢筋纵、横肋产生的机械咬合作用成为整体的钢筋连接方法,如图8-9所示。适用于HRB335、HRB400、RRB400级直径16～40mm钢筋的水平、垂直或倾斜位置的相互连接。

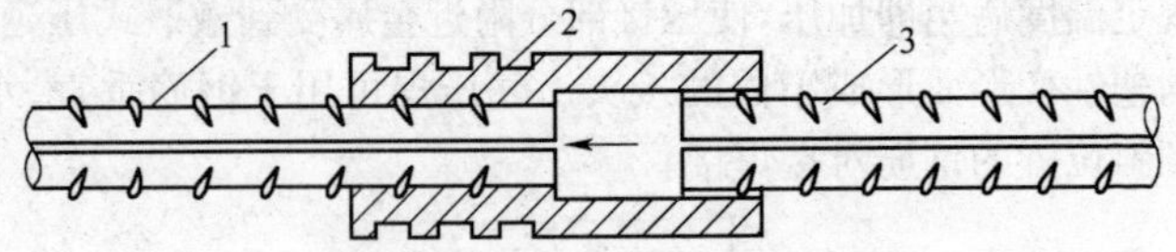

图8-9 钢筋套筒挤压连接

1. 已挤压的钢筋 2. 钢套筒 3. 未挤压的钢筋

2. 钢筋锥螺纹套筒连接

锥螺蚊套筒连接是利用公制锥螺纹能承受轴向力和水平力,密封自锁性较好的原理,靠规定的机械力把钢筋连接在一起。这种连接方法要先在施工现场或钢筋加工厂,用钢筋套丝机把钢筋的连接端加工成锥螺蚊,然后用锥螺纹连接套、力矩扳手,按规定的力矩值,把钢筋和连接套拧紧。这种钢筋接头可用于连接直径16～40mm的Ⅰ～Ⅳ级钢筋,也可用于异径钢筋的连接(图8-10)。

3. 钢筋镦粗直螺纹套筒连接

钢筋镦粗直螺蚊套筒连接是先将钢筋端头镦粗,再切削成直螺纹,然后用带直螺纹的套筒将钢筋两端拧紧的连接方法。这种钢筋接头的

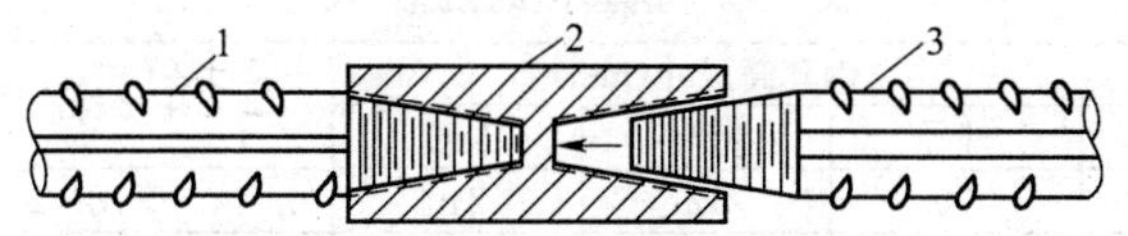

图 8-10 钢筋锥螺纹套筒连接

1. 已连接的钢筋 2. 锥螺纹套筒 3. 待连接的钢筋

特点是钢筋端头经冷镦后，不仅直径增大，使套丝后丝扣底部的截面积不小于钢筋原有面积，而且冷镦后钢材的强度提高，使接头的强度很高，断裂均发生在母材，而不会发生在接头处，保证接头的安全可靠，如图 8-11 所示。适用范围与钢筋锥螺纹套筒连接基本相同。

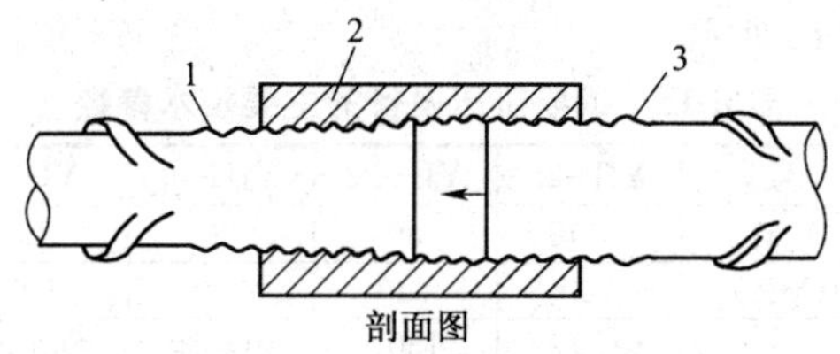

图 8-11 钢筋直螺纹套筒连接

1. 已连接的钢筋 2. 直螺纹套筒 3. 正在拧入的钢筋

4. 钢筋滚压直螺纹套筒连接

钢筋滚压直螺纹套筒连接是利用金属材料塑性变形后冷作硬化增强金属材料强度的特性，使接头与母材等强的连接方式。根据滚压直螺纹成型方式，又可分为直接滚压螺纹、挤压肋滚压螺纹、剥肋滚压螺纹三种类型。

二、钢筋套筒挤压连接工艺

（一）钢套筒及挤压设备

1. 钢套筒

钢套筒的材料应选用强度适中、延性好的优质钢材，其屈服承载力和抗拉承载力应不小于被连接钢筋的屈服承载力和抗拉承载力标准值的 1.10 倍。钢套筒的规格、尺寸应符合表 8-12 的规定。

表 8-12　钢套筒的规格、尺寸

钢套筒型号	钢套筒尺寸(mm)			压接标志道数
	外径	壁厚	长度	
G40	70	12	240	8×2
G36	63	11	216	7×2
G32	56	10	192	6×2
G28	50	8	168	5×2
G25	45	7.5	150	4×2
G22	40	6.5	132	3×2
G20	36	6	120	3×2

2. 挤压设备

钢筋挤压设备由压接钳、超高压油泵及超高压胶管等组成，其型号与参数如表 8-13 所示。

表 8-13　钢筋挤压设备的主要技术参数

<table>
<tr><th colspan="2">设　备　型　号</th><th>YJH-25</th><th>YJH-32</th><th>YJH-40</th><th>YJ-32</th><th>YJ-40</th></tr>
<tr><td rowspan="5">压接钳</td><td>额定压力(MPa)</td><td>80</td><td>80</td><td>80</td><td>80</td><td>80</td></tr>
<tr><td>额定挤压力(MPa)</td><td>760</td><td>760</td><td>900</td><td>600</td><td>600</td></tr>
<tr><td>外形尺寸(mm)</td><td>ϕ150×480</td><td>ϕ150×433</td><td>ϕ170×530</td><td>ϕ120×500</td><td>ϕ150×520</td></tr>
<tr><td>重量(kg)</td><td>28</td><td>33</td><td>40</td><td>32</td><td>36</td></tr>
<tr><td>适用钢筋直径(mm)</td><td>20～25</td><td>25～32</td><td>32～40</td><td>20～32</td><td>32～40</td></tr>
<tr><td rowspan="4">超高压油泵</td><td>电动机</td><td colspan="3">380V，50Hz，1.5kW</td><td colspan="2">380V，50Hz，1.5kW</td></tr>
<tr><td>高压泵</td><td colspan="3">80MPa，0.8L/min</td><td colspan="2">80MPa，0.8L/min</td></tr>
<tr><td>低压泵</td><td colspan="3">2.0MPa，4.0～6.0L/min</td><td colspan="2">—</td></tr>
<tr><td>外形尺寸(mm)</td><td colspan="3">790×540×785(长×宽×高)</td><td colspan="2">—</td></tr>
<tr><td colspan="2">超高压胶管</td><td colspan="5">100MPa，内径 6.0mm，长度 3.0m(5.0m)</td></tr>
</table>

(二)挤压工艺

径向挤压连接工艺流程为：

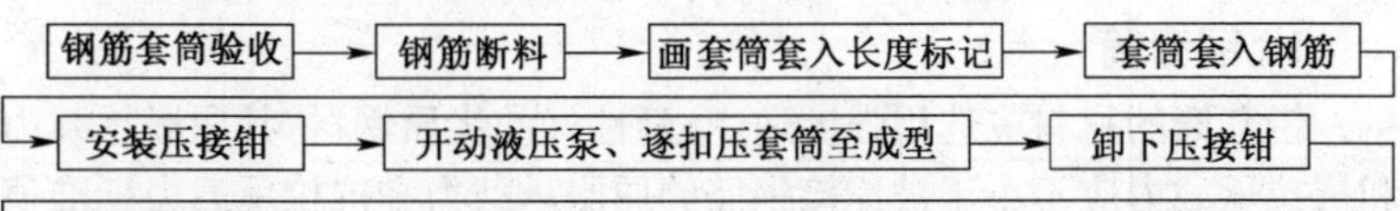

(三)操作要点

1. 准备工作

(1)清除钢筋端头的铁锈、泥沙、油污等杂物。

(2)压接前应首先按连接钢筋直径和钢套筒型号选配压模，不同直径钢筋的套筒不得相互串用，同规格钢筋连接时的参数选择见表 8-14；不同规格钢筋连接时的参数选择见表 8-15。选配好后要将钢筋与套筒进行试套，有问题时进行矫正。

表 8-14　同规格钢筋连接时的参数选择

连接钢筋规格	钢套筒型号	压模型号	压痕最小直径允许范围(mm)	压痕最小总宽度(mm)
ϕ40-ϕ40	G40	M40	60～63	≥80
ϕ36-ϕ36	G36	M36	54～57	≥70
ϕ32-ϕ32	G32	M32	48～51	≥60
ϕ28-ϕ28	G28	M28	41～44	≥55
ϕ25-ϕ25	G25	M25	37～39	≥50
ϕ22-ϕ22	G22	M22	32～34	≥45
ϕ20-ϕ20	G20	M20	29～31	≥45
ϕ18-ϕ18	G18	M18	27～29	≥40

表 8-15　不同规格钢筋连接时的参数选择

<table>
<tr><th>连接钢筋规格</th><th>钢套筒型号</th><th>压模型号</th><th>压痕最小直径允许范围(mm)</th><th>压痕最小总宽度(mm)</th></tr>
<tr><td rowspan="2">ϕ40-ϕ36</td><td rowspan="2">G40</td><td>ϕ40 端 M40</td><td>60～63</td><td>≥80</td></tr>
<tr><td>ϕ36 端 M36</td><td>57～60</td><td>≥80</td></tr>
<tr><td rowspan="2">ϕ36-ϕ32</td><td rowspan="2">G36</td><td>ϕ36 端 M36</td><td>54～57</td><td>≥70</td></tr>
<tr><td>ϕ32 端 M32</td><td>51～54</td><td>≥70</td></tr>
<tr><td rowspan="2">ϕ32-ϕ28</td><td rowspan="2">G32</td><td>ϕ32 端 M32</td><td>48～51</td><td>≥60</td></tr>
<tr><td>ϕ28 端 M28</td><td>45～48</td><td>≥60</td></tr>
<tr><td rowspan="2">ϕ28-ϕ25</td><td rowspan="2">G28</td><td>ϕ28 端 M28</td><td>41～44</td><td>≥55</td></tr>
<tr><td>ϕ25 端 M25</td><td>38～41</td><td>≥55</td></tr>
<tr><td rowspan="2">ϕ25-ϕ22</td><td rowspan="2">G25</td><td>ϕ25 端 M25</td><td>37～39</td><td>≥50</td></tr>
<tr><td>ϕ22 端 M22</td><td>35～37</td><td>≥50</td></tr>
<tr><td rowspan="2">ϕ25-ϕ20</td><td rowspan="2">G25</td><td>ϕ25 端 M25</td><td>37～39</td><td>≥50</td></tr>
<tr><td>ϕ20 端 M20</td><td>33～35</td><td>≥50</td></tr>
</table>

续表 8-15

连接钢筋规格	钢套筒型号	压模型号	压痕最小直径允许范围(mm)	压痕最小总宽度(mm)
ϕ22-ϕ20	G22	ϕ22 端 M22	32～34	≥45
		ϕ20 端 M20	31～33	≥45
ϕ22-ϕ18	G22	ϕ22 端 M22	32～34	≥45
		ϕ18 端 M18	29～31	≥45
ϕ20-ϕ18	G20	ϕ20 端 M20	29～31	≥45
		ϕ18 端 M18	28～30	≥45

(3)检查挤压设备,并进行试压,符合要求后方可作业。

2. 钢筋断料并画端头压接标志

接头钢筋断料宜用砂轮切割机断料,钢筋端头应有定位标志和检查标志,以确保钢筋伸入套筒内的长度。定位标志距钢筋端部的距离为钢套筒长度的 1/2。

3. 钢筋插入钢套筒

钢筋应按标志要求插入套筒内,钢筋端头离套筒长度中点不宜超过 10mm,并用检查标志检查钢筋的插入深度,确保插入深度符合设计要求。被连接钢筋的轴心与钢套筒的轴心应保持同一直线,防止偏心和弯折。

4. 安装压接钳并压接

现场径向挤压连接一般分两次进行,第一次先将套筒一半套入一根被连接钢筋,压接半个接头;然后在施工现场再压接另半个接头。

压接时首先在接头处挂好平衡器与压钳,接好进、回油油管,启动超高压泵,调节好压接所需的油压力,然后将下压模卡板打开,取出下模,把挤压机机架的开口插入被挤压的带肋钢筋的连接套中,插回下模,锁紧卡板,压钳在平衡器平衡力的作用下,对准钢筋套筒压接标志处,控制挤压机换向阀进行挤压。

挤压时,压钳的压接应对准套筒压痕标志,并垂直被压钢筋的横肋。压接钳施压顺序应由套筒中部顺次向端部进行,如图 8-12 所示。压接结束后将紧锁的卡板打开,取出下模,退出挤压机,则完成挤压施工。钢筋半接头挤压工艺见表 8-16,钢筋接头挤压工艺见表 8-17。

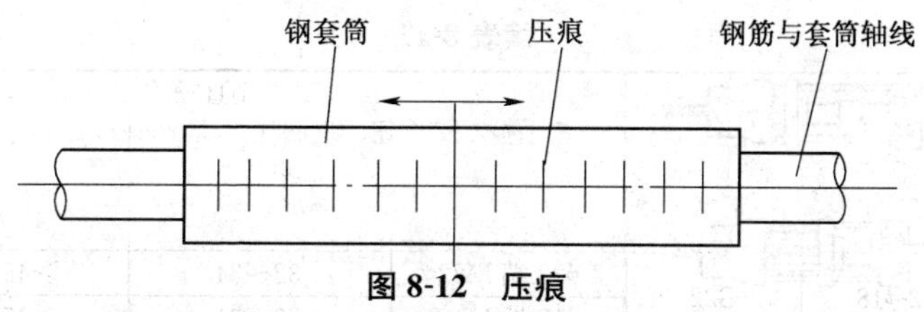

图 8-12　压痕

表 8-16　钢筋半接头挤压工艺

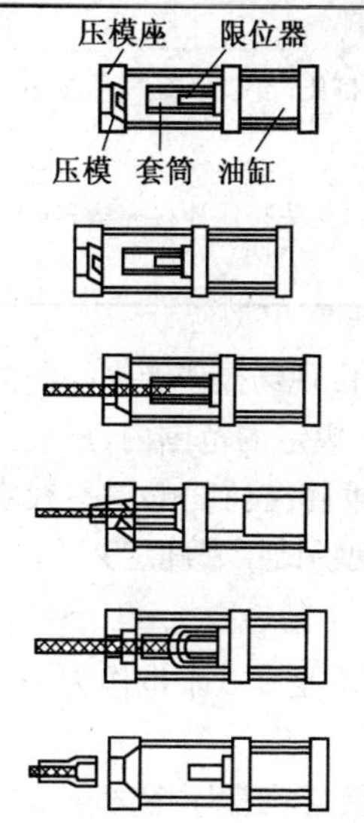	装好高压油管和钢筋配用的限位器、套筒、压模并在压模内孔壁涂润滑油
	按手控“上”按钮，使套筒对正压模内孔再按手控“停止”按钮
	插入钢筋，顶在限位器立柱上，扶正
	按手控“上”按钮，进行挤压
	当听到溢流“吱吱”声，再按手控“下”按钮，退回柱塞，取下压模
	取出半套筒接头，挤压作业结束

表 8-17　钢筋接头挤压工艺

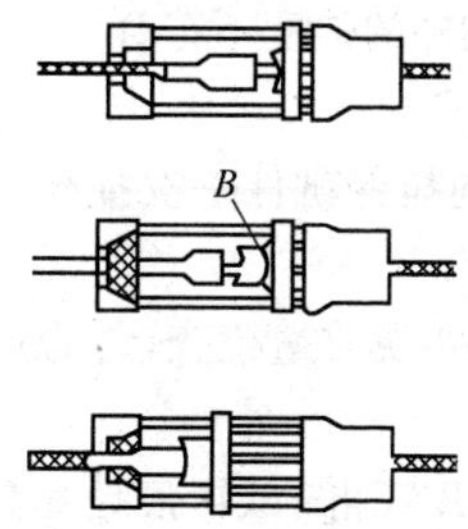	将半套筒接头插入结构钢筋，挤压机就位
	放置与钢筋配用的压模和垫块 B
	按手控“上”按钮，进行挤压，听到“吱吱”溢流声

续表 8-17

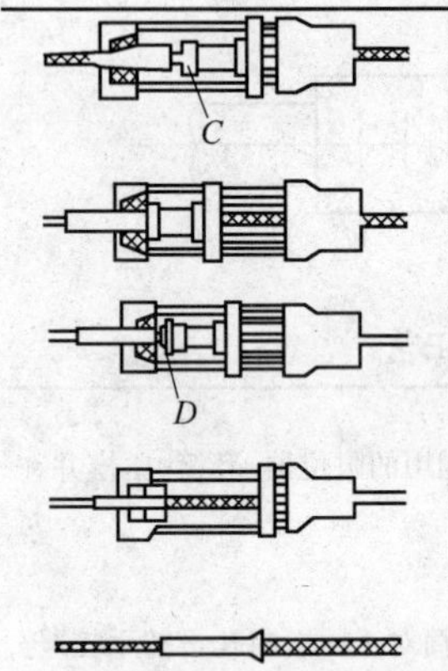	按手控“下”按钮。退回柱塞及导向板；装上垫块 C
	按手控“上”按钮，进行挤压
	按手控“下”按钮，退回柱塞，加垫块 D
	按手控“上”按钮，进行挤压；再按手控“下”按钮，退回柱塞
	取下垫块、模具、挤压机，接头挤压连接完毕，挂上挂钩，提升挤压机

施压程度主要控制压痕深度，实际工程中，由现场操作者来控制的主要是压痕最小直径，它应在表 8-14 和表 8-15 规定的范围内，压痕最小直径一般是通过挤压机上的压力表读数来间接控制，范围一般在 60～70MPa，也有在 54～80MPa 之间，主要凭现场试压来确定。

5. 接头检查验收

(1)每 500 个为一验收批进行检验与验收，不足 500 个也作为一个验收批。

(2)每一验收批均应按设计要求的性能等级，在工程中随机抽取 3 个接头试件做抗拉强度试验并作出评定，其抗拉强度均不得低于被连接钢筋抗拉强度标准值的 1.05 倍，若其中有一个试件不符合要求时，应再抽取 6 个试件进行复检，复检中仍有 1 个试件的强度不符合要求，则该验收批评为不合格。

(3)在现场连续检验 10 个验收批，全部单向拉伸试件一次抽样合格时，验收批接头数量可扩大一倍。

(4)每一验收批应随机抽取 10% 的接头作外观质量检查，外观质量检查应符合下列要求：

①挤压后的套筒长度应为原长度的 1.10～1.15 倍；或压痕处套筒外径的变化范围为原外径的 0.8～0.9 倍；

②接头的压痕道数应符合型式检验确定的道数；

③接头处弯折不得大于 3°；

④挤压后的套筒不得有肉眼可见的裂缝。

(四)异常现象及消除措施

钢筋套筒挤压的异常现象及消除措施如表 8-18 所示。

表 8-18　钢筋套筒挤压的异常现象及消除措施

序号	异常现象及缺陷	原因或消除措施
1	挤压机无挤压力	(1)高压油管连接位置不正确 (2)油泵故障
2	钢套筒套不进钢筋	(1)钢筋弯折或纵肋超差 (2)砂轮修磨纵肋
3	压痕分布不匀	压接时将压模与钢套筒的压接标志对正
4	接头弯折超过规定值	(1)压接时摆正钢筋 (2)切除或调直钢筋弯头
5	压接程度不够	(1)泵压不足 (2)钢套筒材料不符合要求
6	钢筋伸入套筒的长度不够	(1)未按钢筋伸入位置、标志挤压 (2)钢套筒材料不符合要求
7	压胀明显不均	检查钢筋在套筒内伸入部位是否有压高现象

质量关键要求：施工前钢套筒要进行检查验收，不合格者不得使用，压接时应注意检查钢筋的插入深度、钢筋标志线、套筒的压痕道数、接头弯折度、套筒裂缝等是否符合规定要求，并认真填写有关现场施工记录。

三、锥螺纹套筒连接

(一)机具设备

1. 钢筋顶压机或镦粗机

钢筋顶压机用于加工 GK 型等强锥螺纹接头；镦粗机用于钢筋末端的镦粗，可利用液压冷锻压床。

2. 钢筋套丝机

钢筋套丝机是加工钢筋连接端的锥形螺纹的一种专用设备。型号有 SZ-50A、GZL-40 等。

3. 力矩扳手

力矩扳手是保证钢筋连接质量的测力扳手。它可以按照钢筋直径大小规定的力矩值，把钢筋与连接套筒拧紧，并发出声响信号。力矩扳手的拧紧力矩值见表 8-19。

表 8-19 力矩扳手的拧紧力矩值

钢筋直径(mm)	16	18	20	22	25～28	32	36～40
拧紧力矩(N·m)	118	145	177	216	275	314	343

4. 量规

量规包括牙形规、卡规和锥螺纹塞规。其中牙形规用来检查钢筋连接端的锥螺纹牙形加工质量；卡规用来检查钢筋连接端的锥螺纹小端直径；锥螺纹塞规用来检查锥螺纹连接套筒加工质量。

(二)工艺流程

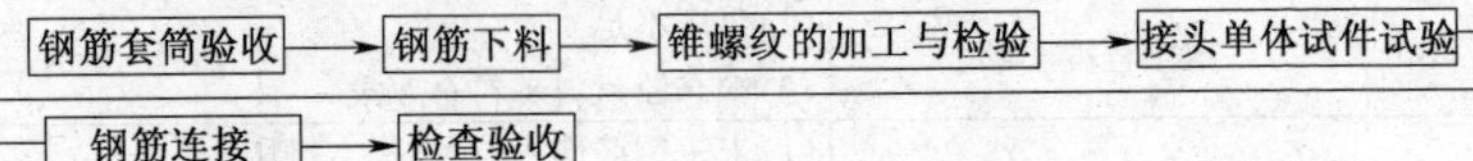

(三)操作要点

1. 锥螺纹套筒检验

锥螺纹套筒由专业工厂加工，出厂成品两端锥孔必须用配套的塑料密封盖封严。钢筋锥螺纹套筒连接接头尺寸没有统一规定，但必须经技术部门检验认定。表 8-20 和表 8-21 所列的数据可供参考。

表 8-20 钢筋普通锥螺纹套筒接头(Ⅱ级)规格尺寸

序号	钢筋公称直径	锥螺纹尺寸	l(mm)	L(mm)	D(mm)
1	ϕ18	ZM19×2.5	25	60	28
2	ϕ20	ZM21×2.5	28	65	30
3	ϕ22	ZM23×2.5	32	70	32
4	ϕ25	ZM26×2.5	37	80	35

续表 8-20

序号	钢筋公称直径	锥螺纹尺寸	l(mm)	L(mm)	D(mm)
5	ϕ28	ZM29×2.5	42	90	38
6	ϕ32	ZM33×2.5	47	100	44
7	ϕ36	ZM37×2.5	52	110	48
8	ϕ40	ZM41×2.5	57	120	52

表 8-21　钢筋等强度锥螺纹套筒接头(Ⅰ级)规格尺寸(钢筋端头镦粗)

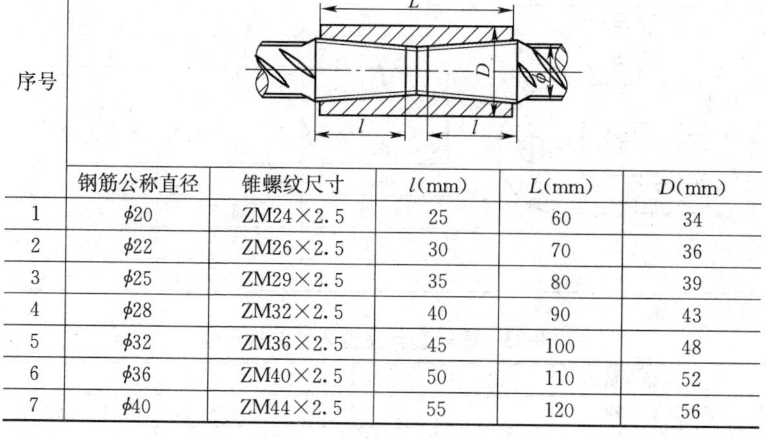

序号	钢筋公称直径	锥螺纹尺寸	l(mm)	L(mm)	D(mm)
1	ϕ20	ZM24×2.5	25	60	34
2	ϕ22	ZM26×2.5	30	70	36
3	ϕ25	ZM29×2.5	35	80	39
4	ϕ28	ZM32×2.5	40	90	43
5	ϕ32	ZM36×2.5	45	100	48
6	ϕ36	ZM40×2.5	50	110	52
7	ϕ40	ZM44×2.5	55	120	56

进入施工现场的锥螺纹套筒必须按规定的检查项目进行检查与验收，其中最重要的是用锥螺纹塞规检查套筒的加工质量，如图 8-13 所示。当套筒大端边缘在锥螺纹塞规端缺口范围内时，套筒为合格品。

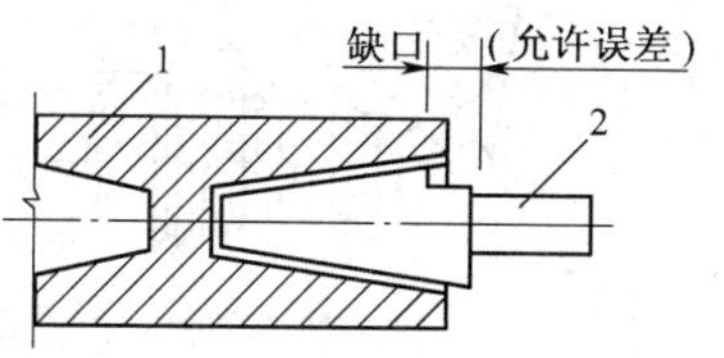

图 8-13　用锥螺纹塞规检查套筒

1. 锥螺纹套筒　2. 塞规

2. 钢筋锥螺纹的加工与检验

钢筋的下料宜采用砂轮切割机，其端头截面应与钢筋轴线垂直，并不得翘曲。Ⅰ级接头应以钢筋的端头进行镦粗或径向顶压处理。顶压端头检验标准应符合表 8-22 的规定。

经检验合格的钢筋方可在套丝机加工锥螺纹，钢筋套丝所需的完整牙数如表 8-23 所示。螺纹的锥度、牙形、螺距等必须与连接套筒的锥度、牙形、螺距一致，且经配套的量规检测合格。对已加工好的螺纹端要用图 8-14 所示牙形规及卡规逐个检查，要求螺纹的牙形必须与牙形规相吻合，其小端直径应在卡规上标出的允许误差之内。经检查合格的成品，一端要拧上塑料保护帽，另一端拧上钢套筒与塑料封盖，并用力矩扳手将套筒拧至规定的力矩，以利保护与运输。

表 8-22　尺寸检测要求

检测规简图	钢筋规格	A(mm)	B(mm)
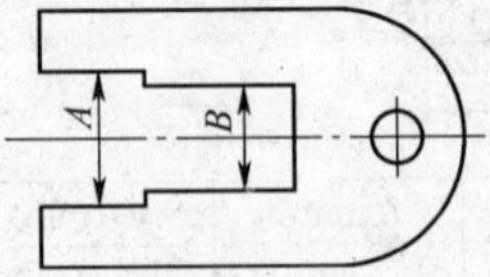	$\phi16$	17.0	14.5
	$\phi18$	18.5	16.0
	$\phi20$	19.0	17.5
	$\phi22$	22.0	19.0
	$\phi25$	25.0	22.0
	$\phi28$	27.5	24.5
	$\phi32$	31.5	28.0
	$\phi36$	35.5	31.5
	$\phi40$	39.5	35.0

表 8-23　钢筋套丝完整牙数的规定值

钢筋直径(mm)	16～18	20～22	25～28	32	36	40
完整牙数	5	7	8	10	11	12

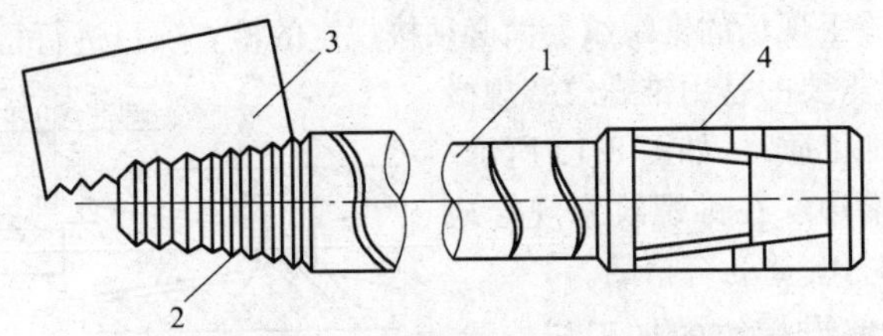

图 8-14　钢筋套丝的检查

1. 钢筋　2. 锥螺纹　3. 牙形规　4. 卡规

3. 钢筋锥螺纹连接施工

(1)连接钢筋前，将下层钢筋上端的塑料保护帽拧下露出丝扣，并将丝扣上的水泥浆等污物清理干净。

(2)将已拧套筒的上层钢筋拧到被连接的钢筋上,并用力矩扳手按表 8-19 规定的力矩值把钢筋接头拧紧,直至力矩扳手在调定的力矩值处发出响声,并随手画上油漆标记,以防接头漏拧。如图 8-15 所示,常用锥螺纹钢筋的连接方法为:

①同径或异径的普通接头:分别用力矩扳手将 1 与 2、2 与 4 拧到规定的力矩值(图 8-15a)。

②单向可调接头:分别用力矩扳手将 1 与 2、3 与 4 拧到规定的力矩值,再把 5 与 2 拧紧(图 8-15b)。

③双向可调接头:分别用力矩扳手将 1 与 6、3 与 4 拧到规定的力矩值,且保持 3 与 6 的外露丝扣数相等,然后分别夹住 3 与 6,把 2 拧紧(图 8-15c)。

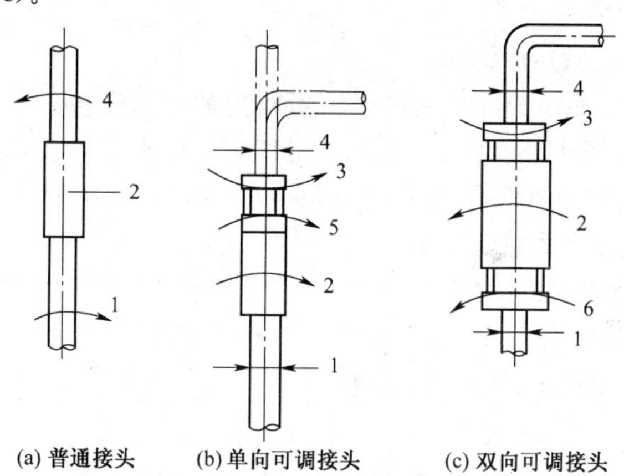

图 8-15　锥螺纹钢筋连接方法

1、4. 钢筋　2. 连接套筒　3、6. 可调套筒　5. 锁母

4. 接头检查验收

(1)每 500 个为一验收批进行检验与验收,不足 500 个也作为一个验收批。

(2)对每一验收批,应在工程结构中随机抽取 3 个接头试件做抗拉强度试验,按设计的性能要求进行检验与评定,在现场连续检验 10 个验收批，全部单向拉伸试件一次抽样合格时，验收批接头数量可扩大一倍。

(3)用质检的力矩扳手，按表 8-19 规定的拧紧力矩值抽检接头的连接质量。抽检的数量按相关规定执行，抽检的接头应全部合格，如有 1 个接头不合格，则该验收批接头应逐个检查，对查出的不合格接头应采用电弧贴角焊缝方法补强，焊缝高度不得小于 5mm。

提示：施工和检验用的力矩扳手必须分开，不得混用，以保证力矩检验值的准确。钢筋套丝，操作前应调整好定位尺的位置，并按照钢筋规格配以相对应的加工导向套。接头施工应由具有资质证明的专业施工队伍承包。

四、钢筋镦粗直螺纹套筒连接

(一)机具设备

1. 钢筋液压冷镦机

钢筋液压冷镦机是钢筋端头镦粗用的专用设备。其型号有：HJC200 型(镦粗直径 18～40mm 的Ⅱ级钢筋)、HJC250 型(镦粗直径 20～40mm 的Ⅲ级钢筋)、GZD40、CDJ-50 型等。

2. 钢筋直螺纹套丝机

直螺纹套丝机是将已镦粗或未镦粗的钢筋端头切削成直螺纹的专用设备。其型号有：GZL-40、HZS-40、GTS-50 等。

3. 力矩扳手、通规、止规等

(二)工艺流程

套筒验收 → 钢筋下料镦粗 → 钢筋套丝与检验 → 钢筋连接 → 接头质量检验

(三)操作要点

1. 镦粗直螺纹套筒检查验收

镦粗直螺纹套筒一般由专业加工厂加工，根据用途的不同分为同径连接套筒、异径连接套筒和可调节连接套筒。同径连接套筒分右旋和左右旋两种(图 8-16)，其尺寸见表 8-24 和表 8-25。异径连接套筒如

表 8-26 所示。可调节连接套筒如表 8-27 所示。套筒要求表面无裂纹、牙形饱满，无其他缺陷。用牙形规检查合格，用直螺纹塞规检查其尺寸精度，套筒两端头的孔必须用塑料盖封上。

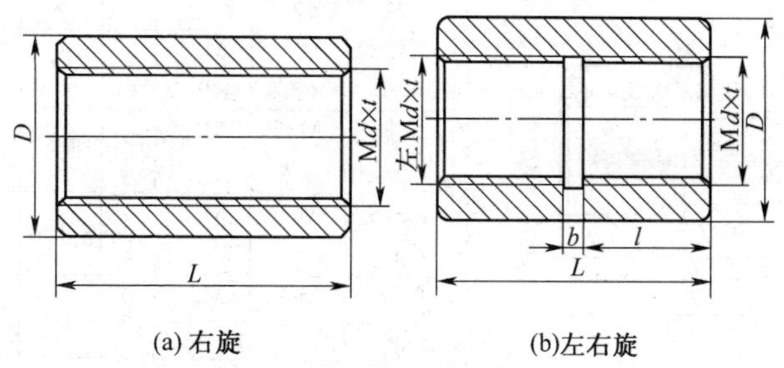

(a) 右旋　　(b)左右旋

图 8-16　同径连接套筒

表 8-24　同径右旋连接套筒

型号与标记	Md×t	D (mm)	L (mm)	型号与标记	Md×t	D (mm)	L (mm)
A20S-G	24×2.5	36	50	A32S-G	36×3	52	72
A22S-G	26×2.5	40	55	A36S-G	40×3	58	80
A25S-G	29×2.5	43	60	A40S-G	44×3	65	90
A28S-G	32×3	46	65				

表 8-25　同径左右旋连接套筒

型号与标记	Md×t	D(mm)	L(mm)	l(mm)	b(mm)
A20SLR-G	24×2.5	38	56	24	8
A22SLR-G	26×2.5	42	60	26	8
A25SLR-G	29×2.5	45	66	29	8
A28SLR-G	32×3	48	72	31	10
A32SLR-G	36×3	54	80	35	10

表 8-26　异径连接套筒　(mm)

简　图	型号与标记	$Md_1\times t$	$Md_2\times t$	b	D	l	L
	AS20-22	M26×2.5	M24×2.5	5	42	26	57
	AS22-25	M29×2.5	M26×2.5	5	45	29	63
	AS25-28	M32×3	M29×2.5	5	48	31	67
	AS28-32	M36×3	M32×3	6	54	35	76
	AS32-36	M40×3	M36×3	6	60	38	82
	AS36-40	M44×3	M40×3	6	67	43	92

表 8-27　可调节连接套筒

简　图

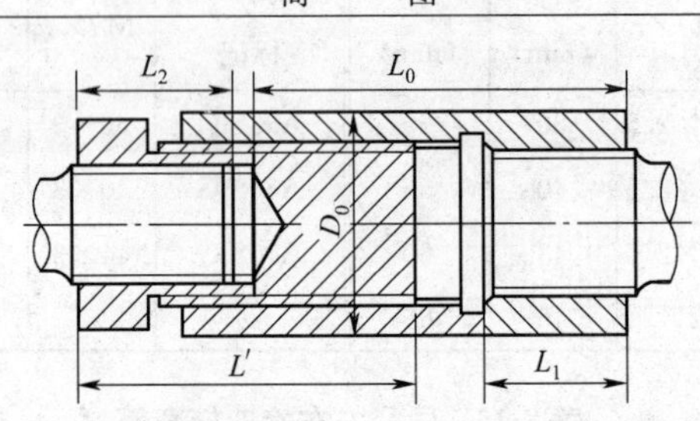

序号	型号和规格	钢筋规格 ϕ(mm)	D_0 (mm)	L_0 (mm)	L' (mm)	L_1 (mm)	L_2 (mm)
1	DSJ-22	ϕ22	40	73	52	35	35
2	DSJ-25	ϕ25	45	79	52	40	40
3	DSJ-28	ϕ28	48	87	60	45	45
4	DSJ-32	ϕ32	55	89	60	50	50
5	DSJ-36	ϕ36	64	97	66	55	55
6	DSJ-40	ϕ40	68	121	84	60	60

2. 钢筋镦粗与套丝

钢筋的下料宜采用砂轮切割机，其端头截面应与钢筋轴线垂直，并不得有马蹄形或翘曲。将下料钢筋放在液压冷锻压床上镦粗，不同规格的钢筋冷镦后的尺寸如表 8-28 所示。将冷镦后的钢筋在钢筋套丝机上加工螺纹，螺纹应与连接套筒相匹配，牙形饱满，无断牙、秃牙等缺陷。

表 8-28　钢筋冷镦规格尺寸

序号	简　　图	钢筋规格 ϕ(mm)	镦粗直径 d(mm)	长度 L(mm)
1		ϕ22	ϕ26	30
2		ϕ25	ϕ29	33
3		ϕ28	ϕ32	35
4		ϕ32	ϕ36	40
5		ϕ36	ϕ40	44
6		ϕ40	ϕ44	50

套丝后用配套的直螺纹量规(图 8-17)逐根检测加工好的螺纹，不合格的螺纹应切断重新镦粗和套丝。

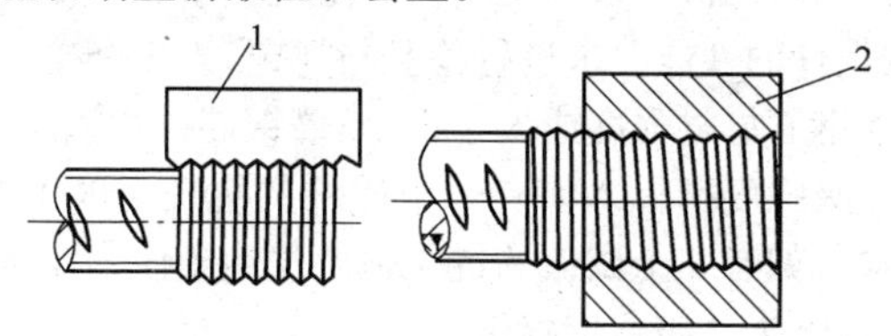

图 8-17　直螺纹接头量规

1. 牙形规　2. 直螺纹环规

3. 现场连接施工

(1)施工前应对进场钢筋进行接头连接工艺检验，合格后方可施工。

(2)对连接钢筋可以自由转动的，先将套筒预先部分或全部拧入一根被连接钢筋的螺纹内，而后转动连接钢筋或反拧套筒到预定位置，最后用扳手转动连接钢筋，使其相互对顶锁定连接套筒。

(3)对于钢筋完全不能转动(如弯折或还要调整钢筋内力的场合)，

可将锁定螺母和连接套筒预先拧入加长的螺纹内，再反拧入另一根钢筋端头螺纹上，最后用锁定螺母锁定连接套筒；或配套应用带有正反螺纹的套筒，以便从一个方向能松开或拧紧两根钢筋。

(4)直螺纹钢筋连接时，应采用力矩扳手按表 8-29 规定的力矩值把钢筋接头拧紧。

表 8-29　直螺纹钢筋接头拧紧力矩值

钢筋直径(mm)	16～18	20～22	25	28	32	36～40
拧紧力矩(N·m)	100	200	250	280	320	350

4. 接头质量检验

(1)钢筋连接前和连接过程中，应对每批进场钢筋进行接头连接工艺检验(作单向拉伸试验)。每种规格钢筋的接头试件应不少于 3 个，其抗拉强度应能发挥钢筋母材强度或大于 1.15 倍钢筋抗拉强度标准值。

(2)现场接头检验，每 500 个为一验收批进行检验与验收，不足 500 个也作为一个验收批。

(3)对每一验收批，应在工程结构中随机抽取 3 个接头试件做抗拉强度试验，按设计的性能要求进行检验与评定，当 3 个接头试件的抗拉强度都能发挥钢筋母材强度或大于 1.15 倍钢筋抗拉强度标准值时，该验收批达到Ⅰ级强度指标。如有 1 个试件的抗拉强度不符合要求，应加倍取样复检。如有 3 个试件的抗拉强度仅达到该钢筋抗拉强度标准值，则该验收批降为Ⅱ级强度指标。

(4)在现场连续检验 10 个验收批，全部单向拉伸试件一次抽样合格时，验收批接头数量可扩大一倍。

质量关键要求：钢筋、套筒与锁紧螺母材料的材质应符合规定要求。钢筋套丝后的质量要符合相关标准，并与连接套筒螺纹规格相匹配。

五、钢筋滚压直螺纹套筒连接

(一)滚压直螺纹加工设备

1. 钢筋滚丝机

钢筋滚丝机有可直接液压螺纹的，型号有：GZL-32、GYZL-40、

GSJ-40、HGS40 等。此法加工简单，但精度较差。

2. 挤肋滚压螺纹设备

采用专用设备先将钢筋的肋预压平后，再滚压螺纹，此法需两套设备，加工精度有一定提高。

3. 钢筋剥肋滚丝机

钢筋剥肋滚丝机（图 8-18）是先将钢筋的纵横肋进行剥肋处理，再进行螺纹滚压成型。此法精度较高，是一种有较大发展前景的设备。

滚压直螺纹加工以剥肋滚丝机为例，其工作过程：将待加工的钢筋夹在夹钳上，开动机器，扳动进给装置，使动力头向前移动，开始剥肋滚压螺纹，待滚压到调定位置后，设备自动停机并反转，将钢筋端部退出滚压设备，扳动进给装置将动力头复位停机，螺纹加工完成。

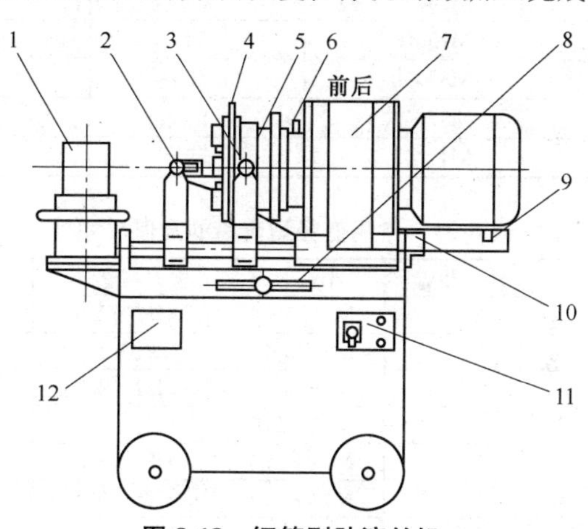

图 8-18　钢筋剥肋滚丝机

1. 台钳　2. 胀刀触头　3. 收刀触头　4. 剥肋机构
5. 滚丝头　6. 上水管　7. 减速机　8. 进给手柄
9. 行程挡块　10. 行程开关　11. 控制面板　12. 标牌

（二）工艺流程

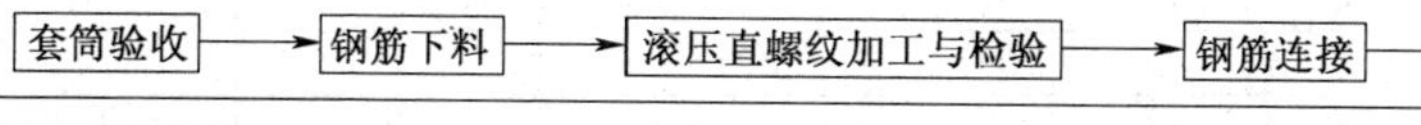

(三)操作要点

1. 滚压直螺纹套筒检查验收

滚压直螺纹套筒采用优质碳素结构钢在专业工厂加工成型,分为标准型、正反丝扣型、变径型、可调型等,其规格与尺寸应分别符合表8-30、表8-31和表8-32的规定。

表8-30　标准型套筒的几何尺寸　(mm)

规　格	螺纹直径	套筒外径	套筒长度
16	M16.5×2	25	45
18	M19×2.5	29	55
20	M21×2.5	31	60
22	M23×2.5	33	65
25	M26×3	39	70
28	M29×3	44	80
32	M33×3	49	90
36	M37×3.5	54	98
40	M41×3.5	59	105

表8-31　常用变径型套筒的几何尺寸　(mm)

套筒规格	外　径	小端螺纹	大端螺纹	套筒总长
16～18	29	M16.5×2	M19×2.5	50
16～20	31	M16.5×2	M21×2.5	53
18～20	31	M19×2.5	M21×2.5	58
18～22	33	M19×2.5	M23×2.5	60
20～22	33	M21×2.5	M23×2.5	63
20～25	39	M21×2.5	M26×3	65
22～25	39	M23×2.5	M26×3	68
22～28	44	M23×2.5	M29×3	73
25～28	44	M26×3	M29×3	75
25～32	49	M26×3	M33×3	80
28～32	49	M29×3	M33×3	85
28～36	54	M29×3	M37×3.5	89
32～36	54	M33×3	M37×3.5	94
32～40	59	M33×3	M41×3.5	98
36～40	59	M37×3.5	M41×3.5	102

表 8-32　可调型套筒的几何尺寸　(mm)

规　格	螺纹直径	套筒总长	旋出后长度	增加长度
16	M16.5×2	118	141	96
18	M19×2.5	141	169	114
20	M21×2.5	153	183	123
22	M23×2.5	166	199	134
25	M26×3	179	214	144
28	M29×3	199	239	159
32	M33×3	222	267	117
36	M37×3.5	244	293	195
40	M41×3.5	261	314	209

注:表中“增加长度”为可调型套筒比普通套筒加长的长度,施工配筋时应将钢筋的长度按此数进行缩短。

2. 滚压直螺纹检验

滚压直螺纹加工完后,操作工人应按表 8-33 的要求检查丝头成品的加工质量,每加工 10 个丝头用环通规、环止规检查一次(图 8-19),全部成品都要进行自检,不合格的丝头应切去重新加工。

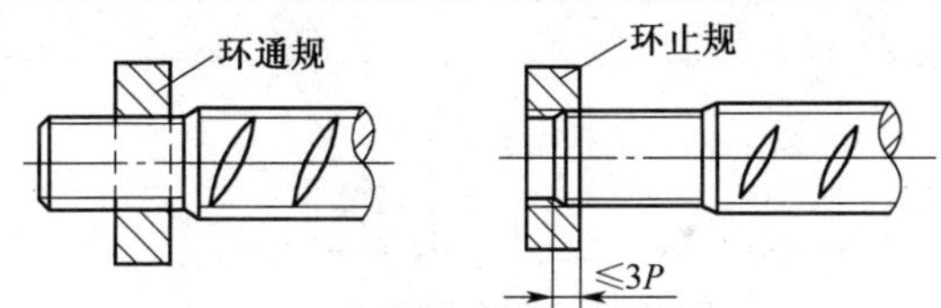

图 8-19　剥肋滚压丝头质量检查

表 8-33　剥肋滚压丝头加工尺寸(mm)

规　格	剥肋直径	螺纹尺寸	丝头长度	完整丝扣圈数
16	15.1±0.2	M16.5×2	22.5	≥8
18	16.9±0.2	M19×2.5	27.5	≥7
20	18.8±0.2	M21×2.5	30	≥8
22	20.8±0.2	M23×2.5	32.5	≥9
25	23.7±0.2	M26×3	35	≥9
28	26.6±0.2	M29×3	40	≥10
32	30.5±0.2	M33×3	45	≥11
36	34.5±0.2	M37×3.5	49	≥9
40	38.1±0.2	M41×3.5	52.5	≥10

3. 现场连接施工

(1)连接前应对钢筋丝头和套筒进行检查,确认规格一致,丝扣干净完好。

(2)采用预埋接头时，连接接头的预埋位置、规格和数量应符合设计要求，套筒的外露端应有保护盖；带连接套筒的钢筋应固定牢靠。

(3)接头应使用力矩扳手或管钳施工，将两个丝头在套筒的中间位置顶紧，接头拧紧力矩应符合表 8-29 的规定。力矩扳手精度为±5%。

(4)经拧紧后的丝扣应做出标记，单边外露丝扣长度不应超过 $2p$ (p 为螺距)。

(5)根据待接钢筋所在位置和转动难度，选用相应的套筒及安装方法，如图 8-20～图 8-23 所示。

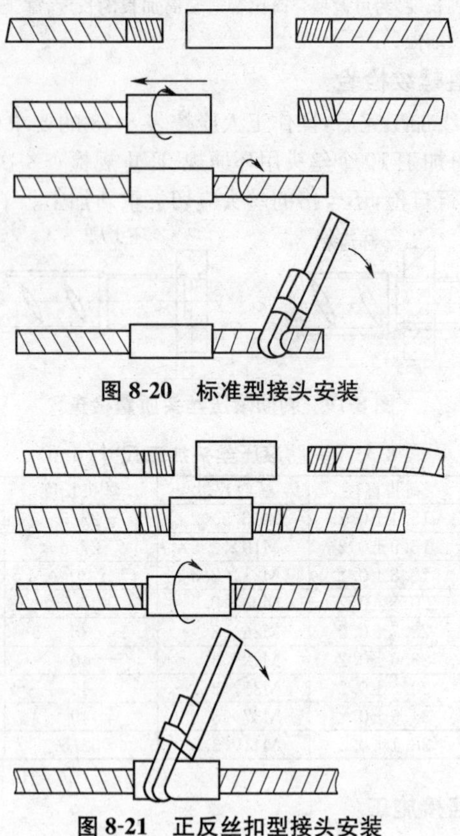

图 8-20 标准型接头安装

图 8-21 正反丝扣型接头安装

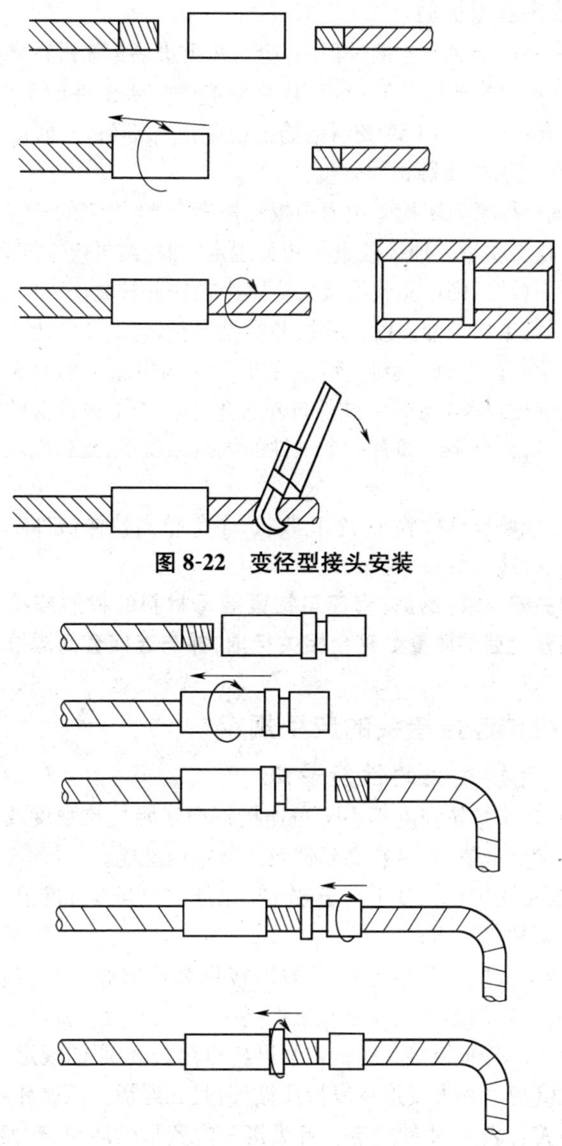

图 8-22　变径型接头安装

图 8-23　可调型接头安装

4. 接头质量检验

(1)钢筋连接前和连接过程中,应对每批进场钢筋进行接头连接工艺检验(作单向拉伸试验)。每种规格钢筋的接头试件应不少于3个,其抗拉强度均应不小于该级别钢筋抗拉强度标准值,同时尚应不小于0.9倍钢筋母材的实际抗拉强度。

(2)现场拧紧力矩检验用力矩扳手按表8-29规定的拧紧力矩值抽检接头的施工质量。抽检数量按相关规定,抽检结果应全部合格,如有一个接头不合格,则该验收批接头应逐个检查并拧紧。

(3)现场单向拉伸强度试验按验收批进行,每500个为一验收批进行检验与验收。对每一验收批,应在工程结构中随机抽取3个接头试件做抗拉强度试验,当3个试件抗拉强度不小于Ⅰ级接头的强度要求时,该验收批为合格。如有一个试件的抗拉强度不合格,则应加倍取样复检。

(4)在现场连续检验10个验收批,全部单向拉伸试件一次抽样合格时,验收批接头数量可扩大为1000个。

质量关键要求:钢筋、套筒与锁紧螺母材料的材质应符合规定要求。钢筋套丝后的质量要符合相关标准,并与连接套筒螺纹规格相匹配。

六、机械连接接头的应用规定

(一)连接接头的性能等级

Ⅰ级:接头抗拉强度不小于被连接钢筋实际抗拉强度或1.1倍钢筋抗拉强度标准值,并具有高延性及反复拉压性能。

Ⅱ级:接头抗拉强度不小于被连接钢筋抗拉强度标准值,并具有高延性及反复拉压性能。

Ⅲ级:接头抗拉强度不小于被连接钢筋屈服强度标准值的1.35倍,并具有一定的延性及反复拉压性能。

Ⅰ级、Ⅱ级、Ⅲ级接头的抗拉强度应符合表8-34的规定,并应能经受规定的高应力和大变形反复拉压循环,且在经历拉压循环后,其抗拉强度仍应符合表8-34的规定。各级接头的变形性能应符合表8-35的规定。

表 8-34　接头的抗拉强度

接头等级	Ⅰ级接头	Ⅱ级接头	Ⅲ级接头
抗拉强度	$f_{mat}^0 \geqslant f_{st}^0$或$\geqslant 1.10 f_{uk}$	$f_{mat}^0 \geqslant f_{uk}$	$f_{mat}^0 \geqslant 1.35 f_{yk}$

注：f_{mat}^0——接头试件实际抗拉强度；f_{st}^0——接头试件中钢筋抗拉强度实测值；f_{uk}——钢筋抗拉强度标准值；f_{yk}——钢筋屈服强度标准值。

表 8-35　接头的变形性能

序号	变形性能		接头等级	
			Ⅰ级、Ⅱ级	Ⅲ级
1	单向拉伸	非弹性变形(mm)	$u \leqslant 0.10(d \leqslant 32)$ $u \leqslant 0.15(d > 32)$	$u \leqslant 0.10(d \leqslant 32)$ $u \leqslant 0.15(d > 32)$
2		总伸长率(%)	$\delta_{sgt} \geqslant 4.0$	$\delta_{sgt} \geqslant 2.0$
3	高应力反复拉压	残余变形(mm)	$u_{20} \leqslant 0.3$	$u_{20} \leqslant 0.3$
4	大变形反复拉压	残余变形(mm)	$u_4 \leqslant 0.3$ $u_8 \leqslant 0.3$	$u_4 \leqslant 0.6$

注：u——接头的非弹性变形；u_{20}——接头经高压力反复拉压 20 次后的残余变形；u_4——接头经大变形反复拉压 4 次后的残余变形；u_8——接头经大变形反复拉压 8 次后的残余变形；δ_{sgt}——接头试件总伸长率。

(二)应用规定

(1)混凝土结构中要求充分发挥钢筋强度或对接头的延性要求较高的部位，应采用Ⅰ级或Ⅱ级接头；结构中钢筋应力较高或对接头延性要求不高的部位，可采用Ⅲ级接头。

(2)混凝土保护层厚度宜符合表 4-21 的规定，且不得小于 15mm，连接件之间的横向净距宜不小于 25mm。

(3)结构构件中纵向受力钢筋的接头宜相互错开，纵向受力钢筋机械连接接头连接区段的长度按 35 倍 d (d 为纵向受力钢筋的较大直径)计算。同一连接区段内，有接头的受力钢筋截面面积占受力钢筋总截面面积的百分率应符合下列规定：

①接头宜设在结构构件受拉钢筋应力较小的部位，当需要在高应

力部位设置接头时，Ⅲ级接头的百分率应不大于25%；Ⅱ级接头的百分率应不大于50%；Ⅰ级接头的百分率可不受限制。

②接头不宜设置在有抗震设防要求的框架梁端、柱端的箍筋加密区；当无法避开时，应采用Ⅰ级接头和Ⅱ级接头，且接头百分率应不大于50%。

③直接承受动力荷载的结构构件中，接头百分率应不大于50%。

④当对具有钢筋接头的构件进行试验并取得可靠数据时，接头的应用范围可根据工程的实际情况进行调整。

第九章　钢筋现场绑扎与安装

第一节　钢筋的绑扎方法

钢筋的绑扎搭接是施工现场的常用方法，分为预先绑扎后安装和现场模内绑扎两种。其基本做法是将钢筋按规定长度搭接，再将交叉点用铁丝(火烧丝)绑牢。

一、绑扎操作方法

(一)一面顺扣法

这是常用的绑扎方法。其操作方法如图 9-1 所示，先将铁丝对折成 180°，理顺叠齐，放在左手掌内，绑扎时用左拇指将一根铁丝推出，食指配合将弯折端沿钢筋交叉处伸入绑扎点底部，右手持铁丝钩子用钩尖钩起铁丝弯折处向上拉至钢筋上部(图中 1)，与左手所执的铁丝开口端紧靠，顺时针转动钩子将两根钢筋交叉拧紧在一起(图中 2)，拧紧 2～3 圈(图中 3)即可。

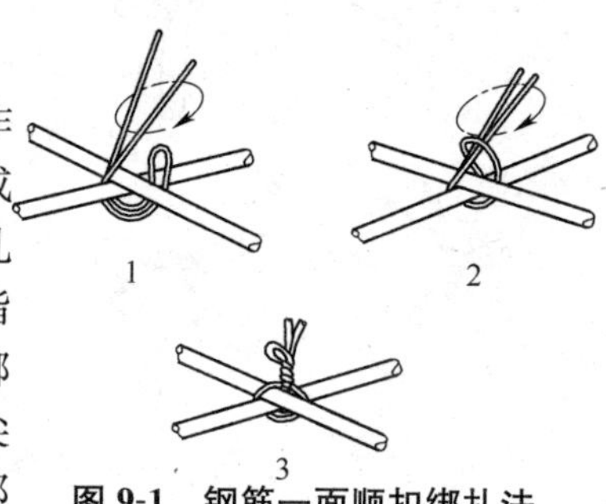

图 9-1　钢筋一面顺扣绑扎法

要诀：持铁丝钩子用钩尖钩起铁丝弯折处向上拉时，铁丝扣伸出钢筋底部要短，上拉要用力，将铁丝紧靠钢筋底部再拧紧，将底面钢筋绷紧在一起，绑扎才能又快又牢靠。

(二)其他绑扎方法

其他绑扎方法有兜扣、十字花扣、缠扣、反十字花扣、套扣、兜扣加缠等几种，如图 9-2 所示。各种绑法的具体操作步骤见图中的步骤 1、2、3……。如兜扣，其与一面顺扣不同的地方在将对折成 180°的铁丝伸入绑扎点底部时，铁丝开口端要位于其中一根钢筋的两侧，其后的操作方法同一面顺扣。

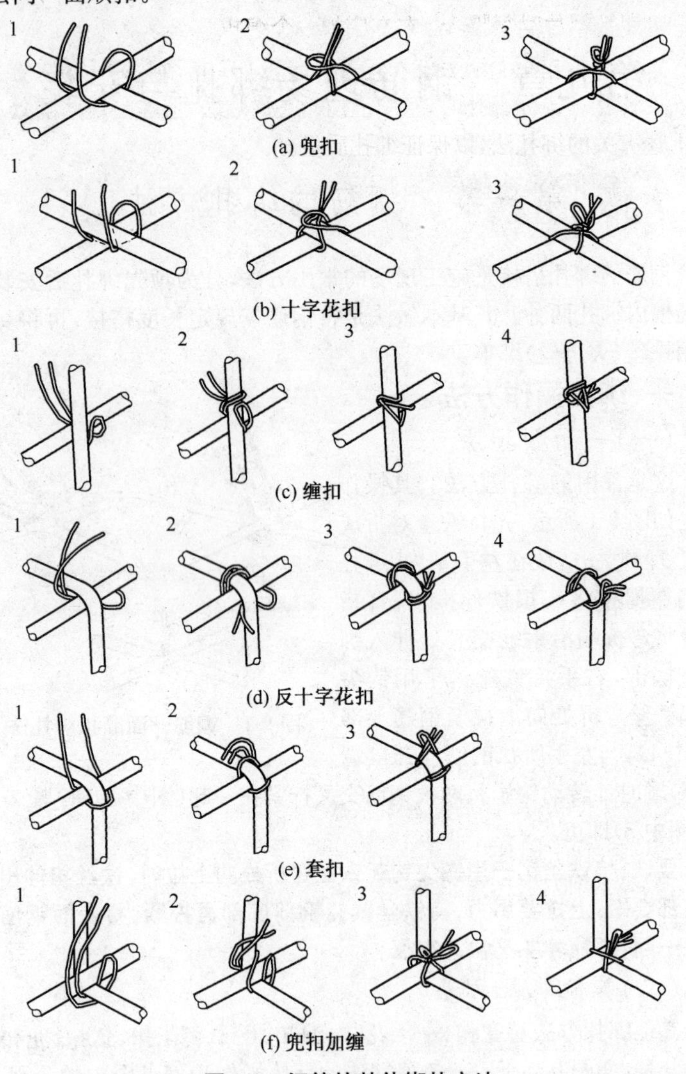

图 9-2　钢筋的其他绑扎方法

兜扣、十字花扣适用于绑扎平板钢筋网和箍筋处绑扎。

缠扣主要用于绑扎墙钢筋网和柱箍，可以防止水平钢筋下滑，一般绑扎墙钢筋网片时每隔 1m 左右应加一个缠扣。

反十字花扣用于梁主筋和箍筋的绑扎。套扣用于绑扎架立钢筋和箍筋的绑扎。实际绑扎时，基本上使用一面顺法，但在一定间隔处应配用上述有关的绑扎法，以保证绑扎质量。

二、钢筋绑扎的有关规定

(1)为了保证钢筋与混凝土之间有足够的粘结力，纵向受拉钢筋的最小搭接长度应符合表 4-23 的规定。

(2)钢筋的交叉点必须用铁丝绑牢。

(3)在绑扎钢筋接头时，必须先把接头绑牢，然后再与其他钢筋连接。

(4)搭接钢筋的接头与钢筋弯曲处的距离，不得小于 $10d$(d 为钢筋直径)，且不宜位于构件的最大弯矩处。

(5)同一构件中相邻纵向受力钢筋的绑扎搭接接头宜相互错开。绑扎搭接接头中钢筋的横向净距应不小于钢筋直径，且应不小于 25mm。钢筋绑扎搭接接头连接区段的长度为 $1.3l$(l 为搭接长度)，凡搭接接头中点位于该连接区段长度内的搭接接头均属于同一连接区段。同一连接区段内，纵向钢筋搭接接头面积百分率(为该区段内有搭接接头的纵向受力钢筋截面面积与全部纵向受力钢筋截面面积的比值)应符合设计要求；当设计无具体要求时，应符合下列规定：

①对梁类、板类及墙类构件，宜不大于 25%；

②对柱类构件，宜不大于 50%；

③当工程中确有必要增大接头面积百分率时，对梁类构件，应不大于 50%；对其他构件，可根据实际情况适当放宽。

第二节　基础钢筋绑扎

钢筋绑扎、安装是钢筋施工的最后工序。一般钢筋的绑扎安装采用预先将钢筋在加工车间弯曲成型，再到模内组合绑扎的方法，如果现场的起重安装能力较强，也可以采用预先用焊接或绑扎的方法将单根钢筋按图纸要求组合成钢筋网片或钢筋骨架，然后到现场吊装的方法。

一、钢筋绑扎安装的准备工作

（一）技术准备

在混凝土工程中，模板安装、钢筋绑扎与混凝土浇筑是立体交叉作业，为了保证施工质量、提高效率、缩短工期，必须在钢筋绑扎安装以前，认真做好以下准备工作：

1. 熟悉施工图纸

施工图纸是钢筋绑扎的依据。施工前应熟悉各种型号钢筋的形状、标高、安装部位；钢筋的相互关系以及绑扎顺序。同时审核图纸有无错漏或不明确的地方，如有问题，应及时向技术部门反映，并落实解决办法，并按图纸和工艺标准的要求向班组进行技术交底。

2. 核对配料单和料牌

对照配料表，核对现场的钢筋是否正确，如有错漏，应及时纠正。

提示：图纸要求、钢筋配料单、现场挂料牌上的各种钢筋规格、外形尺寸、数量等三部分相符合，是现场备料的关键要求，做到准确无误才能避免遗漏钢筋和发生差错，确保施工质量和进度。

3. 研究施工方案

钢筋混凝土工程主要由模板工程、钢筋工程和混凝土工程组成。根据施工组织设计对钢筋工程的进度要求，研究钢筋工程的施工方案，内容包括：

（1）施工方法。确定成品与半成品的进场时间、进场方法、劳动力组织；明确哪些部位钢筋预先绑扎，哪些是工地模内组装，哪些是工地模内绑扎等。

（2）钢筋的安装顺序。比较复杂的钢筋工程纵横错综复杂地交织在一起，为了提高工效，防止造成有些钢筋放不进去的弊端，事先要研究钢筋的安放顺序，以杜绝返工而延误工期。

（3）与其他工种的配合。与模板、钢筋工程同时施工的还有各种水、电设备的预埋管线以及各种预埋件，在钢筋施工前，要与各有关工种共同协商施工进度及交叉作业的时间顺序。切忌各自为政，互相影响，互相干扰，否则，既影响工程进度，又因为彼此不关照而造成返工。

4. 钢筋位置放线

为使钢筋位置绑扎正确，一般先在结构或模板上用粉笔按图纸标明的间距画线，作为摆筋绑扎的依据。绑扎前应清扫绑扎地点，弹出构件中线或边线，在模板上弹出洞口线，根据施工图弹出钢筋位置线。

（二）绑扎材料、机具准备

材料、工具主要有钢筋钩子、钢筋运输车、绑扎铁丝、保护垫块、临时加固支撑、石笔、墨斗、尺子等。

（三）基础钢筋施工作业条件准备

（1）基础垫层已完成，并经检验合格。钢筋位置线已在其上弹好。

（2）进场钢筋经现场检验合格，并已按规定的位置堆放好。

（3）绑扎钢筋地点已清理干净。

二、基础钢筋一般施工工艺

（一）工艺流程

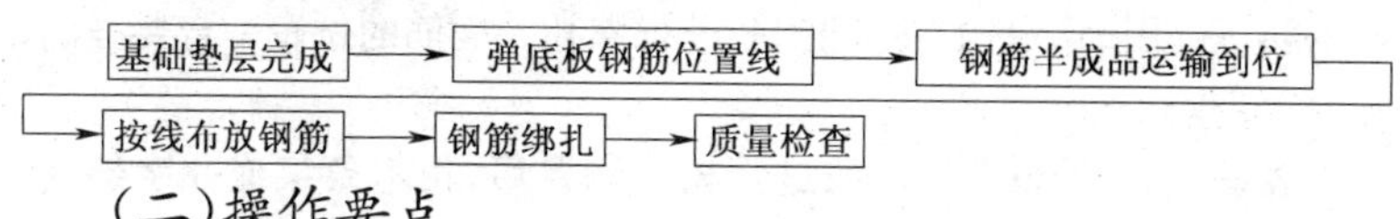

（二）操作要点

1. 杯形基础

如图 3-28a 所示的杯形基础多用于单层工业厂房排架结构，其操作要点为：

（1）在基础垫层上按钢筋间距从中线向两边画钢筋位置线。

（2）铺放钢筋，并按线摆开。放置钢筋时要注意弄清楚哪号钢筋放在下面，图 3-28a 是将①号钢筋放在下面。

（3）在①号钢筋的两端绑上两根②号钢筋固定①号钢筋的位置，然后按线摆上其他②号钢筋。

（4）绑扎钢筋。当采用一面顺扣绑扎钢筋网时，每个绑扎点进铁丝扣的方向要求变换 90°，这样绑出的钢筋网整体性好，不易发生歪斜变形，如图 9-3 所示。

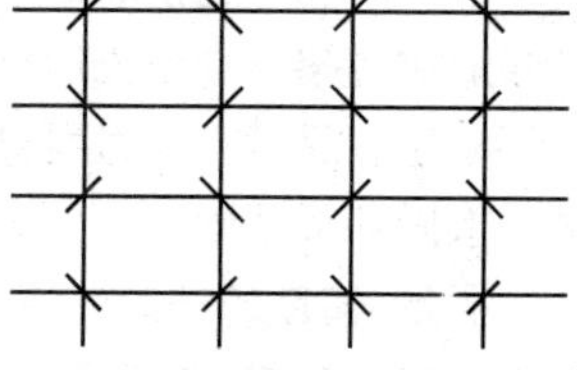

图 9-3　钢筋网片绑扎方法

（5）按要求的间距、厚度和数量在垫层

与钢筋网之间垫上混凝土垫块。

底层钢筋网绑扎完成后，再绑杯口处钢筋。应注意的是，必须确保杯口处钢筋的标高及尺寸，杯底标高可画在竖筋上，垫层上应画出杯口尺寸线，据此控制杯底钢筋标高及杯口周围钢筋的位置。

提示：画线时要注意基础的轴线，因为基础的轴线不一定是基础的中心线，如图 3-28a 中，Ⓐ轴距基础中心线 300mm，⑩号轴线距基础中心线 500mm。绑钢筋网时要注意将钢筋弯钩朝上，不要倒向一边，更不能将弯钩朝下。

2. 现浇柱独立基础

如图 3-28b 所示的现浇柱独立基础钢筋绑扎安装的操作要点与杯形基础钢筋的绑扎要点基本相同。要注意的是，独立柱基础钢筋为双向弯曲钢筋，其底面短边的钢筋应放在长边钢筋的上面。为了与柱中的钢筋相连，现浇柱独立基础内设有插筋（图 3-28b 中的⑨号钢筋）。该钢筋下部用 90°弯钩与基础钢筋进行绑扎。插筋的位置一定要准确，并固定牢固。

要诀：插筋的位置按轴线进行校核无误后，用木条架成井字架，将插筋与基础模板固定在一起，并在浇筑混凝土时，派专人观察，发现问题随时纠正，确保位置正确，上端垂直。

3. 有梁条形基础

如图 3-28c 所示的有梁条形基础钢筋由底板网片和条形骨架组成，施工时先绑底板钢筋网片（方法同杯形基础），后绑扎条形骨架。

条形骨架的绑扎一般在支模前就地进行。先将上、下纵钢筋和弯起钢筋用马凳架起来，再套入全部箍筋，然后将下部纵筋和弯起钢筋从马凳上放下，拉开箍筋按线距就位并与下纵筋和弯起钢筋绑扎牢固，最后将上纵筋和弯起钢筋的上部分按间距要求排列均匀，与箍筋绑扎在一起形成骨架。骨架成形后，抽出马凳，使骨架落在底板网片上，将位置调整正确后，通过绑扎将底板网片与条形骨架连成整体。垫块的放置要求同杯形基础。

提示：箍筋的开口处不得集中在一根纵筋上，应间隔地放置在两根架立纵筋上，并与主筋垂直。

三、地下室钢筋的绑扎

现浇钢筋混凝土地下室结构，通常由地下室墙体和基础底板组成。

（一）底板钢筋的绑扎

1. 绑扎工艺流程

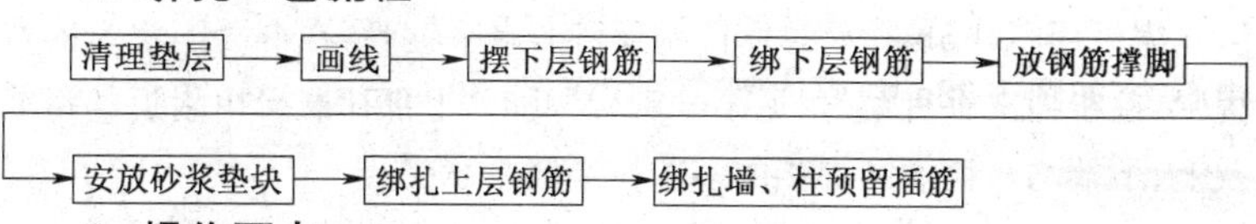

2. 操作要点

（1）底板如有基础梁，可分段绑扎成型再安装就位，或根据梁的位置，弹线就地绑扎成型。

（2）绑扎钢筋时，靠近外围两行钢筋的相交点应全部绑扎；中间部位的相交点可以间隔交错扎牢，但应保证受力钢筋不移位；双向受力的钢筋不得跳扣绑扎。一般可采用一面顺扣绑扎，需要加强的地方可以有选择性地采用其他绑扎方式。

（3）基础底板采用双层钢筋网时，下层钢筋网绑扎完毕，摆放钢筋撑脚，每隔 1m 放置一个。撑脚的外形和摆放位置见图 9-4。

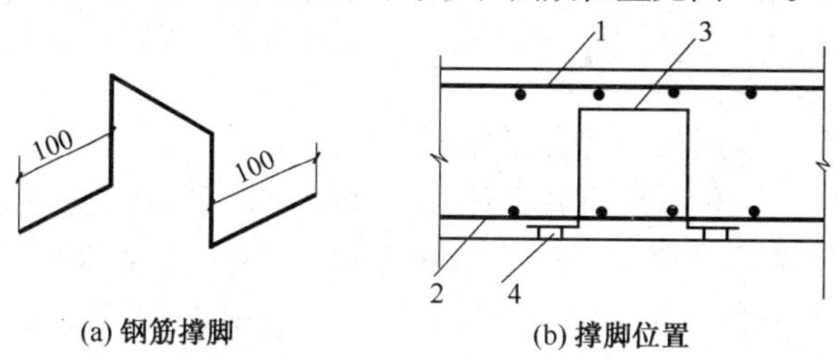

(a) 钢筋撑脚　(b) 撑脚位置

图 9-4　钢筋撑脚

1. 上层钢筋网　2. 下层钢筋网　3. 撑脚　4. 水泥垫块

（4）钢筋撑脚摆好后，即可绑扎上层钢筋纵横两个方向的定位钢筋，并在定位钢筋上画分档标志，然后穿放纵横钢筋，绑扎方法同下层钢筋。

（5）上下层的钢筋接头应按有关规定错开，其位置和搭接长度应符合表 4-23 的要求。

(6)下层钢筋的弯钩应朝上,不要倒向一边。双层钢筋网的上层钢筋弯钩应朝下。

(7)对厚片筏上部钢筋网片,可采用图 9-5 所示的临时钢管支撑体系。图 9-5a 示出绑扎上部钢筋网片时的水平钢管支撑,上部钢筋网片绑扎完后用图 9-5b 所示的垂直钢管替换水平钢管,在混凝土浇筑的过程中,逐步抽出垂直钢管(见图 9-5c)。此时,上部荷载可由附近的钢筋及上、下端均与钢筋网焊接的多个拉结筋来承受。

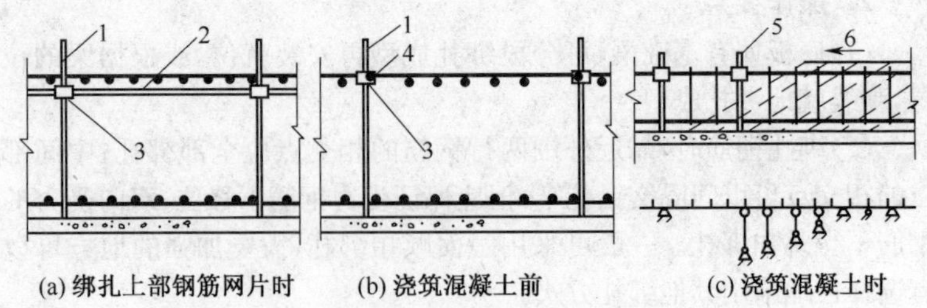

(a) 绑扎上部钢筋网片时　(b) 浇筑混凝土前　(c) 浇筑混凝土时

图 9-5　厚片筏上部钢筋网片的钢管临时支撑

1. 垂直钢管　2. 水平钢管　3. 直角扣件　4. 下层水平钢筋　5. 待拔钢管　6. 混凝土浇筑方向

(8)墙、柱的主筋应根据放线时弹好的位置安放并绑扎牢固,其插入基础的深度、位置应符合设计要求,甩出长度不宜过长并可附加钢筋,用电焊焊牢,确保墙、柱主筋位置正确。现浇柱与基础连用的插铁,其箍筋应比柱的箍筋小一个柱筋直径,以便连接。箍筋的位置一定要绑扎固定牢靠,以免造成柱轴线偏斜。

(9)钢筋绑扎后应及时垫好砂浆垫块。垫块厚度等于保护层厚度,距离为 1m 左右呈梅花状摆放。如基础较厚或用钢量大,距离可缩小。基础中纵向受力钢筋的混凝土保护层厚度应不小于 40mm,当无垫层时应不小于 70mm。

基础浇筑完毕后,应及时把基础上预留的墙、柱插铁扶正理顺,保证插筋的位置准确。承台钢筋绑扎前,一定要保证桩基础伸出钢筋到承台的锚固长度。

(二)墙筋的绑扎

1. 绑扎工艺流程

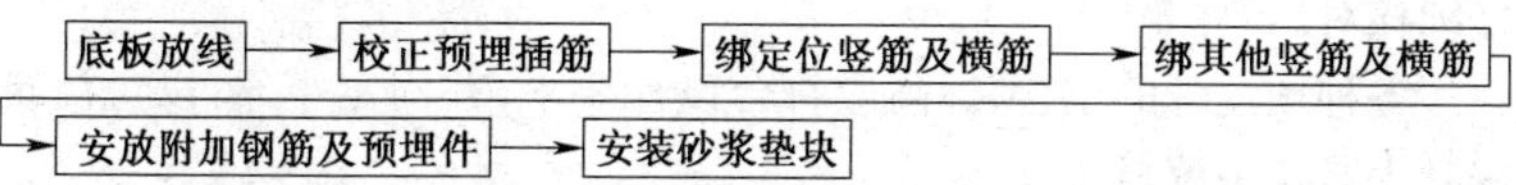

2. 操作要点

(1)底板放线后,应校正竖向预埋插筋,问题严重的应与设计单位共同商定。墙模板宜跳间支模,以利于钢筋施工。

(2)绑筋时先绑 2～4 根竖筋,并在其上画横筋分档标志,然后在下部及齐胸处绑两根横筋定位,并画竖筋的分档标志,然后按标志绑其他竖筋,最后按标志绑其余横筋,所有钢筋交叉点应逐点绑扎。横竖筋的间距和位置应符合设计规定。

(3)墙筋若为双排时,中间应加撑铁固定钢筋的间距。撑铁直径为 6～10mm,长度等于两层钢筋网片间的净距,间距约为 1m,相互错开排列,如图 9-6 所示。

(4)绑门洞口的附加筋时,应严格控制洞口标高,门洞上下梁两端锚入墙内的长度应符合设计要求。

(5)钢筋绑扎后应及时垫好砂浆垫块,垫块厚度等于保护层厚度。一般墙筋控制混凝土保护层厚度可用图 9-7 所示的塑料卡,按规定的

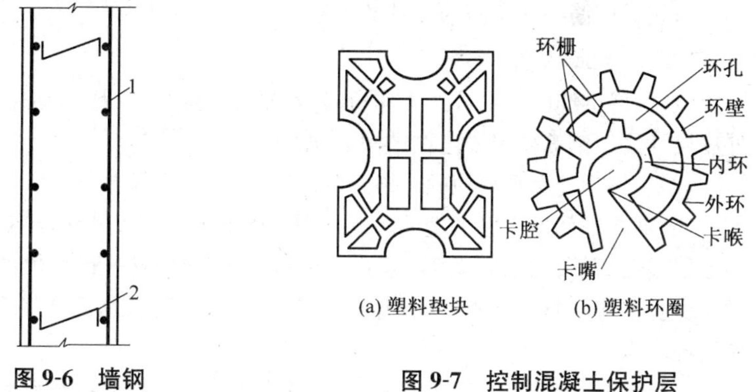

图 9-6　墙钢筋的撑铁

1. 钢筋网　2. 撑铁

图 9-7　控制混凝土保护层用的塑料卡

间距和数量卡放或固定在立筋上。

各节点的抗震构造钢筋应按设计要求绑扎，其位置及锚固长度应仔细核对。

各种预埋件的位置、标高应符合设计要求，并固定牢靠，以免浇筑混凝土时发生位移。

在墙筋外侧应绑上带铁丝的砂浆垫块，以保证保护层的厚度。

第三节 现场模内钢筋绑扎

一、施工准备

(一)技术准备

与底板钢筋绑扎的技术准备工作基本相同。

(二)材料准备

(1)成型钢筋必须符合配料单的要求，并应有加工厂的出厂合格证。

(2)绑扎钢筋用的铁丝，其规格和长度要满足使用要求。

(3)按要求准备水泥砂浆垫块或塑料卡、拉筋与支撑筋等。

(三)主要机具

与底板钢筋绑扎所需的机具基本相同。

(四)作业条件准备

(1)做好钢筋的抄平放线工作，弹好水平标高线和墙、柱、梁部位的外皮尺寸线。钢筋位置线已在结构上弹好。

(2)进场钢筋经现场检验合格，并已按规定的位置堆放好。

(3)绑扎钢筋地点已清理干净。根据已弹好的外皮尺寸线，检查下层预留搭接钢筋的位置、数量、长度，如不符合要求，应进行相关的处理。绑扎前应先整理调直下层伸出的搭接筋，并将锈蚀、水泥砂浆等污垢清理干净。

(4)根据标高检查下层伸出搭接钢筋处的混凝土表面标高(柱顶、墙顶)是否符合设计要求，如有松散不实之处，要剔除并清理干净。

二、钢筋混凝土柱钢筋的绑扎

(一)工艺流程

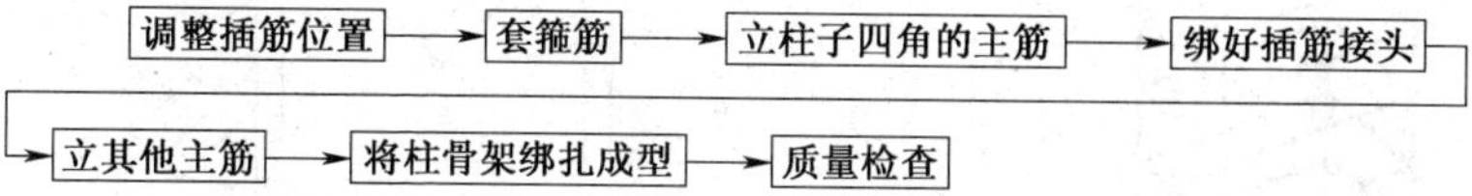

调整插筋位置 → 套箍筋 → 立柱子四角的主筋 → 绑好插筋接头 → 立其他主筋 → 将柱骨架绑扎成型 → 质量检查

(二)操作要点

(1)调整从基础或楼板面伸出的插筋,如问题较大,应与设计单位共同商定。剔凿柱混凝土表面浮浆,并清理干净。

(2)按图纸要求间距计算好柱子共需多少个箍筋,并按箍筋弯钩叠合处需要错开的要求,将箍筋逐个整理好,并全部套入下层伸出的插筋上。

(3)立柱子竖向受力筋,并与插筋绑扎好,在搭接范围内,绑扣不少于3个,绑扣应朝里,以便箍筋向上移动。柱中竖向钢筋搭接时,角部钢筋的弯钩平面与模板面的夹角:对矩形柱应为45°角,对多边形柱应为模板内角的平分角,对圆柱形钢筋的弯钩平面应与模板的切平面垂直。中间钢筋的弯钩平面应与模板面垂直;当采用插入式振捣器浇筑小型截面柱时,弯钩平面与模板面的夹角不得小于15°。竖向受力筋立好后在其上画箍筋间距位置线。

(4)按箍筋间距位置线将已套好的箍筋往上移动,由上而下采用缠扣(图9-2c)绑扎。箍筋接头的两端应向内弯曲,箍筋弯钩叠合处需要错开绑扎牢固(图9-8),箍筋的绑扣相互间应呈八字形,箍筋转角与主筋的交点应逐点绑扎,主筋与箍筋平直部分的交点可成梅花状交错绑扎,箍筋应与立筋保持垂直。

(5)有抗震要求的地区,柱箍筋端头应弯成135°角,平直长度不小于$10d$(图9-9)。如箍筋采用90°搭接,搭接处应焊接,焊缝长度单面焊缝不小于$10d$。

(6)柱基、柱顶、梁柱交接处,箍筋间距应注意按设计要求加密。如设计要求箍筋设拉筋时,拉筋应钩住箍筋,如图9-10所示。

(7)按要求保护层厚度在柱竖筋的外皮上绑牢垫块(或将塑料卡卡在外竖筋上),间距1000mm,以保证混凝土保护层厚度准确。

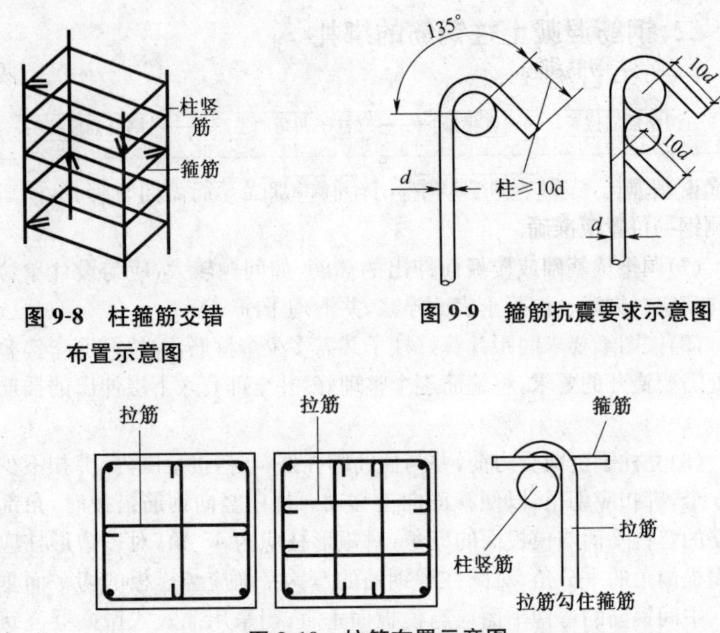

图 9-8　柱箍筋交错布置示意图

图 9-9　箍筋抗震要求示意图

图 9-10　拉筋布置示意图

提示:绑扎高大现浇柱的钢筋时,最关键的是保证柱筋的垂直度与方正,办法是在柱筋的周围预先搭一高度高出柱筋骨架的绑扎架子,将柱筋骨架的位置用锤球吊放到架子顶部固定的井字架内,用以控制柱筋的垂直与方正。

三、现浇墙体钢筋的绑扎

在外板内模、外砖内模、全现浇大模板等结构中,要进行现浇墙体的钢筋绑扎。

(一)工艺流程

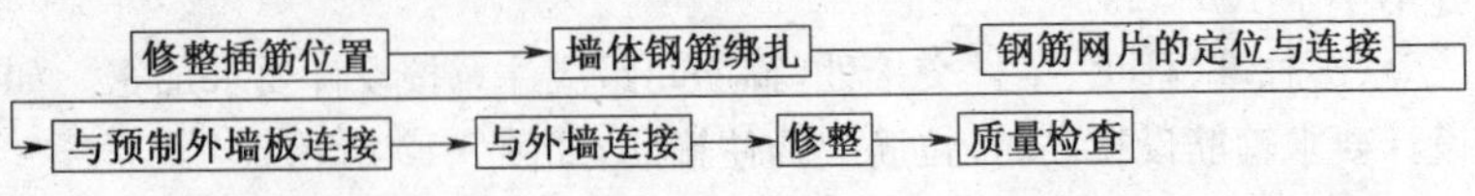

(二)操作要点

(1)调直由下层墙体伸出的插筋,如插筋偏离墙尺寸线太大,应加绑立筋，并缓慢弯曲与立筋搭接好，弯曲角度应不大于15°。

(2)墙体钢筋绑扎一般分为现场钢筋绑扎和点焊钢筋网片绑扎两种。墙筋现场绑扎时，绑扎要点与地下室墙体钢筋的绑扎要点相同。

点焊网片的绑扎是先将网片立起并临时加固好，然后逐根与根部钢筋搭接绑扎，绑扣不少于3个，门窗洞口加固钢筋需同时绑扎，门口两侧钢筋位置应准确。

(3)单排钢筋网片应焊钢筋撑铁，间距不大于1m，其两端应刷防锈漆，以保证钢筋的准确位置。双排钢筋网片应绑扎定位用的支撑铁，以保证网片的相对距离(图9-6)，钢筋与模板之间应绑扎砂浆垫块，以保证保护层的厚度。

钢筋头或绑线不得露出墙面，以防止墙面喷浆后出现锈斑。

(4)预制外墙板安装就位后，将本层边柱的板缝立筋插入内外墙的钢筋套环内，并按位置绑扎牢固，如图9-11所示。

(5)墙体钢筋应与外砖墙的拉接钢筋妥善连接，绑扎牢固。其连接构造如图9-12、图9-13所示。绑扎内墙钢筋时，应先将外墙预留的ϕ6拉结钢筋整理顺直，再与内墙钢筋搭接绑扎牢固。

全现浇内外墙连接构造如图9-14所示。必须保证内外墙连接构造配筋的数量及位置准确。

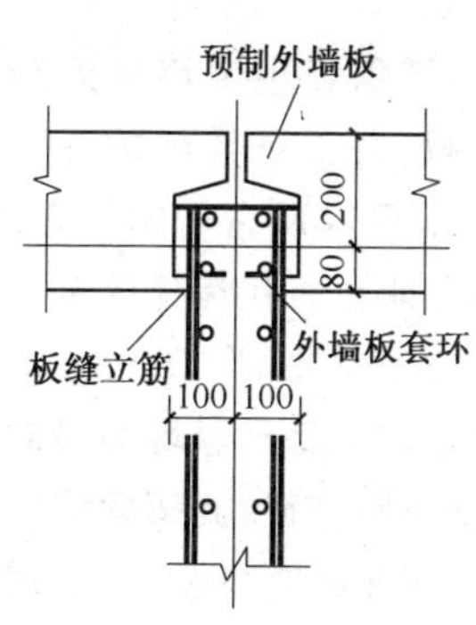

图9-11　外墙预制板与内横墙交接处构造配筋

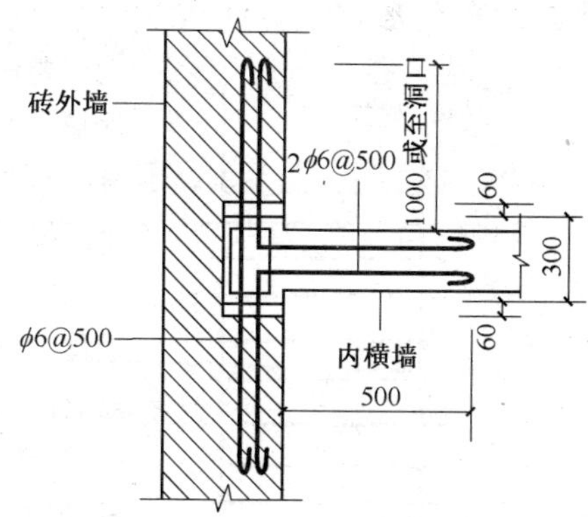

图9-12　外砖墙与内横墙连接构造配筋

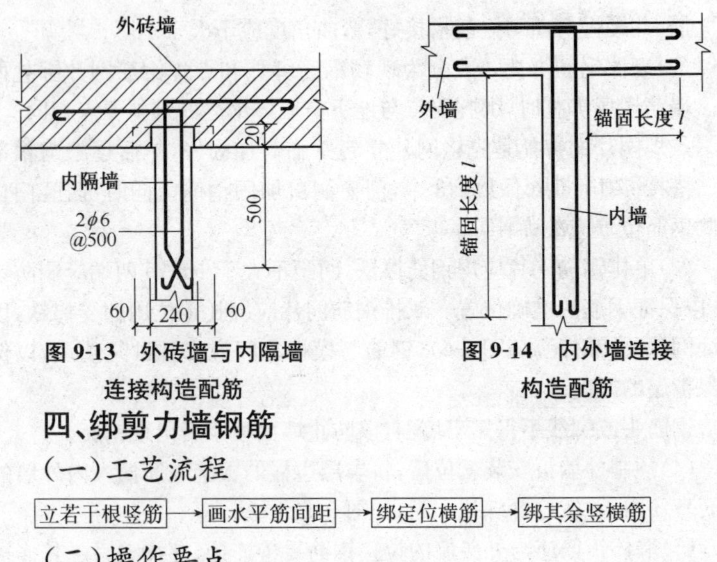

图 9-13 外砖墙与内隔墙连接构造配筋

图 9-14 内外墙连接构造配筋

四、绑剪力墙钢筋

(一)工艺流程

立若干根竖筋→画水平筋间距→绑定位横筋→绑其余竖横筋

(二)操作要点

绑剪刀墙钢筋时,如前所述,应预先调整、修正下层伸出的搭接筋,然后将 2～4 根竖筋与搭接筋连接,在竖筋上画出横筋的分档标志,同时在下部和齐胸处绑两道横筋定位,并在横筋上画好竖筋的分档标志,接着绑其余的竖筋和横筋,最后按规定绑扎并固定垫块,以保证墙体的保护层厚度。

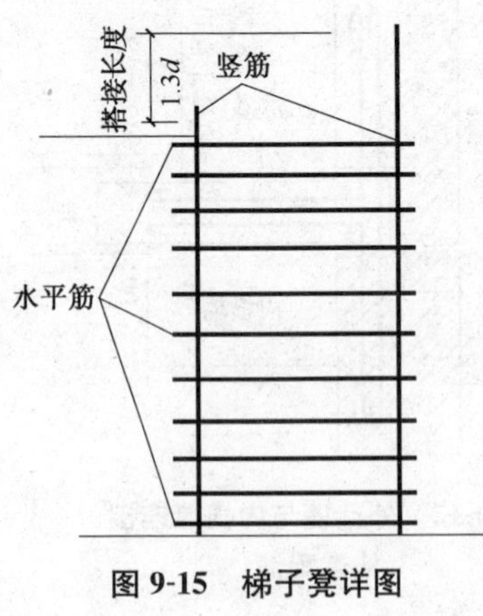

图 9-15 梯子凳详图

要诀:为了保证现浇墙体混凝土保护层的正确,并保证竖筋的垂直和分布钢筋的水平以及它们的间距,应采用梯子凳在原位替代墙体钢筋。梯子凳的制作方法是每隔 1500mm 用比墙体大一型号钢筋替代原墙体竖向钢筋,梯子凳水平筋直径、间距同墙体水平筋,长度为墙体厚度减去 2mm,端部打磨,水平钢筋伸出两边部分及端部刷防锈漆,水平筋与竖筋的节点采用焊接,如图 9-15 所示。

五、现浇框架梁、板钢筋的绑扎

在多层轻工业厂房及民用建筑现浇框架结构中，需进行柱以外的梁、板等构件钢筋的绑扎。

（一）梁钢筋的绑扎

梁钢筋的绑扎一般分为两种方法：一种是预制主梁和部分边梁钢筋后安装，次梁、边梁钢筋在模内绑扎；另一种是主梁、边梁钢筋都在模内绑扎。应根据实际情况采用合适的绑扎方法，下面介绍后一种绑扎工艺。

1. 工艺流程

画主、次梁箍筋间距 → 放主、次梁箍筋 → 穿绑主梁底层主筋和弯筋 → 穿绑次梁底层主筋和弯筋 → 穿绑主梁上层架立筋 → 穿绑次梁上层架立筋

2. 操作要点

（1）先在主梁、次梁的底模板上画出箍筋的间距线，再按标志将箍筋逐个放开。

（2）按预定的绑扎方案摆主梁弯起钢筋和受拉钢筋，与此同时，次梁弯起钢筋和受拉钢筋配合穿放，最后放主梁架立筋和次梁架立筋。

（3）绑扎时，先隔一定间距将下层弯起钢筋与箍筋绑牢，然后绑架立筋，再绑受拉钢筋。箍筋弯钩的叠合处应在梁中交错绑扎在不同架立筋上，注意弯起钢筋、主、副钢筋位置要准确，梁筋位置落正，并与柱子主筋绑扎牢固。

梁主筋有双排钢筋时，为保证两层钢筋之间的净距，可用直径为25mm的短钢筋垫在两层钢筋之间。

梁筋的三面垫好25mm厚的砂浆垫块。

（4）梁的受拉钢筋直径等于或大于25mm时，不宜采用绑扎接头。小于25mm时，可采用绑扎接头。此时，接头的搭接长度应符合表4-23的规定；搭接位置应避开最大弯矩处，接头应相互错开。

（5）框架节点处钢筋的穿插十分稠密时，应特别注意梁顶面主筋间的净距要有30mm，以利于浇筑混凝土。

（6）梁的高度较小时，梁的钢筋可以架空在梁顶绑扎，然后再落位；当梁的高度较大时（≥1m）梁的钢筋宜在梁的底模绑扎，其两侧或一侧

模板后安装。

(7)梁钢筋绑扎时，应防止水电管线将钢筋抬起或压下。

(二)板钢筋的绑扎

1. 工艺流程

模板上画线 → 绑板下钢筋 → 安放垫块和马凳 → 绑板上层钢筋

板的下层钢筋绑好后，应在其下垫好砂浆垫块，间距为 1.5m，如板为双层钢筋，此时应摆放支立上层钢筋的马凳，然后按要求在马凳上摆放并绑扎上层钢筋。

2. 操作要点

(1)板钢筋绑扎前，先清理模板上的杂物，用粉笔画好主筋和分布筋的间距。

(2)按画好的间距，先摆受力钢筋，后放分布钢筋，预埋件、电线管、预留孔等应及时配合安装。

(3)绑扎楼板钢筋时，一般用顺扣或八字扣绑扎，除外围两排钢筋的相交点全部绑扎外，中间部位的相交点可交错呈梅花状绑扎。双层配筋时，先绑下层钢筋网，板的下层钢筋绑好后，应在其下垫好砂浆垫块，间距为 1.5m，后摆放支立上层筋的马凳，以保证有效高度，然后按要求在马凳上摆放并绑扎上层钢筋。

(4)绑扎副筋，每个相交点都要绑扎。板、次梁与主梁交叉处，板的钢筋在上，次梁的钢筋居中，主梁的钢筋在下(图 9-16)；当有圈梁或梁垫时，主梁的钢筋在上(图 9-17)。

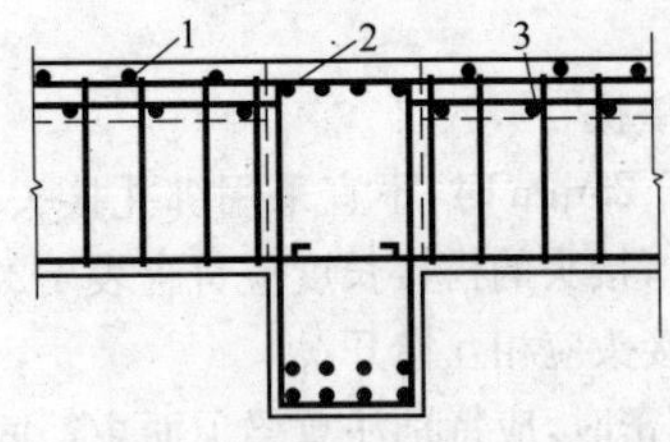

图 9-16 板、次梁与主梁交叉处钢筋

1. 板的钢筋 2. 次梁钢筋 3. 主梁钢筋

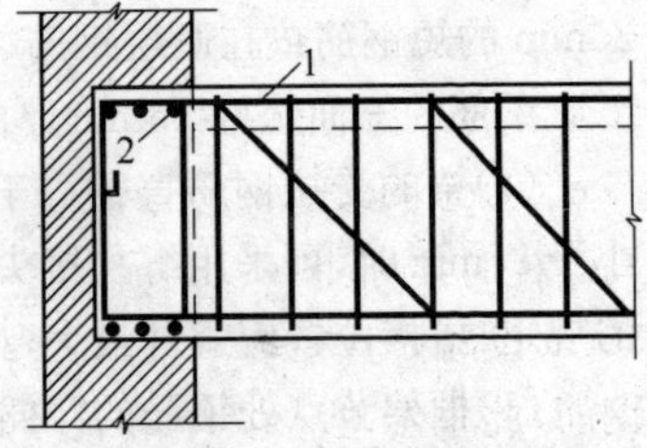

图 9-17 主梁与垫梁交叉处钢筋

1. 主梁钢筋 2. 垫梁钢筋

(5)楼板钢筋的搭接,应符合有关规定的要求。

(6)楼板保护层厚度一般为10mm,当板厚大于10cm时,保护层厚应为15mm。

提示:梁、板钢筋立体交叉的地方,事先要编制绑扎方案,避免漏放或部分钢筋放不进去造成返工。楼板的弯起钢筋、负弯矩钢筋绑好后,不准在上面踩踏行走;安装电线管、暖卫管线或其他设施时,不得随意切断和移动钢筋。浇筑混凝土时,要派钢筋工专门负责修理,保证各种钢筋位置的正确性,钢模板内面涂隔离剂时不得污染钢筋。

六、构造柱、圈梁、板缝、现浇楼梯及雨篷钢筋的绑扎

在砌体结构、外板内模、外砖内模结构中,都需要进行构造柱、圈梁、板缝钢筋的绑扎工作。

(一)构造柱钢筋的绑扎

1. 工艺流程

套箍筋 → 绑主筋 → 绑箍筋

2. 操作要点

(1)先调正由基础或楼面伸出的搭接钢筋,再将每层的所有箍筋套在伸出的搭接筋上。

(2)将柱的主筋与搭接钢筋按规定的搭接长度搭接绑扎在一起,并在其上画出箍筋间距,将箍筋上推由上至下逐个在规定的位置绑扎。绑扎时应注意将箍筋的弯钩叠合处沿受力方向错开,根据抗震要求,箍筋端头平直段长度不小于$10d$(d为箍筋直径),弯钩角度不小于135°。为防止骨架变形,应采用反十字扣或套扣绑扎。

(3)为了固定柱筋骨架,在墙体砌马牙槎时,应按图9-18所示,沿墙高每50cm设两根直径为6mm的水平拉结钢筋,此钢筋埋入墙体的长度不小于1m,拉结钢筋要与构造柱的钢筋绑在一起。

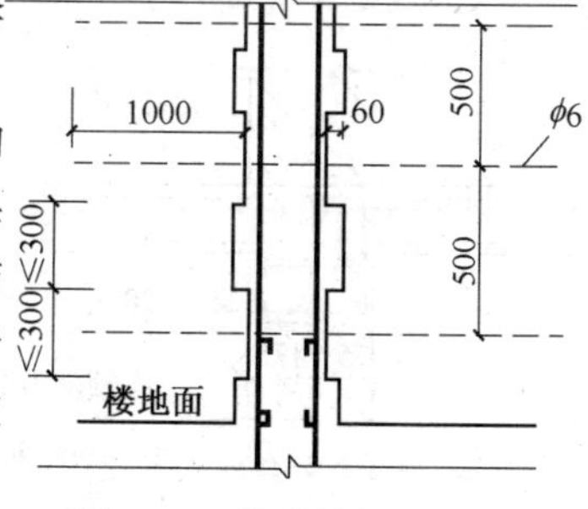

图9-18　构造柱拉结钢筋

构造柱的钢筋要与圈梁、墙体的钢

筋绑扎在一起,并且在柱脚、柱顶与圈梁交汇处按规范要求适当加密柱的箍筋。

(二)圈梁钢筋的绑扎

1. 工艺流程

圈梁钢筋的绑扎方法分为预制和模内绑扎两种。如果采用预制的方法,可以在圈梁模板支立完以后,将预制好的钢筋骨架按编号吊装就位,并与构造柱的钢筋搭接绑扎。

如果采用模内绑扎方法,其工艺流程为:

支模 → 摆主筋 → 穿箍筋 → 绑箍筋 → 修整并加垫水泥砂浆垫块

2. 模内绑扎操作要点

(1)立圈梁侧模,并在侧模上按设计要求画好箍筋的位置线。

(2)摆主筋穿箍筋,将箍筋按线放好,逐个绑扎,此时应注意以下事项:

①箍筋必须垂直受力钢筋,箍筋的搭接处应沿受力钢筋互相错开。

②圈梁与构造柱钢筋交接处,圈梁钢筋应放在构造柱受力钢筋的内侧,锚入柱内的长度应符合设计要求。

③圈梁钢筋的绑扎要交圈,特别注意内外墙交接处、大角转角处的锚固拐入长度要符合设计要求。

④楼梯间、附墙烟囱、垃圾道及洞口等部位的圈梁钢筋被切断时,应采用搭接补强方法,标高不同的圈梁钢筋应按设计要求搭接或连接。安装在山墙圈梁上的预应力圆孔板,其外露钢筋要锚入圈梁内。

(三)板缝钢筋的绑扎

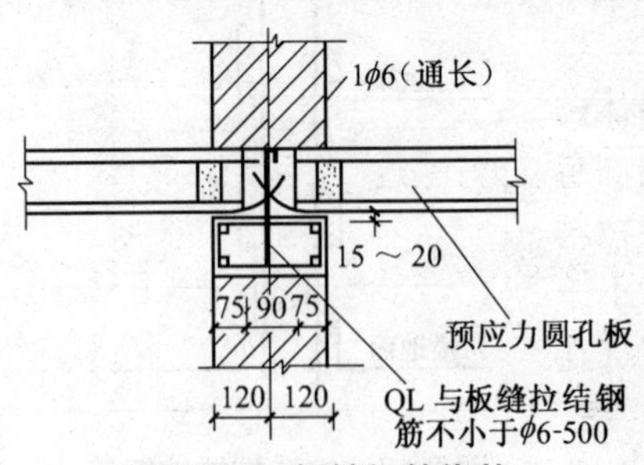

图 9-19 板缝钢筋绑扎

楼梯吊装、支模完成后随即绑扎板缝内钢筋。绑扎前应清理板缝内的杂物,并将预制板端头的锚固筋弯成 45°、相互交叉,在交叉点上边绑一根通长的连接钢筋,每隔 50cm 绑扎一扣,最后按要求垫好水泥砂浆垫块,如图 9-19所示。

长向板在中间支座上钢筋的连接构造如图 9-20 所示。墙两边高低不同时的钢筋构造如图 9-21 所示。预制板纵向缝钢筋绑扎如图 9-22所示。

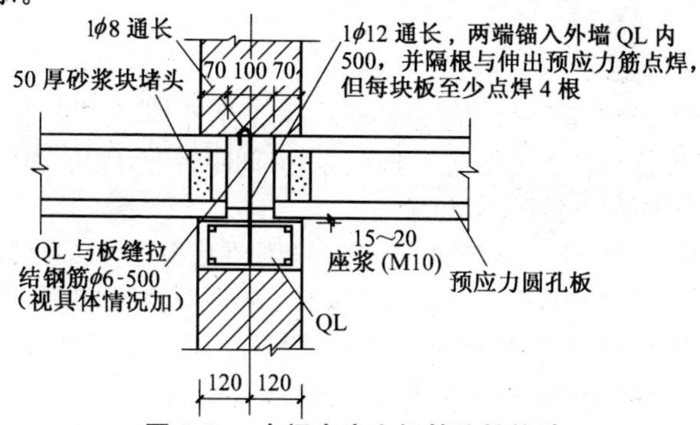

图 9-20　中间支座上钢筋连接构造

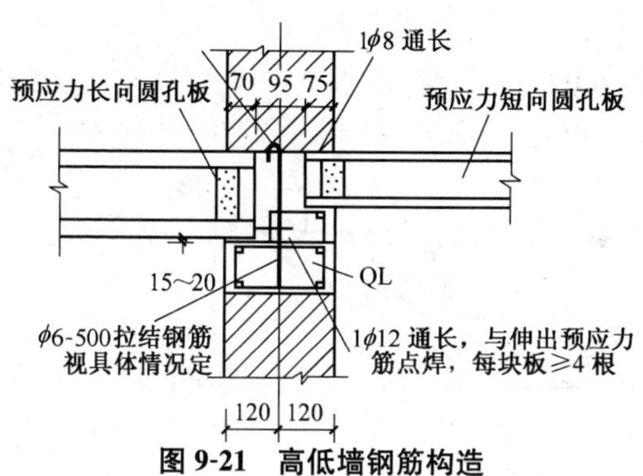

图 9-21　高低墙钢筋构造

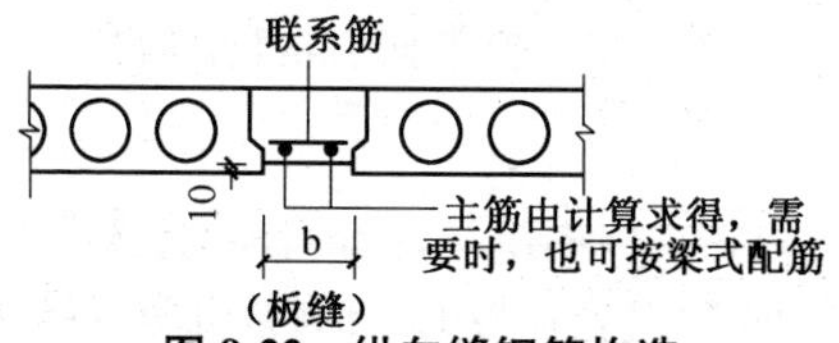

图 9-22　纵向缝钢筋构造

（四）楼梯钢筋的绑扎

1. 楼梯钢筋的绑扎工艺流程

图 9-23 所示的楼梯钢筋骨架一般都是在底模板支设后进行绑扎

的。其工艺流程为：

2. 操作要点

(1)作业开始前，必须检查模板及支撑是否牢固，尺寸是否正确，确认无误后在底模板上按图纸要求的位置及间距将受力钢筋和分布钢筋画上，弯起钢筋应标明弯点位置。

(2)将底层的受力钢筋和分布钢筋摆放在底模上，按线摆放好并绑扎，弯钩应全部向内，绑扎的同时应按要求随即安放保护层垫块。

(3)绑扎梯板负弯矩钢筋时，负弯矩钢筋与底层钢筋之间可以用预制的马凳固定，不得踩在钢筋骨架上进行绑扎。

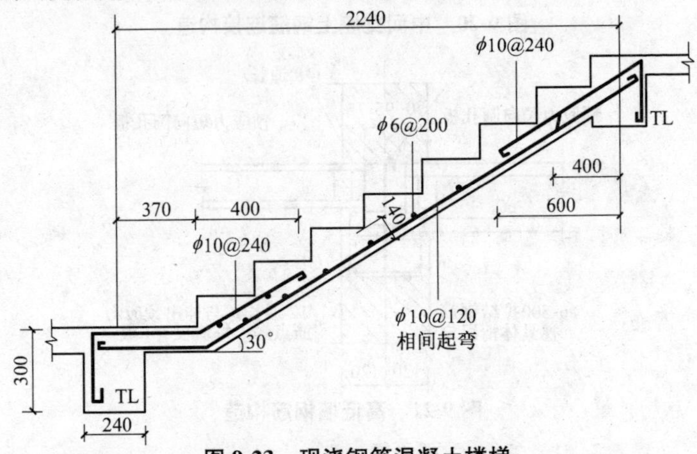

图 9-23 现浇钢筋混凝土楼梯

(五)雨篷钢筋的绑扎

雨篷钢筋的特点是：因雨篷是悬臂构件，其板的上部受拉，下部受压，所以，板的受力钢筋配置在板的上部，并将受力钢筋伸进雨篷梁内，如图 9-24 所示。

绑扎时，可以先按梁的绑扎要点绑扎雨篷梁(不得站在钢筋骨架上操作)，然后在板上垫放足够数量的钢筋撑脚，将受力钢筋和分布钢筋架空起来绑扎，此时要特别注意不要放错钢筋位置，受力钢筋应在上

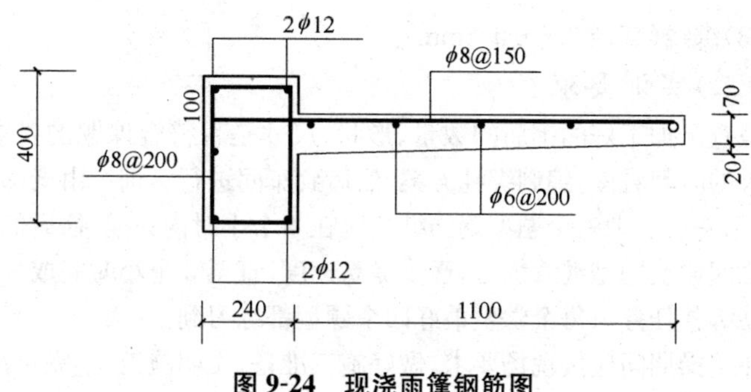

图 9-24　现浇雨篷钢筋图

面，分布钢筋在下面，切不可颠倒。板双向钢筋的交叉点均应绑扎，绑丝方向成八字形，钢筋的弯钩应全部向内，雨篷梁与板的钢筋应保证锚固尺寸，并连接牢固。

第四节　钢筋绑扎综合实训

一、实训准备工作

（一）实训课题

实训课题是第七章第三节中的题型，将钢筋加工综合实训中加工好的钢筋按照绑扎要求绑扎成型，达到熟悉手工绑扎工艺要求的目的。

（二）工具与材料

1. 工具

实操车间配备下列工具：

(1)钢筋加工与绑扎台；

(2)钢筋钩；

(3)盒尺、量角器及三角板等。

2. 材料

(1)圆钢：ϕ6mm 和 ϕ10mm 两种，长度每根 6m，数量按题型不同配备；

(2)画线用的石笔；

(3)绑线(直径0.6～0.8mm)。

(三)实训要求

检查已加工好的钢筋的数量、形状、尺寸是否符合课题的要求，先用半天的时间看图，编制绑扎方案，然后到车间进行实训。由老师分配题型，第一次实训一个题型钢筋绑扎应在4个小时内完成，往后的练习学生之间调换题型继续练习，逐步提高速度，直至3个小时完成一个题型钢筋绑扎任务。每个学生最好四个题型都练习到。

在实操期间应按现场要求，做好施工准备，文明施工，工完场清，并做好安全和劳动保护工作，避免出现工伤事故。

二、题型一的绑扎实例

(一)编制绑扎方案

根据第七章第三节题型一的实际情况，原则上应将构件先分开绑扎，然后组装在一起。具体的组装方案可以有以下两种：

(1)柱筋先完成梁下部分的绑扎工作，待梁全部完成绑扎后安放在柱上，经调整合格后，再完成梁上部分柱筋的绑扎工作。

(2)柱筋的绑扎工作全部完成，梁的绑扎先完成梁端一侧的一半，与柱组装在一起后，再完成余下的一半绑扎工作。

(二)具体操作过程

下面以第一种方案为例叙述具体的操作过程。

1. 柱钢筋的绑扎

(1)在①号主筋上画出箍筋的绑扎位置线。根据图示尺寸，将12根①号主筋放在一起，端部找平，由一端部量50mm，然后量3×150mm画线，在另一端量50mm画线后，再量2×150mm画线。

(2)在工作台上按线压中绑箍筋(先绑梁下三层箍筋)。注意主筋上的位置线为两层箍筋的分界线，箍筋的接头部位应置于L形柱的两个角部，并上下错开，绑扣角部应用缠扣，其余可用一面顺扣。绑完后箍筋应呈水平状态，主筋和箍筋的间距应符合设计要求，误差不大于±5mm。柱子两个方向应垂直。

(3)箍筋绑完后，在预定安装梁方向上的柱主筋两侧画上控制梁底标高的控制线＝500＋25(保护层厚)＝525(mm)，用红铅笔画标志并在线下绑上两根定位棍，作为梁安装时的支托。

2. 梁钢筋的绑扎顺序

（1）将梁的③号、⑤号钢筋摆成图 9-25 所示的样子，并在上面画上箍筋的绑扎位置线（假定⑥号箍筋与柱线构面齐平）。为了控制梁的安装位置，在主筋上同时标出梁右端伸出长度标志 550mm（梁右端至柱主筋外缘的距离）。

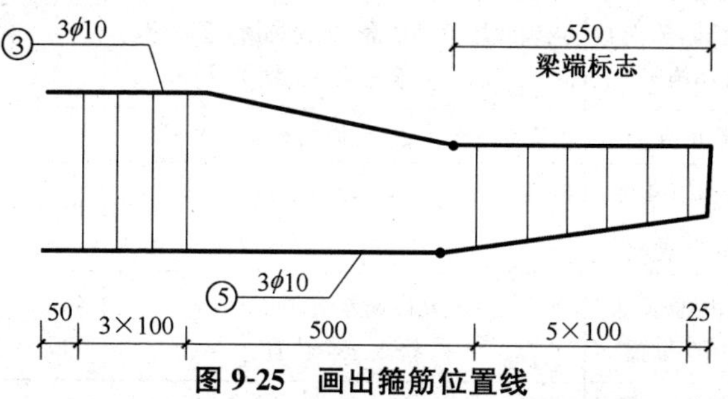

图 9-25　画出箍筋位置线

（2）先按线压中绑扎梁悬臂端的⑥号～⑪号钢筋，箍筋的开口接头部位应在梁下方并错开排列，箍筋四角与主筋交接处应用套扣绑扎，其余可用一面顺扣绑扎。绑完后再绑梁左侧的⑫号箍筋，此时因每处箍筋是成对的，所以应将箍筋位于标志的两侧绑扎。全部箍筋绑扎完毕后，再绑扎剩余的④号钢筋，④号钢筋呈水平状态，梁端处与③号钢筋之间的空隙按规定不小于 25mm。所有绑扎工作完成后，应全面检查绑扎质量，梁端要平直，箍筋要垂直，整根梁要平直，不得在任何方有翘曲现象。经检查质量合格后在梁端③号、⑤号钢筋两边上下钢筋上再次标出安装线 550mm（由梁的悬臂端往里量至主筋外缘），用以控制梁悬臂端的外伸长度。

3. 梁柱安装成型

（1）将绑好的成品梁与柱组装在一起，梁的标高由柱上已绑好的定位棍控制，梁的外伸长度将梁上的安装线与柱主筋外侧持平即可。

（2）调整梁的位置后，将梁上部柱剩余的三层箍筋按要求绑扎好，这种箍筋的接头应错开排列布置，绑扎要求同前。

（3）按表 9-1 全面检查组装质量。组装好的成品从两个方向看要垂直，梁要水平。柱的箍筋呈水平状态；梁的箍筋要垂直。主筋和箍筋的间距要符合规定要求。

(三)质量检查及成绩评定

质量标准和成绩评定见表9-1。

表9-1　质量标准和成绩评定表

项次	评定项目	要求和允许偏差	满分
1	劳动态度、安全与文明施工	正确使用劳动用品，工完场清，遵守劳动纪律，考完及时交回工具	5
2	钢筋的数量	检查三个位置、钢筋的数量不多不少	5
3	课题的总高度（含梁的标高）	允许偏差±10mm 检查三个位置	12
4	课题的总长度（含相互位置）	允许偏差±10mm 检查三个位置	12
5	课题的外形（含垂直度和水平度）	允许偏差±10mm 各检查三个位置	12
6	主筋的加工质量（含形状和尺寸）	尺寸允许偏差±10mm、弯点位移±10mm、要求平直弯起高度允许偏差±5mm	12
7	箍筋加工质量	尺寸误差±5mm 要求平直、方正	12
8	钢筋的绑扎	绑扎方法正确 绑扣数量足够 绑扎牢固不松动	10
9	主筋和箍筋间距	允许偏差±5mm	10
10	主筋和箍筋的正确摆放	主筋和箍筋的方向与位置摆放正确	10

要诀：绑扎前一定要检查钢筋的加工质量，钢筋的扭曲和不方正都会影响绑扎成品的质量。绑扎一般分开构件先单独绑扎，然后组装在一起。单个构件绑扎时，首先要画好钢筋的位置线，然后按线绑扎，并随即在绑好的构件上画上组装控制线，组装时按线组装加固。

三、题型四的绑扎实例

(一)编制绑扎方案

根据第七章第三节题型四的实际情况，原则上应将课题分为基础、柱和曲梁三部分，先将基础和柱分别绑扎好，然后将基础与柱组装在一起，再在柱上绑扎曲梁。

(二)具体操作过程

1. 绑底板钢筋

(1)将 3 根⑩号钢筋放在工作台上，端部齐平，弯钩朝上，在其上按图的间距画出⑪号钢筋的位置线(为了方便绑扎可以画出右边线)，如图 9-26 所示。

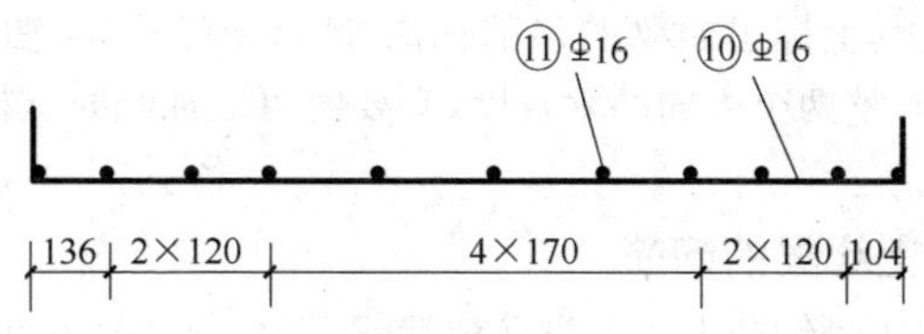

图 9-26　底板画线

(2)按线绑底板钢筋。先将两根⑩号钢筋放在工作台上，两端用一根⑪号钢筋按照间距 300mm(中线到中线)固定好，然后在⑩号钢筋上标出中点，随即将中间一根⑩号钢筋压中绑扎固定，最后按线绑中间的各根⑪号钢筋(钢筋摆在线的左边，弯钩朝上)。

(3)检查绑好的底板的质量，没问题后在两侧的⑩号钢筋上画上柱筋的安装位置线 170mm(从⑩号钢筋端部往里量①号钢筋的内侧)和 90mm(从⑪号钢筋端部量到①、②号钢筋的外侧)，为了将柱与基础安装时定位方便，可以在 170mm 处各绑上一根定位棍，如图 9-27 所示。

2. 绑柱子钢筋

(1)将①、②号钢筋放在工作台上，在筋上画上箍筋的位置线，根据图示，确定第一个箍筋距柱底 25mm，往上画 7×75。

(2)按线绑箍筋，此时要注意柱底要平整，弯钩的朝向正确。

3. 将柱子与基础组装在一起

组装时将柱子的①号钢筋的内侧紧靠定位棍，并与定位标志看齐，

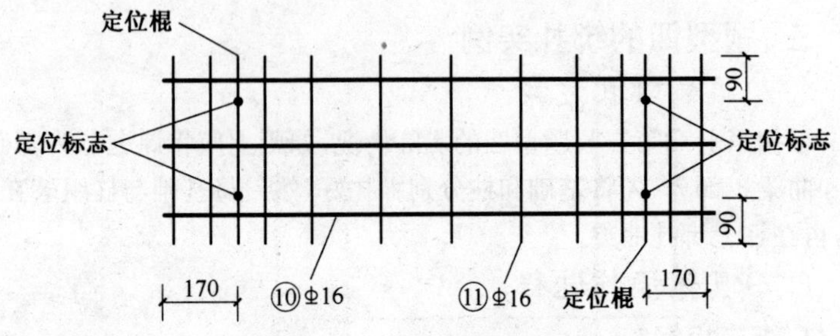

图 9-27 定位棍和定位标志

然后用绑丝与底板牢牢地绑在一起，同时用临时固定的钢筋（上下各两根）将两根柱子按图示的间距（835mm）固定好，并在柱的中间固定一起竖向钢筋，在其上标出曲梁的顶部标高 916mm（底筋至曲梁箍筋外缘的距离），并调整两个方向的垂直度，必要时可以加临时支撑，确保柱的双向垂直度。

4. 在柱上绑梁的钢筋

（1）先在④号钢筋上画上箍筋位置线，⑨号与⑧号箍筋之间的间距约为 60mm，其余为 75mm，然后在两根④号钢筋上绑上居中的⑨号箍筋与边上的两个⑧号箍筋，其他箍筋全套在柱的①号钢筋上。

（2）将曲梁的半成品与柱组装在一起，即将半成品位于中间的定位棍处，上部与定位棍的安装标高 916mm 持平，位置调整无误后与柱的①号钢筋绑扎牢固。

（3）将套入的⑧号箍筋按画好的位置线摆开（叠合开口朝上，相邻位置错开），逐个与④号钢筋绑扎好，最后穿入⑤号、⑥号、⑦号钢筋，按位置摆好，先与①号、②号钢筋绑扎固定，再与⑧号箍筋绑扎好，注意⑧号箍筋要与④号钢筋、⑤号钢筋垂直。

5. 调整外形

调整外形关键是柱两个方向要垂直，曲梁纵看要成一条直线。

（三）质量检查

组装后的主要尺寸和绑扎过程的主要定位加固措施如图 9-28 所示。详细检查内容见表 9-1。

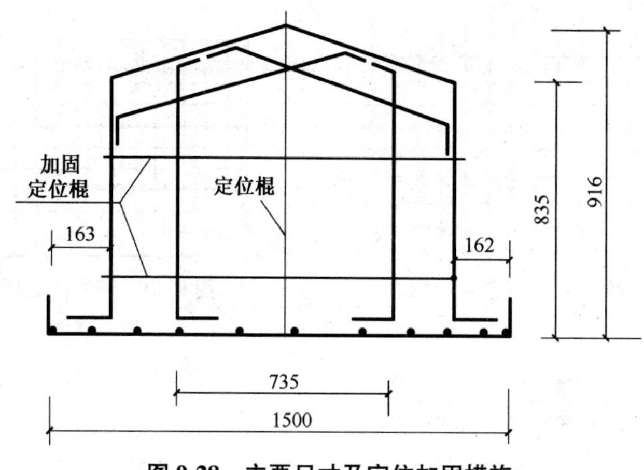

图 9-28　主要尺寸及定位加固措施

注：图中尺寸均为主筋间尺寸。

第五节　预制钢筋安装

一、钢筋网的预制

钢筋网的预制绑扎多用于小型构件。此时，钢筋网的绑扎可在模内或工作台上预制。大型钢筋网片的分块应根据结构配筋及起重运输能力而定，一般钢筋网的分块面积以 6～20m² 为宜。

（一）大型钢筋网片绑扎工艺流程

地坪上画线 → 摆放钢筋 → 按工艺要求绑扎 → 检查验收

（二）操作要点

筋网片作为单向主筋时，只需将外围两行钢筋的交叉点逐点绑扎，而中间部位的交叉点可隔根呈梅花状绑扎（图 9-29）；钢筋网片用作双向主筋时，应将所有钢筋的交叉点绑扎牢固，相邻绑扎点的铁丝扣要成八字形，以免网片歪斜变形。

为防止钢筋网片在运输、安装的过程中发生歪斜、变形，可采用细钢筋在斜向拉结，其形式见图 9-30。

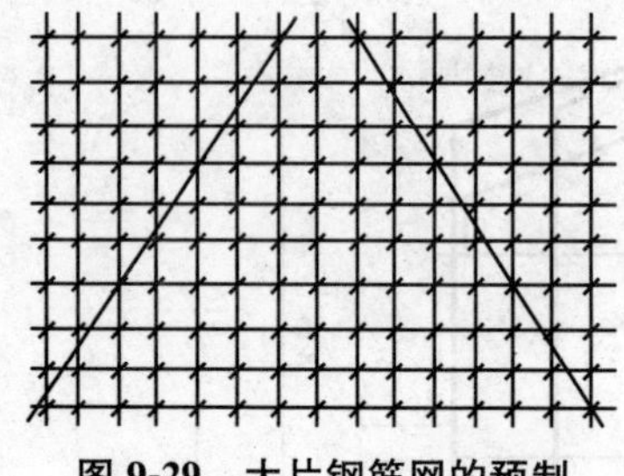

图 9-29　大片钢筋网的预制

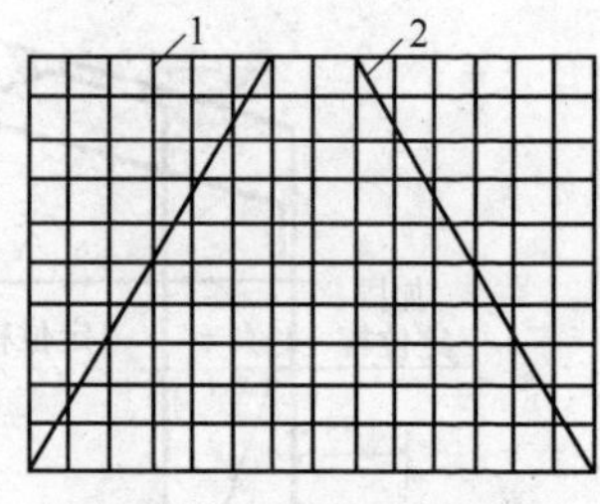

图 9-30　绑扎钢筋网的临时加固

1. 钢筋网　2. 加固筋

二、钢筋骨架的预制

(一)工艺流程

钢筋骨架预制绑扎的工艺流程以梁为例：

布置钢筋绑扎架并安横杆 → 将梁的主筋和弯起钢筋搁在横杆上 → 从主筋的中部往两边画上箍筋间距线 → 将全部箍筋自受力钢筋的一端套入按线摆开 → 将箍筋与受力钢筋绑扎好 → 升高横杆穿入架立钢筋并与箍筋绑扎好 → 抽去横杆，钢筋骨架落地翻身

(二)操作要点

梁的钢筋骨架绑扎顺序如图 9-31 所示。

(1)布置钢筋绑扎架，安上横杆，并将梁的受拉钢筋和弯起钢筋搁在横杆上。

(2)从受力钢筋的中部往两边按图上箍筋的间距画线，并将箍筋自受力钢筋的一端全部套入，注意箍筋的弯钩叠合处沿受力方向错开，与受力钢筋垂直，按线距摆放并与主筋和弯起钢筋绑扎好。

(3)绑扎时箍筋的转角与其他钢筋的交点均应绑扎，但钢筋的平直部分与其他钢筋的相交点可呈梅花状交错绑扎。骨架的绑扣，在相邻两个绑点应呈八字形，以防骨架歪斜变形。

(4)提高绑扎架，穿入架立钢筋并随之与箍筋绑扎好。抽去横杆，骨架落地翻身即成预制好的钢筋骨架，将其堆码在预定的场地。

上述是梁的钢筋骨架的绑扎工艺，其他钢筋骨架的绑扎可参考以上工艺根据具体要求另拟工艺流程。

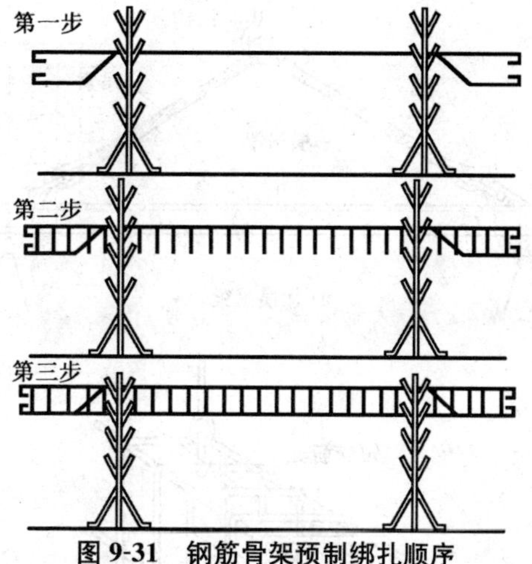

图 9-31 钢筋骨架预制绑扎顺序

三、预制钢筋网、骨架的安装

(一)安装前的加固

安装时为防止预制钢筋网、骨架变形,应采用图 9-32 和图 9-33 所示的加固措施进行加固。

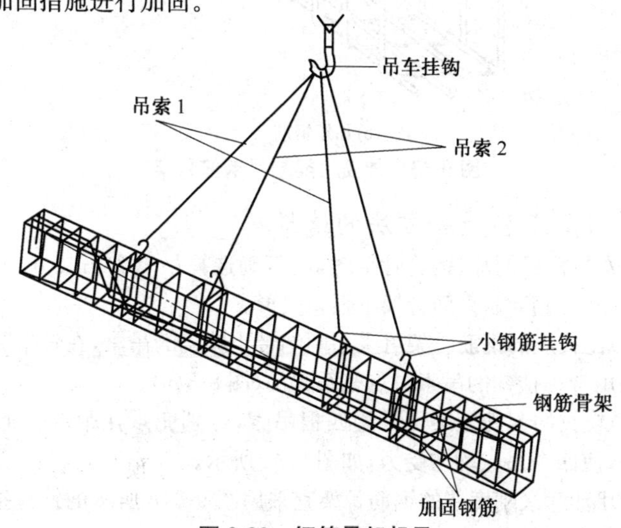

图 9-32 钢筋骨架起吊

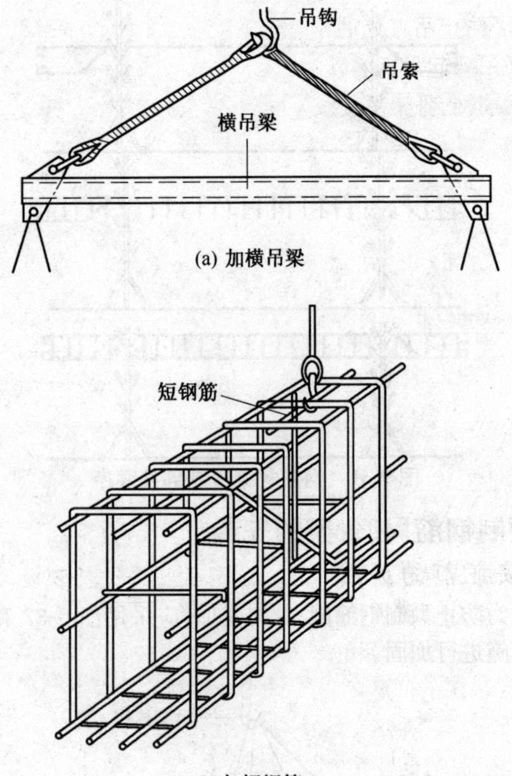

(a) 加横吊梁

(b) 加短钢筋

图 9-33 加横吊梁起吊钢筋骨架

(二)吊点和吊装方法的选择

在安装钢筋网片、钢筋骨架时,应正确选择吊点和吊装方法,确保吊装过程中钢筋网、钢筋骨架不歪斜变形。

(1)比较短的钢筋骨架可采用两端带小挂钩的吊索,在骨架距两端 $1/5l$ 处用带小挂钩的吊索二点兜系起吊(图 9-34a);

(2)较长的钢筋骨架可采用四根吊索,分别兜系在距端头 $1/6l$ 和 $2/6l$ 处,使四个吊点均匀受力,如图 9-32 所示。

(3)跨度大、刚度差的钢筋骨架宜采用图 9-34b 所示的铁扁担四点起吊方法。

(4)为了防止吊点处的钢筋受力变形,可采用兜底吊或如图 9-33 所示的加横吊梁起吊钢筋骨架的方法。

预制钢筋网、骨架吊装放入模板后,应及时按要求垫好规定厚度的保护层垫块。

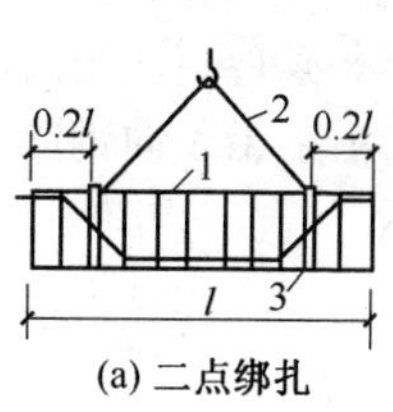

(a) 二点绑扎

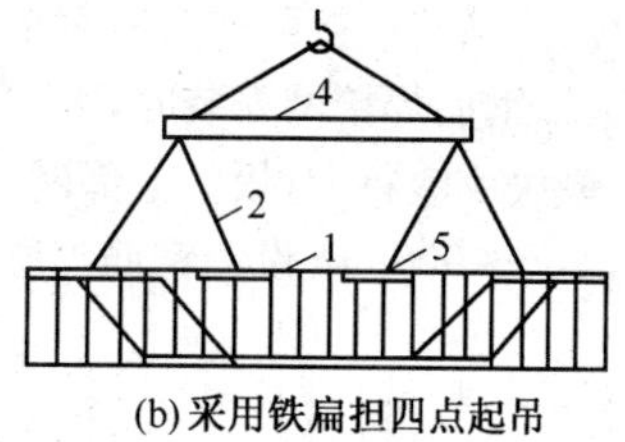

(b) 采用铁扁担四点起吊

图 9-34 钢筋骨架的绑扎起吊

1. 钢筋骨架 2. 吊索 3. 兜底索 4. 铁扁担 5. 短钢筋

(三)预制钢筋网、骨架的安装

(1)安装前应复核模板轴线、标高是否符合设计要求,并将模板内的垃圾、刨花等杂物清理干净。

(2)预制钢筋网、骨架的外侧、底部、两端应有足够的保护层并垫好相应的垫块,垫块的间距不得大于 1m,悬挑结构的受力钢筋应采用钢筋弯制的马凳撑起,在施工的过程中不得踩踏变形,在浇筑混凝土时要派钢筋工现场看护,防止负弯筋变形。

(3)多片或多个钢筋骨架组合在一起的结构,要特别注意节点组合处的交错和搭接,如图 9-16 和图 9-17 所示,板、主梁、次梁的节点,板的钢筋在最上面,然后是次梁、主梁的钢筋;主梁和垫梁节点处,主梁钢筋可以放在垫梁钢筋的下面,各种钢筋交叉密布的地方,应保证梁内纵向钢筋间净距在 30mm 以上,确保钢筋的粘结和混凝土的浇筑质量。

四、焊接钢筋网、架的安装

(1)焊接钢筋网、架运输时应捆扎整齐、牢固,每捆重量不应超过 2t,必要时应加刚性支撑或支架。

(2)进场的钢筋焊接网片应按施工要求堆放,并应有明显的标志。

(3)对两端须插入梁内锚固的焊接网,当网片纵向钢筋较细时,可利用钢筋的弯曲变形性能,先将钢筋网中部向上弯曲,使两端能先后插入梁内，然后铺平网片；当钢筋较粗焊接网不能弯曲时，可将钢筋网的一端少焊 1～2 根横向钢筋，先插入该端，然后退插另一端，必要时可采用绑扎方法补回所减少的横向钢筋。

(4)两张网片搭接时，在搭接区中心及两端应采用铁丝绑扎牢固，在附加钢筋与焊接网连接的每个节点处均应采用铁丝绑扎。

(5)钢筋焊接网安装时，下部网片应设置与保护层厚度相当的水泥砂浆垫块或塑料卡；板的上部网片应在短向钢筋两端，沿长向钢筋方向每隔 600～900mm 设一钢筋支墩，如图 9-35 所示。

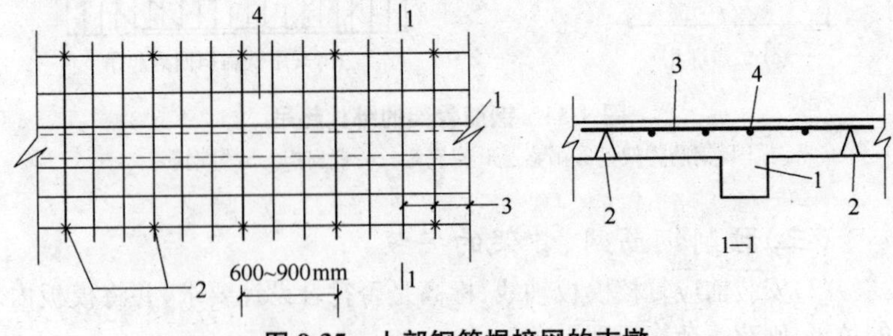

图 9-35 上部钢筋焊接网的支墩

1. 梁 2. 支墩 3. 短向钢筋 4. 长向钢筋

第十章　钢筋工程质量事故的预防及处理

第一节　原材料和加工的质量事故的预防及处理

一、原材料的质量事故的预防及处理

（一）钢筋的品种、等级混杂不清

1. 产生原因

入库前材料保管人员没严格把关，原材料管理混乱，制度不严，没按钢筋的种类、规格、批次分别验收堆放。

2. 防治措施

仓库保管人员应认真做好钢筋的验收工作，仓库内应按入库的品种、规格、批次、批号，划分不同的堆放区域，并做出明显标志，以便提取和查找。

（二）钢筋全长有局部缓弯或曲折

1. 产生原因

（1）运输车辆车身过短或装车时不注意。

（2）卸车时吊点不准。

（3）场地不平整，堆垛过重而压弯钢筋。

2. 防治措施

（1）使用车身较长的运输车辆。

（2）尽量采用吊架装车和卸车，卸车时吊点要正确。堆垛高度和重量应符合规定。

（3）对已弯折的钢筋可用手工或机械调直，Ⅱ、Ⅲ级钢筋的调直要

格外注意，调整不直或有裂缝的钢筋，不能用作受力钢筋。

(三)钢筋纵向有裂缝

1. 产生原因

钢筋的轧制工艺不良。

2. 防治措施

切取实样送生产厂家或专业质量检验部门检验。若化学成分和力学性能不合格，应及时退货或索赔。

二、钢筋加工的质量问题及其防治

(一)钢筋调直时表面损伤过度

1. 产生原因

(1)调直机上下压辊间隙太小。

(2)调直模安装不合适，使钢筋表面被调直模擦伤。

2. 防治措施

(1)保证调直机上下压辊间隙为2～3mm。

(2)调直时通过试验确定调直模合适的偏移量。

(二)钢筋成型后弯折处有裂缝

1. 产生原因

(1)钢筋的冷弯性能不好。

(2)加工场地的气温过低。

2. 防治措施

(1)取样复查钢筋的冷弯性能，并分析其化学成分。

(2)加工场地冬季应采取保温措施，使环境温度在0℃以上。

(三)钢筋切断尺寸不准

1. 产生原因

(1)机械切断时定尺卡板或刀片间隙过大。

(2)人工切断时量尺不准或样尺累积误差过大。

2. 防治措施

(1)机械切断时要拧紧定尺卡板的紧固螺钉。

(2)调整切断机固定刀片与冲切刀片之间的水平间隙，冲切刀片作水平往复运动的切断机，此间隙应以 0.5～1mm 为宜。

(3)人工切断时要先画线后切断，而且切断第一根后，要复核下料尺寸，正确无误才能批量生产。

(四)钢筋连切

1. 产生原因

钢筋切断机弹簧压力不足；传送压辊压力过大；钢筋下降压力大。

2. 防治措施

出现连切现象后，应立即停止工作，查出原因并进行及时修理后方可继续工作。

(五)钢筋切断时被顶弯

1. 产生原因

钢筋切断机弹簧预压力过大，钢筋顶不动定尺板。

2. 防治措施

(1)调整钢筋切断机弹簧的预压力，经试验合格后再工作。

(2)已被顶弯的钢筋，可以用手锤敲打平直后使用。

(六)弯曲成型后的钢筋变形

1. 产生原因

(1)成型钢筋往地面摔得过重或堆放场地不平。

(2)堆垛过高，搬运过于频繁。

2. 防治措施

(1)堆放场地要平整。

(2)按施工顺序的先后堆放，堆垛高度符合要求，搬运时轻拿轻放。

(3)已变形的钢筋可以放到成型台上矫正。

(七)弯曲成型后的钢筋尺寸不准或外形扭曲

1. 产生原因

(1)下料不准，画线方法不对或画线尺寸误差过大。

(2)手工弯曲时，扳距选择不当，角度控制没有采取保证措施。

(3)手工弯曲时，扳子操作不平，上下摆动造成弯曲钢筋扭曲。

2. 防治措施

(1)根据实施情况和经验预先确定下料长度调整值。

(2)制作切实可行的画线程序和必要的复核制度。

(3)手工弯曲时，扳距严格按规定执行，角度控制设可靠的保证措施。各种钢筋应先试弯，确定合适的操作参数后再批量生产。操作时手要平稳，弯曲过程中扳子不得上下摆动。

(4)变形已超标的钢筋，除Ⅰ级钢筋可以重新调直后再弯一次外，其他品种钢筋，不得调直后重新弯曲。

(八)加工的箍筋不规范

1. 产生原因

箍筋边长的成型尺寸与设计要求偏差过大，弯曲角度控制不严，加工后内角不方正或平面扭曲。

2. 防治措施

(1)操作前应先试弯，经检验合格后方可成批弯制。

(2)一次弯曲多根钢筋时，应逐根对齐。

(3)操作时，扳子要持平，不得上下摆动，以免成形的箍筋产生扭曲。

(4)已超标的箍筋，Ⅰ级钢筋可以重新调直后再弯一次，其他品种钢筋，不得调直后重新弯曲。

第二节　钢筋绑扎与安装的质量问题及其防治措施

一、钢筋绑扎的质量问题及其防治

(一)钢筋的搭接长度不够

1. 产生原因

操作人员对钢筋搭接长度的要求不了解或虽了解但执行不力。

2. 防治措施

加强对操作人员的培训，提高认识，掌握标准；操作时严格自检，每个接头逐个测量检查搭接长度是否符合设计要求。

(二)钢筋接头位置错误或接头过多

1. 产生原因

(1)不熟悉有关绑扎、焊接接头的规定。例如造成图 10-1a 所示的柱箍筋接头位置同向错误。

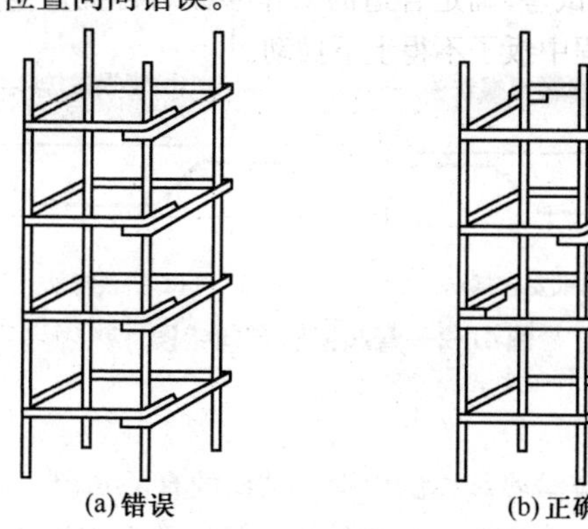

(a)错误　(b)正确

图 10-1　柱箍筋接头位置

(2)配料时不细心,没分清受拉区和受压区,造成同截面接头过多。

2. 防治措施

(1)配料时应根据库存情况,结合设计要求确定合理的搭配方案。

(2)预先编制施工方案,根据构件的不同和不同形式的钢筋按设计要求安排接头位置和接头数量。

(3)进行详尽的技术交底,并落实到人。

(4)发现问题,尚未绑扎的应坚决改正;已绑扎好的,应拆除重绑。图 10-1b 是柱箍筋接头错开的正确绑法。

(三)弯起钢筋的放置方向放反

1. 产生原因

(1)操作人员缺乏力学与结构的有关知识。

(2)技术交底不清。

(3)钢筋入模时,疏忽大意,造成图 10-2 所示的方向性错误。图 10-2a是图纸要求的摆法,图 10-2b 疏忽大意将方向搞反了;图 10-2c 所示的外伸梁中，弯起钢筋上部两端的直线部分长是不一样的，本应按图10-2c放，却放成图10-2d所示的错误摆法。

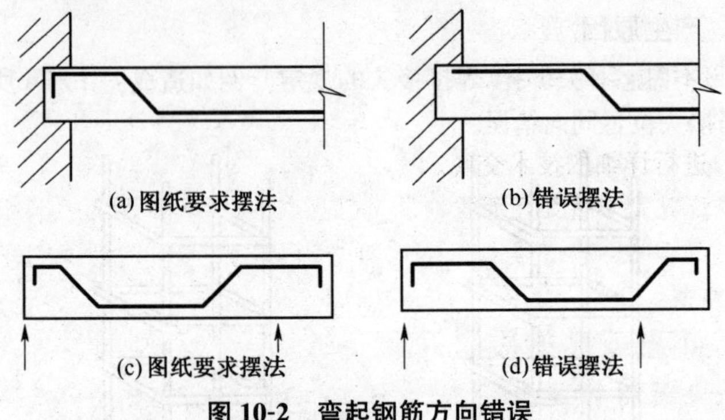

图 10-2　弯起钢筋方向错误

2. 防治措施

(1)操作人员应学习基本的力学与结构的有关知识。

(2)进行详细技术交底，并加强重点部位和重点钢筋的检查与监督。

(3)已发现的错误要坚决拆除改正；已浇筑混凝土的构件要逐根凿开检查，经设计部门检查确定是否报废或降级使用。

(四)箍筋的间距不一致

1. 产生原因

(1)机械地按设计的近似值绑扎。

(2)操作前不放线。

2. 防治措施

(1)操作前应根据实测尺寸画线作为绑扎的依据。

(2)已绑好的钢筋骨架发现箍筋间距不一致时，可以作局部调整或增加1～2个箍筋。

(五)钢筋漏绑

1. 产生原因

(1)施工管理不严，质量检查制度不健全。

(2)操作前未作详细的技术交底。

(3)自检和互检制度不落实。

2. 防治措施

(1)严格施工管理和各项质量检查制度。

(2)操作前要按钢筋配料表核对现场钢筋是否齐全,并编制严格的施工方案。

(3)进行详细的技术交底。

(4)绑扎完毕后要仔细检查施工现场,检查是否有漏绑的钢筋。

(5)漏绑的钢筋必须全部补上,不能补上的应会同设计部门商讨确定处理方案。

二、钢筋安装的质量问题及其防治

(一)钢筋骨架外形尺寸不准

1. 产生原因

(1)加工时各类钢筋外形不正确。

(2)安装质量不符合要求。

2. 防治措施

(1)严格控制各类钢筋的加工质量,保证外形正确。

(2)安装时多根钢筋的端部要对齐,防止钢筋绑扎偏斜或骨架扭曲。

(3)质量不符合要求的钢筋骨架,可将不符合要求的个别钢筋松扣重绑。切忌用锤子乱敲,以免其他部位的钢筋发生变形或松动。

(二)保护层厚度不准确

1. 产生原因

(1)垫块的厚度不准。

(2)垫块的数量和位置不符合要求。

2. 防治措施

(1)生产水泥砂浆垫块时要严格控制各种规格的厚度。

(2)水泥砂浆垫块的数量和位置要符合施工规范的要求,并绑扎牢固。

(3)浇筑混凝土时,要派人观察垫块的情况,发现脱落或松动,应及时采取补救措施。

(三)墙、柱外伸钢筋位移

1. 产生原因

(1)外伸钢筋绑扎后,没采用固定措施或固定不牢靠。

(2)浇筑混凝土时,振捣器碰撞钢筋,又不及时修正造成钢筋位置偏移。

2. 防治措施

(1)外伸钢筋绑扎后,应在外部加绑一道箍筋,然后用固定铁卡或方木固定。

(2)浇筑混凝土时,振捣器不要碰撞钢筋,发现钢筋位置偏移时要及时采取措施加以修整。

(3)已发生偏移的钢筋,处理方法必须经设计人员同意。一般可采取图 10-3 和图 10-4 所示的方法调整钢筋位置,使其符合设计要求。

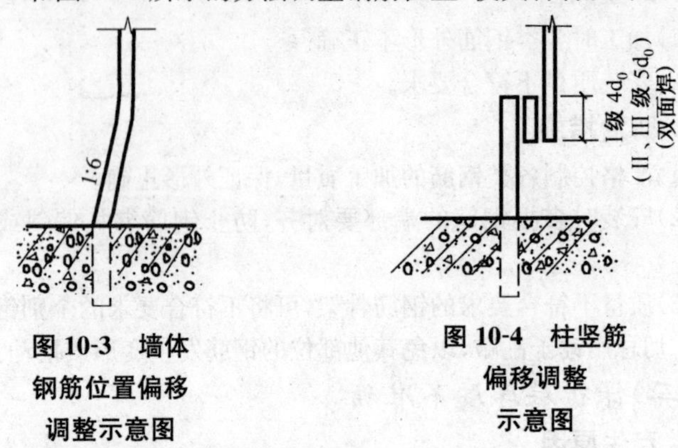

图 10-3 墙体钢筋位置偏移调整示意图

图 10-4 柱竖筋偏移调整示意图

(四)钢筋网主次筋位置放反

1. 产生原因

(1)操作人员缺乏必要的结构知识。

(2)操作前未作技术交底。

(3)操作疏忽大意,不分主次筋,随意将钢筋放入模内,造成图 10-5 所示的错误。

2. 防治措施

(1)操作前,向直接操作人员专门交底。

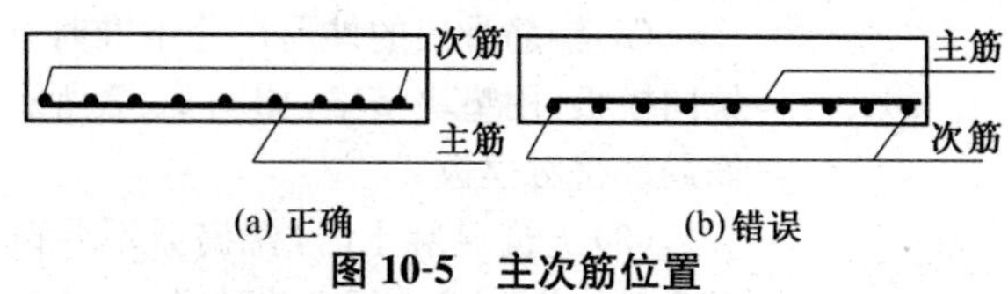

图 10-5　主次筋位置

(2)已放错方向的钢筋，未浇筑混凝土的要坚决改正；已浇筑混凝土的必须通过设计部门复核后，再决定处理方案。

(五)梁的箍筋被压弯

1. 产生原因

梁很高大时，如图纸上未设纵向构造钢筋或拉筋，箍筋很容易在钢筋骨架的自重或施工荷载作用下被压弯。

2. 防治措施

(1)当梁的高度大于700mm时，应在梁的两侧沿高度每隔300～400mm设置1根直径不小于10mm的纵向构造钢筋(俗称“腰筋”)。纵向构造钢筋用拉筋连接，如图10-6所示。

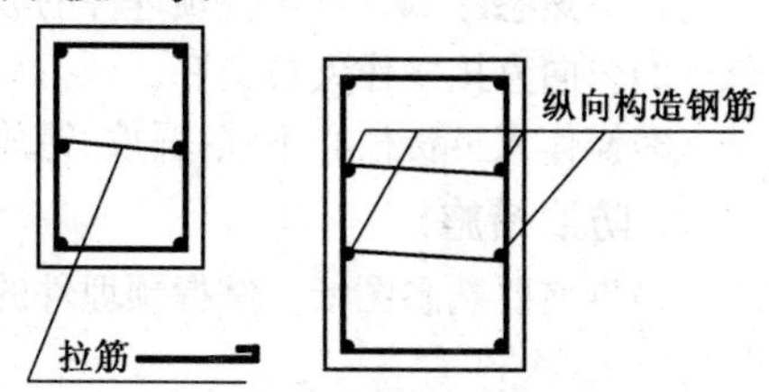

图 10-6　在箍筋压弯的钢筋骨架上设置纵向构造钢筋

(2)箍筋已被压弯时，可将箍筋压弯的钢筋骨架临时支上，补充纵向构造钢筋和拉筋。

(六)拆模后露筋

1. 产生原因

(1)垫块太稀或浇筑混凝土过程中脱落。

(2)钢筋骨架的外形尺寸不准，局部挤触模板。

(3)浇筑混凝土时，振捣器碰撞钢筋，使钢筋位移、松绑而挤靠模板。

(4)操作人员责任心不强，造成漏振部位露筋。

2. 防治措施

(1)垫块要按施工规范要求的数量和位置安放，并绑扎牢固。

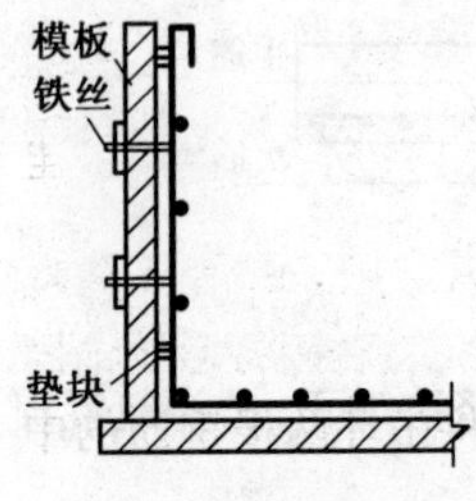

图 10-7　露筋防治

(2)钢筋骨架的外形尺寸不准时,应用铁丝拉向模板,用垫块挤牢,如图 10-7 所示,避免钢筋局部挤触模板。

(3)浇筑混凝土时,振捣器不要碰撞钢筋,发现垫块松动或脱落应及时修补。

(4)已产生露筋的地方,按照露筋的部位、深度、宽度等情况按施工规范的要求作相应处理。

(七)结构或构件中预埋件遗漏或错位

1. 产生原因

(1)不熟悉图纸。不掌握预埋件的数量和埋设位置。

(2)未向直接操作人员交底。

(3)操作人员责任心不强,漏放、错放或加固不牢。

2. 防治措施

(1)事前要熟悉图纸。掌握预埋件的数量和埋设位置,并绘制安放图。

(2)向直接操作人员作详细的交底,并确定加固方法。

(3)操作后要加强检查,避免漏放、错放或加固不牢现象的产生。

(4)浇筑混凝土时,振捣器不要碰撞预埋件,有关人员互相配合,发现问题及时更正和补救。

(八)构件上的吊环被拉断及拉豁拔出

1. 产生原因

(1)用 HRB335 以上钢筋或冷加工钢筋制作吊环,这些钢筋的塑性差,容易脆断。

(2)吊环在构件中的位置及埋入的深度不合理。

2. 防治措施

(1)应用塑性好的钢筋制作吊环。

(2)吊环的位置应根据其受力状态确定,一般应置于受力钢筋的下面,使吊环能将力传递给整个钢筋骨架,如图 10-8 所示。吊环埋入构件的深度,不得小于吊环钢筋直径的 30 倍。

(3)吊环应放在主筋的内侧,不允许放在混凝土保护层内,如图10-9所示。吊环下端的弯钩应带有平直部分,否则将不能有效地钩挂钢筋骨架,如图10-10所示。

(4)吊环与钢筋骨架应采用铁丝绑扎牢固,以防施工过程互相碰撞。浇筑混凝土时,有吊环处的混凝土必须浇捣密实,否则将影响锚固效果。当模板在吊环处开豁口时,装完吊环后应将吊环两根钢筋的中间孔洞堵上,防止漏浆。

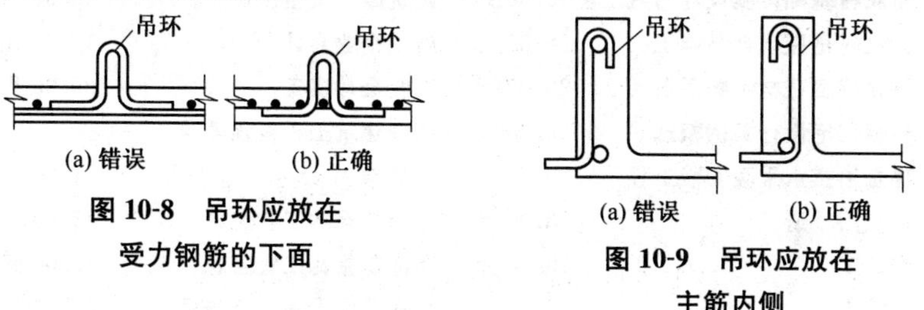

图 10-8　吊环应放在受力钢筋的下面

图 10-9　吊环应放在主筋内侧

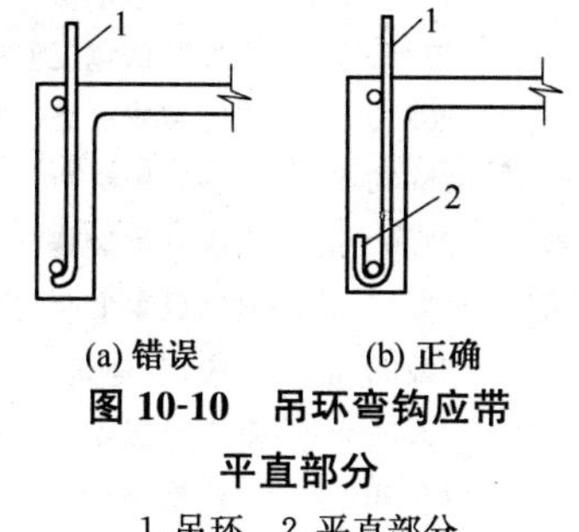

图 10-10　吊环弯钩应带平直部分

1.吊环　2.平直部分

书名	定价
农家沼气实用技术（修订版）	17.00 元
农村户用沼气系统维护管理技术手册	8.00 元
新手上路必读——购车用车 200 问	11.00 元
彩色电视机实用维修资料速查手册	29.00 元
新型彩色电视机集成电路维修资料手册	49.00 元
表解彩色电视机维修指南	35.00 元
图解国产彩色电视机维修指南	24.00 元
长虹彩色电视机维修指南	34.50 元
国产彩色电视机故障检修实例	23.00 元
彩色电视机疑难故障检修 236 例	18.00 元
等离子电视机和液晶电视机原理与维修	19.00 元
新型贴片电子元器件速查手册	38.00 元
音响设备集成电路维修资料手册	18.00 元
空调器电路图与制冷系统图	20.00 元
家用空调器使用与维修	14.50 元
家用空调器故障检实例	10.00 元
电磁炉疑难故障检修实例	16.00 元
全自动洗衣机故障检修技术	16.00 元
DVD SVCD 影碟机集成电路维修资料手册	22.00 元
家用电器控制电路原理与检修	13.50 元
电磁炉检修精华	25.00 元
家庭厨用电器使用与维修	10.00 元
微波炉使用维修问答	10.00 元
家用电冰箱检修技术	22.00 元
现代小家电电路精汇	27.00 元
新潮小家电电路图册	19.50 元
小家电电路精选	13.00 元
小家电故障检修实例	24.00 元
家用电冰箱故障检修实例	11.00 元
家用洗衣机故障检修实例	9.00 元
新型厨用电器维修快易通	29.00 元
新潮小家电故障检修技术	25.00 元
实用电工手册	70.00 元
实用电工计算手册	28.00 元
电工识图	28.00 元
电工基本操作技能	28.00 元
简明农村电工手册	56.00 元
高级电工(技师)手册	60.00 元
实用电工技术问答	48.00 元

以上图书由全国各地新华书店经销。凡向本社邮购图书或音像制品，可通过邮局汇款，在汇单“附言”栏填写所购书目，邮购图书均可享受 9 折优惠。购书 30 元（按打折后实款计算）以上的免收邮挂费，购书不足 30 元的按邮局资费标准收取 3 元挂号费，邮寄费由我社承担。邮购地址：北京市丰台区晓月中路 29 号，邮政编码：100072，联系人：金友，电话：(010) 83210681、83210682、83219215、83219217(传真)。

现代车削加工技术	20.00元
现代焊接技术	69.00元
车工基本技术(修订版)	22.00元
车刀和钻头及其刃磨技术	16.00元
砌筑工入门与技巧	14.00元
钢筋工入门与技巧	19.00元
混凝土工入门与技巧	8.00元
建筑装饰装修涂裱工入门与技巧	19.00元
电动自行车维修入门与技巧	19.00元
摩托车修理入门与技巧	16.00元
电焊工入门与技巧	22.00元
气焊工入门与技巧	17.00元
实用五金手册	32.00元
实用工具手册	18.00元
实用电焊技术	56.00元
实用铆工技术	13.00元
钳工技术手册	26.00元
铣工技术手册	35.00元
维修电工技术手册	45.00元
冷作钣金工技术手册	39.00元
小企业技工手册	22.50元
电子及电力电子器件实用技术问答	48.00元
LED照明工程与施工	34.00元
维修电工基本技能	28.00元
电工实用技术	49.00元
电工基本技能	32.00元
钳工基本技能	33.00元
机械工人基础技术	42.00元
冷作钣金工基本技能	33.00元
数控车工职业技能鉴定考试题解(中、高级)	23.00元
车工职业技能鉴定考试题解(初、中级)	14.00元
钳工职业技能鉴定考试题解(初、中级)	11.00元
焊工职业技能鉴定考试题解(初、中级)	15.00元
维修电工职业技能鉴定考试题解(初、中级)	20.00元
铣工基本技能	26.00元
新型电焊机维修技术	28.00元
实用化工辞典	60.00元
工业助剂手册	68.00元
精细化工原材料手册	60.00元
催化剂手册	70.00元
无机化工产品手册	49.00元
农用化工产品手册	46.00元
新编240种实用化工产品配方与制造	21.00元
300种实用化工产品配方与制造	34.00元
工业锅炉水处理实用技术	10.00元
太阳能利用技术	22.00元
多种经营会计	38.00元
中小企业会计实务	40.00元
企业纳税实务	39.00元
企业会计工作手册	25.00元
农民创业投资指南	15.00元
果品加工新技术与营销	15.00元
食有菌加工新技术与营销	16.00元
茶叶加工新技术与营销	18.00元
粮油产品加工新技术与营销	17.00元
水产品加工新技术与营销	26.00元
畜禽产品加工新技术与营销	27.00